全国高职高专计算机技能型人才培养系列规划教材

中国计算机学会教育专委会推荐教材（高职高专类）

SQL Server 2005 数据库系统
应用开发技能教程

主　编　王　伟

副主编　郭　宁　卫　华

U0347396

北京大学出版社

PEKING UNIVERSITY PRESS

内 容 简 介

    SQL Server 2005 数据库系统学习的最佳途径是：掌握基本数据库理论基础，结合具体应用项目开发、实践。本书以数据库应用项目开发应具备的技能为框架，以每项技能所需要完成的各项任务为推手，较为翔实、系统地介绍了 SQL Server 2005 数据库的基本知识及安装、T-SQL 数据库开发语言、应用数据库的设计与管理、数据库表与索引的设计与管理、数据查询设计、视图的设计与管理、存储过程与触发器的开发、游标与事务的应用、SQL Server 2005 高级功能应用，以及 SQL Server 2005 系统安全与维护等内容。本书最后通过案例项目"基于 ASP .NET 与 SQL Server 2005 的图书商城电子商务应用系统开发"，讲解网络数据库应用系统的开发过程。

    本书采用功能介绍与编程实践相结合的方法，通过案例开发说明，深入讲述 SQL Server 2005 数据库系统的典型应用与技巧。本书内容丰富、循序渐进，突出实用性和实践性，不仅适合作为高职高专计算机及其相关专业数据库课程的教材，也可作为从事计算机数据库技术开发人员的参考用书。

图书在版编目(CIP)数据

SQL Server 2005 数据库系统应用开发技能教程/王伟主编. —北京：北京大学出版社，2010.2
(全国高职高专计算机技能型人才培养系列规划教材)

ISBN 978-7-301-16901-8

Ⅰ. S…　Ⅱ. 王…　Ⅲ. 关系数据库—数据库管理系统，SQL Server 2005—高等学校：技术学校—教材
Ⅳ. TP311.138

中国版本图书馆 CIP 数据核字(2010)第 017511 号

书　　　名：	SQL Server 2005 数据库系统应用开发技能教程
著作责任者：	王　伟　主编
策 划 编 辑：	乐和琴　刘　丽
责 任 编 辑：	张永见
标 准 书 号：	ISBN 978-7-301-16901-8/TP·1083
出　版　者：	北京大学出版社
地　　　址：	北京市海淀区成府路 205 号　100871
网　　　址：	http://www.pup.cn　　http://www.pup6.com
电　　　话：	邮购部 62752015　发行部 62750672　编辑部 62750667　出版部 62754962
电 子 邮 箱：	pup_6@163.com
印　刷　者：	世界知识印刷厂
发　行　者：	北京大学出版社
经　销　者：	新华书店
	787mm×1092mm　16 开本　16.75 印张　380 千字
	2010 年 2 月第 1 版　2010 年 2 月第 1 次印刷
定　　　价：	28.00 元

《全国高职高专计算机技能型人才培养系列规划教材》
编委会委员名单

出 版 说 明

　　高技能人才是国家核心竞争力的体现,加快高技能人才的培养已经纳入国家人才强国战略的总体部署。正是国家急需高技能人才的客观要求推动了高等职业教育的飞速发展。今天,高职高专学生已经占据了高等教育的半壁江山。每年几百万新生的招生规模是一个何等惊人的数字,将如此众多的青年人培养成具有良好的道德素养、熟练的职业技能的高技能人才是多么伟大的工程!对于肩负着这一伟大使命的高职高专院校,既是难得的历史机遇,又是艰辛的任务和挑战。我们要从不断改革教学模式、教学方法等各方面努力,争取把我国的高职高专教育推向一个新的高度。

　　在这样伟大的历史任务面前,中国计算机学会教育专委会高职高专学组和北京大学出版社联手成立了《全国高职高专计算机技能型人才培养系列规划教材》编委会,致力于从教材编写的角度为培养高技能人才做出新贡献。

　　二十多年前,由全国几十所大专、成人高校、电视大学、职工大学和夜大等大专层次的学校在湖南长沙发起成立了“全国大专计算机教育研究会”,1986 年全国大专计算机教育研究会加入中国计算机学会教育专委会,简单称大专学组,从此就在中国计算机学会教育专委会的指导下有计划地开始了大专层次的计算机专业的教育和教材建设的研究。同年,经原电子工业部批准,在全国大专计算机教育研究会的基础上,成立了“全国大专计算机专业教材编委会”。随着高职高专教育的发展,随着新世纪的来临,大专学组和全国大专计算机专业教材编委会分别更名为高职高专学组和全国高职高专计算机专业教材编委会。

　　二十多年来,高职高专学组和高职高专计算机专业教材编委会一方面不断研究改进高职高专计算机各专业方向的培养计划和教学方法,另一方面与出版社合作联合成立相关系列编委会致力于高职高专计算机专业系列教材的编写工作。二十多年来,共完成了五轮近三百种教材的编写工作。

　　计算机高职高专教材的出版,解决了大专计算机教学过度依赖本科教材的问题,一轮又一轮,一批又一批教材的相继出版,不但使高职高专教材的质量与时俱进,同时还推动了高职高专院校师资队伍的成长。

　　但是,由于我国职业教育起步较晚,至今还没有形成西方发达国家那样完整的职业教育体系,因此在职业教育的许多方面,包括教材建设方面还存在着相对落后的方面和诸多不足。就教材而言,存在着部分新专业没有教材;教材内容陈旧,不适应新技术发展的需要;实践技能教材严重缺乏;教材内容和职业资格证书制度衔接不足等。

　　我国社会主义现代化建设需要大批高技能人才,而高技能人才的培养需要科学的、合理的教材。《全国高职高专计算机技能型人才培养系列规划教材》旨在在教材建设中引进国内外成熟的经验,同时适应高等职业教育不断改革的需要,在教材内容和教材风格上有所创新。

　　本套教材计划按照每门课程的不同特点,分别采用任务驱动法、项目教学法或案例教学法。

　　在教材内容上,本套教材力图将最新的知识、最新的技术写进教材;着重讲解技能型人才培养所需的内容和关键点,突出实用性和可操作性;尽量采用综合性的实例来讲解理论知识的综合运用，"以例释理"，将理论讲解简单化，从而锻炼学生的思维能力以及运用概念解决问题的能力；要设计具备真实性的实践操作训练项目，加强学生对工程实践的兴趣，提高他们的实践操作技能；为了满足学有余力的学生深入学习的需要，我们提倡模块化编写方法，有些科目需要编写提高模块。

在编写风格上，本套教材将努力学习和借鉴国内外优秀教材的写作思路、写作方法和章节安排；作为工科教材，本套教材也将借鉴人文学科教材的写作模式，体现清新活泼的风格；部分教材还将采用学校教师任主编，企业高工任主审的方式，依托行业和企业共同进行编写；在出版纸质教材的同时，还将编写网络课件、CAI 课件、教学素材库、电子教案、试题库及考试系统和多媒体教学软件。

本套教材不仅适合高职高专院校计算机及相近专业的学生使用，也适用于企事业单位从业人员的在职培训，对于社会上广大自学人员的素质提高也具有实用价值和参考作用。

中国计算机学会教育专委会高职高专学组
《全国高职高专计算机技能型人才培养系列规划教材》编委会

前　言

SQL Server 2005 是 Microsoft 公司发布的新一代数据库产品,对以往 SQL Server 数据库系统的性能、可靠性、可用性和可编程性进行了全面扩展和升级,对关系型数据库引擎、大规模联机事务处理(OLTP)、数据仓库和电子商务应用进行了全方位整合,成为构建企业数据管理和商务智能解决方案的首选数据平台。尤其是 SQL Server 2005 与 Microsoft Visual Studio .NET、Microsoft Office System、Business Intelligence Development Studio 等开发工具及软件系统进行了无缝集成,为数据库开发人员提供了一个高效、灵活和开放式的数据库系统开发环境。

本书以国家关于高职高专教育的最新精神和要求为出发点,以课程建设和课程改革为提高教学质量的重要手段,在理论适度的基础上,强调动手实验、实践,注重学生技术与能力的培养,以软件行业的职业岗位就业为导向,以提高职业竞争力和可持续发展能力为目标,依据作者多年来从事数据库系统研究和教学的经验精心组织编写而成。全书从教、学、做三个层面展开,技术路线清晰,以技能培养贯穿始终,形成"以能力培养为中心,工作任务驱动教学,边讲边练、讲练结合"的指导模式,便于读者掌握 SQL Server 2005 数据库实用开发技术。

全书包括 6 部分,共 11 章,具体内容如下。

第一部分为 SQL Server 2005 数据库基础技能,包括第 1~2 章。主要介绍 SQL Server 2005 数据库系统概述、SQL Server 2005 数据库开发语言 T-SQL,并介绍关系型数据库的相关基础知识,使读者初步掌握 SQL Server 数据库开发必备知识。

第二部分为 SQL Server 2005 数据库对象应用开发和管理技能,包括第 3~8 章。通过实例详细讲述 SQL Server 2005 的应用数据库、数据表、索引、数据查询、视图、存储过程、触发器、游标与事务的应用,使读者达到具有 SQL Server 2005 数据库对象分析、创建等编程能力。

第三部分为 SQL Server 2005 高级功能应用技能,即本书的第 9 章。主要简介 SQL Server 2005 数据库 XML 开发技术,以及 SQL Server 2005 报表服务和分析服务的应用操作基本步骤,使读者更进一步地了解 SQL Server 2005 复杂而强大的功能应用。

第四部分为 SQL Server 2005 系统安全与维护管理技能,即本书的第 10 章。主要详细介绍 SQL Server 2005 登录验证模式、数据库用户和角色、权限管理以及数据库的备份、恢复,使读者更加全面掌握开发数据库应用系统所应具备的技能。

第五部分主要讲述基于 ASP .NET 与 SQL Server 2005 的图书商城电子商务应用系统开发案例,即本书的第 11 章,其中在介绍网络数据库应用系统开发模式与方法基础的同时,讲解了该案例的设计开发与功能实现。

第六部分为附录,给出 SQL Server 2005 常用内置函数、系统表和系统存储过程,便于读者进行编程与调试。

　　本书由王伟主编，并负责设计大纲和统稿，以及第 5、6、7、8、11 章的编写。郭宁编写第 1、2、10 章。卫华编写第 3、4、9 章及附录。在此要感谢董汉丽老师，她在百忙之中审读了书稿并提出宝贵的建议。本书在编写过程中还参阅了国内同行编著的相关论著，在此致以诚挚的谢意。本书各章节示例程序、"基于 ASP .NET 与 SQL Server 2005 的图书商城电子商务应用开发"的源代码，以及电子教案均可从 www.pup6.com 网站下载。

　　由于编者水平有限，疏漏之处在所难免，恳请广大读者及使用本书的师生批评指正。

编　者

2010 年 1 月

目　　录

第 1 章　SQL Server 2005 数据库系统概述

【导读】

　　Microsoft SQL Server 诞生于 Sybase SQL Server。1988 年，Sybase、Microsoft 和 Asbton-Tate 三家公司联合开发出基于 OS/2 系统的 SQL Server。之后，Asbton-Tate 公司由于商业原因退出了 SQL Server 的开发工作，而 Microsoft 公司和 Sybase 公司则分别继续开发着基于不同操作系统平台的 SQL Server 数据库产品。Sybase 公司专注于 UNIX 平台的 SQL Server 开发，Microsoft 公司致力于以 Windows NT 为核心操作系统平台的 SQL Server 研制。Microsoft 先后推出了 SQL Server 6.5、SQL Server 7.0、SQL Server 2000 以及目前应用最为广泛、成熟的 SQL Server 2005。

　　SQL Server 2005 作为数据库管理系统，是大规模联机事务处理(OLTP)、数据仓库和电子商务应用系统的优秀数据库平台，具有强大的数据管理功能，提供了丰富的管理工具，支持数据的完整性管理、安全性管理和并发控制。

【内容概览】

- SQL Server 2005 数据库的主要特征与基本概念
- SQL Server 2005 的安装
- SQL Server 2005 管理开发工具 Management Studio

1.1　技能一　理解 SQL Server 2005 数据库系统

1.1.1　任务一　SQL Server 2005 的基本特征

　　SQL Server 2005 是以高性能、高可靠性和高可用性的数据库引擎为中心的多组件关系型数据库管理系统。数据库引擎的质量是 SQL Server 2005 在处理海量数据时稳定可靠性能的关键。SQL Server 2005 提供了一组集成的工具来帮助设计、管理和优化用户的业务系统数据库及数据库操作和编程。

1. SQL Server 2005 的各种版本

　　SQL Server 2005 数据库系列有多种版本：企业版(Enterprise)、标准版(Standard)、工作组版(Workgroup)、学习版(Express)、开发版(Developer)和移动版(Mobile)。不同的版本在硬件支持、性能、应用开发等方面均有一些差别，用户可以根据自己的实际情况进行选择。

- SQL Server 2005 Enterprise Edition(企业版)：企业版是为大型企业应用提供在线数据库需求的关系数据库管理系统，一种完全继承的数据管理和分析平台，用于核心企业数据管理与分析，能够实现高级数据库镜像、完全的联机与并行操作等功能。该版本拥有高级分析工具，包括完整的 OLAP 和数据挖掘，带有自定义、高可伸缩性的高级报表，以及复杂数据路由和转换、加载能力的高级 ETL 功能。依据对企业联机事务处理(OLTP)、高度复杂的数据分析、数据仓储系统和 Web 站点不同级别的支持，SQL Server 2005 企业版可调整性能度。由于还具备广泛的商务智能、健壮的分析能力(如失败转移集群和数据库镜像等高可用性特点)，SQL Server 2005 企业版可承担企业最大负荷的工作量。

- SQL Server 2005 Standard Edition(标准版)：标准版是为中小企业提供的数据管理和分析平台。标准版具备电子商务、数据仓库和解决方案所需的基本功能。标准版的集成商务智能和高可用性特性为企业提供了支持其操作所需的基本能力。

- SQL Server 2005 Workgroup Edition(工作组版)：工作组版是性能可靠、易于管理的入门级数据库的理想选择，是一种满足小型企业需求的数据管理解决方案。并且工作组版还能服务于大型企业的部门或分支机构，或作为一个前端 Web 服务器。该版本具备 SQL Server 核心数据库的特点，并便于升级至标准版或企业版。

- SQL Server 2005 Express Edition(学习版)：学习版是免费、易于使用的轻量级版本。SQL Server 2005 学习版可免费下载，免费重复安装，并且方便开发新手学习使用。SQL Server 2005 Express 与 Microsoft Visual Studio 2005 已实现了较好的无缝集成，可轻松地开发功能丰富、存储安全并可快速部署数据驱动应用程序。并且还可使用 SQL Server Management Studio Express(SSMS)工具的 Community Technology Preview (CTP)技术非常容易地管理 SQL Server 2005 学习版。SSMS 是一个专门设计用于处理基本数据库管理任务的工具。

- SQL Server 2005 Developer Edition(开发版)：开发版能够使软件开发人员在系统平台上建立和测试任意一种基于 SQL Server 的应用系统。它包括企业版所有功能，但只被授权用于开发和测试系统，不能作为生产服务器。开发版可被升级至 SQL Server 企业版以用于生产。SQL Server 2005 开发版是独立软件供应商、系统集成商、解决方案供应商和软件开发商的理想选择。

- SQL Server 2005 Mobile Edition(移动版)：移动版是旨在快速开发应用系统的紧凑型数据库，可以将企业数据管理能力延伸到移动设备。SQL Server Mobile 通过支持常见的结构化查询语言(SQL)语法，以及提供开发模式和与 SQL Server 兼容的 API，成为简化移动应用系统开发的强大工具。

2. SQL Server 2005 的主要特点

SQL Server 2005 与以前的版本相比，其功能、特性等方面有了很大的进步，合理利用这些将极大地提升工作效率。下面就简单介绍一些其主要的特点，后续章节会针对数据库系统的新特性进行详细讲述。

1) 客户/服务器模式的数据库

SQL Server 2005 是一种典型客户/服务器计算模式的关系型数据库管理系统，SQL Server 2005 的数据库引擎(Data Engine)安装、运行在服务器端，其他客户端应用程序都是通过这个数据库引擎连接到数据库服务器上，进行各种数据库操作应用。

客户/服务器模式与桌面数据库(如 Access)相比，能更好地处理大容量的数据。SQL Server 实例具有安全、有效和可靠的特性，而这些正是桌面数据库所不具备的功能。另外，客户/服务器模式能够有效地减少网络传输流量，提高信息的网络传输速率。

2) 安全、可靠的数据库管理系统

SQL Server 2005 在安全性、可靠性、扩展性、可管理性方面有极大的提升，不仅能够确保企业级数据业务的实时稳定运行，还能够大幅度提高系统的处理能力及管理效率，降低操作复杂度和运营成本。

SQL Server 2005 功能强大的安全特性，使开发的应用产品可以实现安全设计、安全设置以及安全部署。在软件生命周期的每一个阶段，从设计、发布到维护，皆能很好地保护用户所开发的应用系统及其数据的机密性、完整性和可用性。

3) 极具扩展性和灵活性的开发平台

SQL Server 2005 提供了集成的开发管理工具和各类新的开发特性，在大幅提高开发效率的同时，进一步拓展新的应用空间和商业机遇；提高 XML 数据库和企业各系统间的信息交互；深入支持 Web Server，使 Internet 数据互联成为可能，进一步扩展数据应用范畴和异类系统的兼容性。

SQL Server 2005 集成的可视化开发调试环境，为数据库开发、管理人员带来了全新的感受，其中数据集成服务、服务代理、异类数据库复制实现了无缝集成其他各类数据应用，从而达到数据共享。另外，各种新数据类型的定义和 T-SQL 扩展增加了应用系统开发的灵活性。

1.1.2　任务二　SQL Server 2005 数据库基本概念

SQL Server 2005 数据库是由表的集合组成的，这些表用于存储一组特定的结构化数据。数据库表包含行(也称为记录或元组)和列(也称为属性)，表中每一列都用于存储某种类型的信息，例如日期、名称、金额和数字等。表有几种类型控制(如约束、触发器、默认值和自定义用户数据类型)，用于保证数据的有效性。可以向表添加完整性约束，以确保不同表中相关数据的一致性。表可以有索引，利用索引能够快速找到行。数据库还可以包含使用 Transact-SQL(简称 T-SQL)或 .NET Framework 代码的过程，对数据库中的数据执行操作。这些操作包括创建提供对表数据自定义访问的视图，或创建对部分行执行复杂计算的用户定义函数。

以创建一个名为 MyCompanyDB 的数据库来管理公司数据的应用为例，大致说明数据库开发的内容。在 MyCompanyDB 数据库中，可新建一个名为 Employees 的表来存储有关每位雇员的信息，表中包含 EmpId、Name、Department 和 Title 列。为了确保不存在两个雇员使用同一个 EmpId 的情况，并确保 Department 列仅包含公司中的有效部门编号，则必须向该表添加一些约束。由于需要根据雇员 ID 或姓氏快速查找雇员的相关数据，因此可定义一些索引。还要满足向 Employees 表中为每位雇员添加一行记录，因此必须创建一个名为 AddEmployee 的存储过程，此过程被自定义为接受新雇员的数据值，并执行向 Employees 表中添加新行的操作。另外，还可能需要雇员的部门摘要信息，那么就需要定义一个名为 DeptEmps 的视图，用于合并 Departments 表和 Employees 表中的数据并产生输出。

1. 系统数据库

SQL Server 2005 包括两种类型的数据库：系统数据库和用户数据库。系统数据库存储专属于 SQL Server 用于管理自身和用户数据库的系统数据，用户数据库用于存储用户的应用数据。在安装 SQL Server 时，安装过程将自动创建 5 个系统数据库，这 5 个系统数据库系统分别是 master、model、msdb、tempdb 和 resource 数据库。

- **master 系统数据库**：记录系统级别的信息，包括 SQL Server 初始化信息和环境配置信息。该数据库还记录所有登录的账户、其他系统数据库及所有用户数据库主要文件的位置。建议用户应当始终保存好 master 系统数据库的最新备份。
- **model 系统数据库**：在 SQL Server 2005 系统中创建用户数据库的模板(包括 tempdb 数据库)。当创建数据库时，所建数据库的一部分是以 model 数据库的内容为副本来创建的，所建数据库中其余部分则用空页填充。model 数据库必须保留在系统中，因为每次启动 SQL Server 时都将用它重新创建 tempdb。用户可以改变 model 数据，使之包含用户自定义的数据类型和表。如果用户修改了 model 数据库，则以后每个创建的数据库都将含有修改后的属性。
- **msdb 系统数据库**：供 SQL Server 代理程序调度警报、作业和记录操作员时使用。
- **tempdb 系统数据库**：用于保存临时表和临时存储过程，以及 SQL Server 需要的其他历史存储(如用于排序数据)。简单来说，tempdb 数据库就是一个工作空间，用于保存临时对象或中间结果集。
- **resource 系统数据库**：在 Management Studio 工具"系统数据库"节点中默认是不显示的，物理存放在 SQL Server 系统数据安装目录中，对应的文件组成包括 mssqlsystemresource.mdf 和 mssqlsystemresource.ldf。resources 数据库是只读数据库，其中包含了 SQL Server 2005 中的所有系统对象。SQL Server 系统对象在物理上将持续保存在 resource 数据库中，但逻辑上会出现在每个数据库的 sys 架构中。resource 不包含用户数据。

注意：请勿移动或重命名 resource 数据库文件，否则 SQL Server 2005 系统将不能正常启动。另外，不要将 resource 数据库放置在压缩或加密的 NTFS 文件系统文件夹中，如果这样操作将会降低 SQL Server 2005 的性能并阻止其功能的升级。

2. 数据库文件和文件组

SQL Server 2005 数据库存储在操作系统中表现为一组文件，SQL Server 2005 数据库文件有两个名称：logical_file_name(是在所有 T-SQL 语句中引用物理文件时所使用的逻辑名称，逻辑文件名必须符合 SQL Server 标识符规则，而且在数据库中唯一)和 os_file_name(是包含目录路径的物理文件名，必须符合操作系统文件的命名规则)。SQL Server 2005 数据库中所包含的数据和日志信息从不混合在相同的文件中，而且各文件仅在一个数据库中使用。

SQL Server 2005 的文件又分为数据文件(包括主要数据文件和次要数据文件)和事务日志文件。数据文件包含数据库的数据和对象，例如表、索引、存储过程和视图。事务日志文件包含恢复数据库中所有事务所需的信息。为了便于分配和管理，可以将数据文件集合起来，放到文件组中。每个 SQL Server 2005 数据库至少具有两个操作系统文件：一个主要数据文件和一个事务日志文件。SQL Server 2005 数据库文件的类型如表 1-1 所示。

表 1-1 数据库文件的类型

文件类型		说 明
数据文件	主要数据文件	主要数据文件包含数据库的启动信息，并指向数据库中的其他文件。用户数据和对象可存储在此文件中，也可以存储在次要数据文件中。每个数据库有一个主要数据文件。主要数据文件的文件扩展名是.mdf
	次要数据文件	次要数据文件是可选的，由用户定义并存储用户数据。通过将每个文件放在不同的磁盘驱动器上，次要文件可用于将数据分散到多个磁盘上。另外，如果数据库超过了单个 Windows 文件的最大大小，可以使用次要数据文件，这样数据库就能继续增长。次要数据文件的文件扩展名是.ndf
事务日志文件		事务日志文件保存用于恢复数据库的日志信息。每个数据库必须至少有一个日志文件。事务日志的建议文件扩展名是.ldf

例如，创建一个简单的销售应用数据库 Sales，其中包括 1 个含所有数据和对象的主要数据文件和 1 个含有事务日志信息的日志文件。另创建一个更复杂的产品订单应用数据库 Orders，其中包括 1 个主要数据文件和 5 个次要数据文件(数据库中的数据和对象分散在这六个文件中)及 4 个日志文件(包含事务日志信息)。

建议：默认情况下，数据和事务日志被存放在同一个驱动器的同一个路径下，这是为处理单磁盘系统而采用的方法。但是，在生产环境中，这可能不是最佳的方法。建议将数据和日志文件放在不同的磁盘上进行存储。

文件组是命名的文件集合，用于帮助数据布局和管理任务，例如备份和还原操作。每个数据库可有一个主要文件组，此文件组包含主要数据文件和未放入其他文件组的所有次要文件。另外，还可以创建用户定义的文件组，用于将数据文件集合起来，以便于管理、数据分配和放置。例如，分别在 3 个磁盘驱动器上创建 3 个文件 Data1.ndf、Data2.ndf 和 Data3.ndf，并将它们分配给文件组 fgroup1；然后，可以明确地在文件组 fgroup1 上创建一个表，对表中数据的查询将分散到 3 个磁盘上，这样可提高系统性能。当然也可采用其他技术实现，比如通过使用在 RAID(独立磁盘冗余阵列)条带集上创建单个文件也能获得同样的性能提高。但是，文件和文件组使用户能够更加轻松地在新磁盘上添加新文件。如表 1-2 所示列出了存储在文件组中的所有数据文件。

表 1-2 文件组的类型

文件组类型	说 明
主要文件组	包含主要文件的文件组。所有系统表都被分配到主要文件组中
用户定义文件组	用户首次创建数据库或以后修改数据库时明确创建的任何文件组，可通过在 CREATE DATABASE 或 ALTER DATABASE 语句中使用 FILEGROUP 关键字指定

日志文件不包括在文件组内，因为日志空间与数据空间是分开管理的。

说明：每个数据库中均有一个文件组被指定为默认文件组。如果在数据库中创建对象时没有指定对象所属的文件组，则将默认文件组作为其主文件组，对象将被分配给默认文件组。无论何时，只能将一个文件组指定为默认文件组。默认文件组中的文件必须足够大，能够容纳未分配给其他文件组的所有新对象。

3．事务日志

事务是作为单个逻辑工作单元执行的一系列操作。一个逻辑工作单元必须有 4 个属性，分别称为原子性、一致性、隔离性和持久性(ACID)属性，只有这样才能成为一个事务。

- 原子性：事务必须是原子工作单元，对于其数据的修改，要么全都执行，要么全都不执行。

- 一致性：事务在完成时，必须使所有的数据都保持一致状态。在相关数据库中，所有规则都必须应用于事务的修改，以保持所有数据的完整性。事务结束时，所有的内部数据结构(如 B 树索引或双向链表)都必须是正确的。

- 隔离性：由并发事务所做的修改必须与任何其他并发事务所做的修改隔离。事务识别数据时，数据所处的状态要么是另一并发事务修改它之前的状态，要么是第二个事务修改它之后的状态，事务不会识别中间状态的数据。

- 持久性：事务完成之后，对于系统的影响将是永久性的。该修改即使出现系统故障也将一直保持。

每个 SQL Server 2005 数据库都具有事务日志，用于记录所有事务以及每个事务对数据库所做的修改。事务日志是数据库的重要组件，如果系统出现故障，则可能需要使用事务日志将数据库恢复到一致状态。删除或移动事务日志以前，必须完全了解此操作带来的后果。

事务日志支持以下操作：

- 恢复个别的事务。如果应用程序发出 ROLLBACK 语句，或者数据库引擎检测到错误(例如失去与客户端的通信)，就使用日志记录回滚未完成的事务所做的修改。

- 在 SQL Server 启动时恢复所有未完成的事务。当运行 SQL Server 的服务器发生故障时，数据库可能还没有将某些修改从缓存写入数据文件，在数据文件内有未完成的事务所做的修改。那么，当启动 SQL Server 实例时，就对每个数据库执行恢复操作，前滚日志中记录的、可能尚未写入数据文件的每个修改，在事务日志中找到的每个未完成的事务都将回滚，以确保数据库的完整性。

- 将还原的数据库、文件、文件组或页前滚至故障点。在硬件(如磁盘)故障影响到数据库文件后，可以将数据库还原到故障点。先还原上次完整数据库备份和上次差异数据库备份，然后将后续的事务日志备份序列还原到故障点。当还原每个日志备份时，数据库引擎重新应用日志中记录的所有修改，以前滚所有事务。当最后的日志备份还原后，数据库引擎将使用日志信息回滚到该点未完成的所有事务。

- 支持事务复制。日志读取器代理程序监视已为事务复制配置的每个数据库的事务日志，并将已设复制标记的事务从事务日志复制到分发数据库中。有关详细信息，可参阅微软 MSDN 文档中关于事务复制的工作机制。

- 支持备份服务器、日志传送和数据库镜像解决方案。在日志传送方案中，主服务器将主数据库的活动事务日志发送到一个或多个目标服务器。每个辅助服务器将该日志还原为其本地的辅助数据库。在数据库镜像方案中，数据库(主体数据库)的每次更新都在独立的、完整的数据库(镜像数据库)副本中立即重新生成。主体服务器实例立即将每个日志记录发送到镜像服务器实例，镜像服务器实例将传入的日志记录应用于镜像数据库，从而将其继续前滚。

4．数据库对象及其引用

(1) 数据库对象。数据库是数据、表及其他数据库对象的集合。在 SQL Server 2005 中主要有如下一些对象。

- 表：存放各种数据的载体。
- 约束：强制实现数据完整性的方法。
- 默认值：用户没有给出明确的列值时，由系统自动给出的数据值。
- 规则：当向表的某一列插入或更新数据时的限定取值范围。
- 索引：实现数据快捷检索并强制实现数据完整性的一种存储结构。
- 视图：查看数据库中一个或多个表或视图中数据的一种方法。
- 存储过程：一组预先编译好的能实现特定数据操作功能的 SQL 代码集。
- 触发器：一种特殊的存储过程，在用户向表中插入、更新或删除数据时自动执行。

(2) SQL Server 数据库对象的引用。SQL Server 对象的完整名称包括 4 个标识符：服务器名称、数据库名称、所有者名称和对象名称。引用 SQL Server 数据库对象需要使用如下格式：

```
Server.Database.Owner.Object
```

具有这 4 部分的对象名称就称为全限定名称，在 SQL Server 中创建的每一个对象都必须有唯一的全限定名称。例如，在一个数据库中可以有两个名称相同的表，但它们的所有者不同。

在引用数据库对象时，并不一定要全部包含服务器名称、数据库名称、所有者名称，中间符可以省略，可以在相应位置用一个"."代替。以下列出的对象引用名称例子都是合法的：

```
server.database..object
server.owner.object
server...object
database.owner.object
database..object
owner.object
object
```

创建一个数据库对象时，如果没有指定名称部分，SQL Server 将使用默认值：本地服务器将作为 Server 部分的默认值，当前数据库将作为 Database 部分的默认值，与当前登录 ID 相关联的数据库用户将作为 Owner 的默认值(dbo 角色常作为数据库对象的所有者)。

5．系统表、系统存储过程、系统函数

(1) 系统表。系统表是指用于存储系统及数据库中对象信息的表。系统表以前缀"sys"开头，如表 1-3 所示列出了一些常用的系统表及其功能。

表 1-3　常用的系统表及其功能

系统表名称	所在数据库	功　　能
syslogins	master	含有每一个连接到 SQL Server 的登录账户信息
sysmessages	master	由 SQL Server 返回的系统错误或警告信息
sysdatabases	master	每个数据库的相关信息
sysusers	所有库	每个数据库中的每个 Windows 用户、用户组、SQL Server 用户、SQL Server 角色的相关信息
sysobjects	所有库	数据库中每个数据库对象的相关信息

(2) 系统存储过程。为了使用户更容易地查看服务器及数据库对象的状态信息，SQL Server 提供了一组预先编译好的查询，这些查询称为系统存储过程。系统存储过程一般以"sp_"开头，如表 1-4 所示列出了几个常用的系统存储过程及其功能。

表 1-4　常用的系统存储过程及其功能

系统存储过程名	功　能
sp_help [object-name]	查看指定数据库对象的信息
sp_helpdb [database-name]	查看指定数据库的信息
sp_who [login-name]	查看指定登录用户的信息

(3) 系统函数。系统函数提供从系统表查询相关信息的方法，可以访问 SQL Server 2005 系统表中的信息，而不必直接访问系统表，如系统函数 DB_ID(database-name)返回数据库 ID，USER_NAME(ID)则返回用户的名字。

1.2　技能二　掌握 SQL Server 2005 数据库系统的安装

本节主要介绍 SQL Server 2005 数据库系统产品中功能较为完整的 Enterprise Edition 版本的安装及其程序组件的应用。

1.2.1　任务一　SQL Server 2005 的组件

SQL Server 2005 包含丰富的功能组件(或称为常用工具)，安装时可以根据需要对组件进行选择安装。这些组件提供了一组图形工具和命令提示符使用工具，有助于用户、数据库开发人员和数据管理员提高工作效率。根据组件的功能和使用环境分为服务器组件、客户端组件、管理工具、开发工具、文档(包括示例)5 类。

服务器组件是在数据库服务器上安装运行的工具，该组件包括的主要工具如表 1-5 所示。

表 1-5　服务器组件

服务器组件名称	说　明
SQL Server Data Engine	数据库引擎包括用于存储、处理和保护数据的核心服务，复制、全文搜索以及用于管理关系数据和 XML 数据的工具
Analysis Services	分析服务包括用于创建和管理联机分析处理(OLAP)以及数据挖掘的工具
Reporting Services	报表服务包括用于创建、管理和部署表格报表、矩阵报表、图形报表以及自由格式报表的服务器和客户端组件。该组件还是一个用于开发报表应用程序的可扩展平台
Notification Services	通知服务是用于开发和部署将个性化即时信息发送给各种设备上的用户的应用程序
Integration Services	集成服务是一组图形工具和可编程对象，主要用于移动、复制和转化数据

说明：Reporting Services 的安装需要 Internet 信息服务(IIS)5.0 或更高版本支持，Reporting Services 中的报表设计器工具需要 Microsoft Internet Explorer 6.0 Service Package1(SP1)。

客户端组件安装在实现客户机应用的计算机上，主要是客户机与数据库服务器数据通信和通过网络管理数据的工具。该类组件包括的实用工具就是"连接组件"，是用于实现客户端和服务器之间的通信，以及用于 DB_Library、ODBC 和 OLE DB 的网络库。

管理工具组件可方便、快捷地使用 SQL Server 2005 功能，是提高系统应用效率的一组工具，包含的主要工具如表 1-6 所示。

表 1-6　管理工具组件

工具名称	说　明
SQL Server Management Studio(SSMS)	是 Microsoft SQL Server 2005 中的新增加组件工具，用于访问、配置、管理和开发应用的组件集成环境。SSMS 将 SQL Server 以前版本中的企业管理器、查询分析器等功能组合到统一的应用环境中，为不同应用的开发人员和管理人员提供高效、快速访问 SQL Server 的能力
SQL Server Configuration Manager (SQL Server 配置管理器)	该工具为 SQL Server 服务、服务器协议、客户端协议和客户端别名等提供基本配置管理
SQL Server Profiler	用于监视数据库引擎实例或 Analysis Services 实例
数据库引擎优化顾问	该工具可以协助创建索引、索引视图和分区的最佳组合

说明：SQL Server Management Studio 工具的安装需要 Internet Explorer 6.0 SP1。

开发工具组件主要完成商业智能软件的开发，其工具名称为 Business Intelligence Development Studio，是 Analysis Services、Reporting Services 和 Integration Services 解决方案的集成开发环境。

文档和示例组件为用户和开发人员提供帮助的信息，包括的工具内容如表 1-7 所示。

表 1-7　文档和示例

文档和示例	说　明
SQL Server 联机丛书	SQL Server 2005 的核心帮助文档
SQL Server 示例	提供数据库引擎、Analysis Services、Reporting Services 和 Integration Services 的示例代码和示例应用程序

1.2.2　任务二　SQL Server 2005 安装的系统需求

安装 SQL Server 2005 对系统硬件、软件都有一定的要求，软件和硬件的不兼容性可能导致安装过程的失败。因此，在实施安装工作之前，应当清楚 SQL Server 2005 对软件和硬件的要求。SQL Server 在 32 位平台上运行的要求和在 64 位平台上的要求有所不同，本书所讲述的 SQL Server 2005 是运行在 32 位平台之上。

1.　主要硬件需求

● 处理器(CPU)：需要 Pentium III 兼容处理器或更高速度的处理器，主频最低 600MHz，建议 1GHz 或更高。

● 内存：企业版、标准版、学习版、开发版和工作组版要求内存空间不小于 512MB，建议 1GB 或更大。

● 硬盘容量：在安装 SQL Server 2005 的过程中，Windows 安装程序会在系统驱动器中创建临时文件。运行安装程序以及安装 SQL Server 2005 之前，需要先确认系统驱动器中是否至少具有 2GB 的可用磁盘空间来存储这些文件(即使在将所有 SQL Server

组件安装到非默认系统驱动器中时，此要求也适用)，很多文件会安装到系统驱动器(例如，安装程序日志文件将写入系统驱动器，并且对于独立安装需要 80MB)，通常为驱动器"C:"。在 SQL Server 2005 安装过程中所需要的实际硬盘空间，取决于系统配置及选择安装的应用程序和功能，如表 1-8 所示列出了 SQL Server 2005 组件对硬盘空间的要求。

表 1-8 SQL Server 2005 组件对磁盘空间的要求

组件功能	硬盘空间需求
数据库引擎和数据文件、复制以及全文搜索	280MB
Analysis Services 和数据文件	90MB
Reporting Services 和报表管理器	120MB
Notification Services 引擎组件、客户端组件和规则组件	50MB
Integration Services	120MB
客户端组件	850MB
SQL Server 联机丛书和 SQL Server Compact Edition 联机丛书	240MB
示例和示例数据库(默认情况下不安装示例和示例数据库)	410MB

2. 主要软件需求

- 操作系统需求：SQL Server 2005 的不同版本安装所需要的操作系统也不相同，如表 1-9 所示。

表 1-9 不同 SQL Server 2005 版本的操作系统需求

版本名称	操作系统要求
企业版	Windows Server 2000 SP4 及其以上版本
标准版	Windows Server 2000 SP4 及其以上版本、Windows 2000 Professional SP4、Windows XP Professional SP2 及其以上版本
开发版	Windows Server 2000 SP4 及其以上版本、Windows 2000 Professional SP4、Windows XP Home SP2 及其以上版本
工作组版	Windows Server 2000 SP4 及其以上版本、Windows 2000 Professional SP4、Windows XP Professional、Windows XP Media SP2 及其以上版本
学习版	Windows 2000 Professional SP4、Windows XP Home SP2 及其以上版本

- 网络软件需求：Windows Server 2003、Windows 2000 和 Windows XP 各种操作系统都有内置的网络协议软件。
- Internet 需求：如表 1-10 所示列出了 SQL Server 2005 的 Internet 要求。

表 1-10 SQL Server 2005 的 Internet 要求

组件	要求
Internet 软件	所有 SQL Server 2005 的安装都需要 Microsoft Internet Explorer 6.0 SP1 或更高版本，因为 Microsoft 管理控制台(MMC)和 HTML 帮助需要它。只需 Internet Explorer 的最小安装即可满足要求，且不要求 Internet Explorer 是默认浏览器
Internet 信息服务(IIS)	安装 Microsoft SQL Server 2005 Reporting Services (SSRS)需要 IIS 5.0 或更高版本
ASP .NET 2.0	Reporting Services 需要 ASP .NET 2.0。安装 Reporting Services 时，如果尚未启用 ASP .NET，则 SQL Server 安装程序将启用它

1.2.3　任务三　SQL Server 2005 的安装过程

SQL Server 2005 安装向导是基于 Microsoft Windows Installer 运行的。另外，安装用户必须在安装 SQL Server 的计算机上拥有系统管理员的权限。如果通过远程共享安装 SQL Server，则必须使用对远程共享具有读取和执行权限的域用户账户。

1. SQL Server 2005 的主要安装步骤

在 Windows Server 2003 Standard Edition 操作系统上使用 SQL Server 2005 安装向导进行企业版安装的主要步骤如下所示。

(1) 将 SQL Server 2005 安装光盘(第 1 张)放入驱动器，自动运行功能将启动安装程序，出现如图 1.1 所示的安装界面。在此安装界面中可以选择"准备"栏中的"检查硬件和软件要求"项目对所要安装的机器进行软、硬件检测，如果不满足安装要求，系统将予以提示。

(2) 在安装界面中，选择"安装"栏中的"服务器组件、工具、联机丛书和示例"项目，出现"最终用户许可协议"对话框，选中"我接受许可条款和条件"复选框。若要结束安装程序，可单击"取消"按钮。若要继续，则单击"下一步"按钮，出现如图 1.2 所示的"安装必备组件"对话框。该对话框显示在安装 SQL Server 2005 之前所需的软件组件，单击"安装"按钮，系统将自动开始安装。

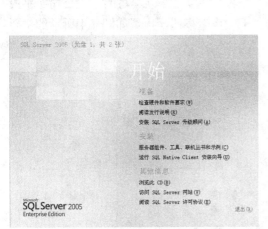

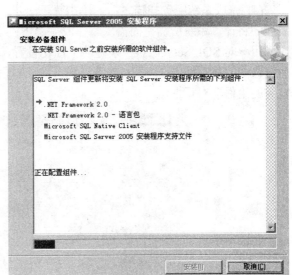

图 1.1　SQL Server 2005 的安装界面　　　　图 1.2　"安装必备组件"对话框

(3) 在所需组件安装成功以后，单击"下一步"按钮，出现"欢迎使用 Microsoft SQL Server 安装向导"对话框，单击"下一步"按钮，出现如图 1.3 所示的"系统配置检查"对话框。系统配置检查器将扫描计算机系统状况，检索每个检查项的状态，并把结果和要求的条件相比较，提供解决问题的相关指导。若要中断扫描，可单击"停止"按钮。单击"筛选"按钮，可按不同的分组显示检查项列表。单击"报告"按钮，可查看结果的汇总信息。

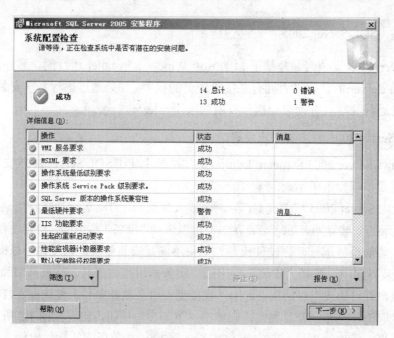

图 1.3 "系统配置检查"对话框

(4) 完成系统配置扫描之后,单击"下一步"按钮,出现"正在准备继续安装"窗口。安装程序将计算系统所需空间需求,完成后单击"下一步"按钮,出现"注册信息"对话框,可完成用户对 SQL Server 2005 系统的个性化设置,"姓名"字段是必须填写的,"公司"字段是可选的,然后输入 25 位的产品密钥。继续单击"下一步"按钮,出现如图 1.4 所示的"要安装的组件"对话框。

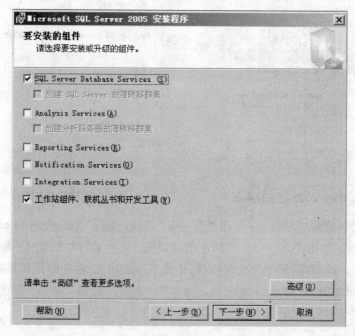

图 1.4 "要安装的组件"对话框

在该对话框中选择安装的组件，若要安装单个组件，可以单击"高级"按钮，出现"功能选择"对话框，可单击组件列表项以更改其安装方式。SQL Server 2005 默认的安装路径为 C:\Program Files\Microsoft SQL Server\，可单击"浏览"按钮自定义安装目录。单击"下一步"按钮返回如图 1.4 所示的对话框，再单击"下一步"按钮，出现如图 1.5 所示的"实例名"对话框。

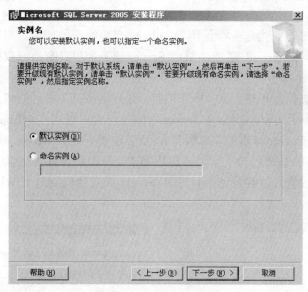

图 1.5 "实例名"对话框

(5) 在"实例名"对话框中选中"默认实例"单选按钮，计算机系统中必须事先没有默认实例才可安装新的默认实例。若要安装新的命名实例，可选中"命名实例"单选按钮，然后在文本框中输入一个唯一的实例名。

SQL Server 实例由一组具有排列规则及一些特定设置的非重复服务选项所组成。如果在安装过程中创建 SQL Server 实例，那么指定的实例 ID 标识符中将反映出目录结构、注册表结构和服务名称。实例有默认实例和命名实例。默认实例名为 MSSQL Server，它不需要客户端指定实例名称即可建立连接；命名实例在安装过程中由用户决定。实例命名规则如下。

- 实例名必须遵循 SQL Server 标识符规则且不能为保留关键字。
- 实例名称不能是 Default 或 MSSQL Server。
- 实例名必须限制为 16 个字符。在此建议应将实例名限制在 10 个字符之内因为实例名会出现在各种 SQL Server 系统工具的用户界面中，因此名称越短越容易读取。实例名称不区分大、小写。
- 实例名称中不允许嵌入空格，不能使用反斜线(\)、逗号(,)、冒号(:)或@符号。
- 实例名中的首字符必须为字母、数字、符号(&)、下画线(_)或符号(#)。其余可用的字母为 Unicode 标准 2.0 中定义的字符和其他语言中的字母字符。

(6) 设置实例后单击"下一步"按钮，出现如图 1.6 所示的"服务账户"对话框。若要为各个服务指定单独的账户，则选中"为每个服务账户进行自定义"复选框，然后在"服务"下拉列表中选择服务名称，为该服务设置登录账户。若要所有服务使用同一个账户，可以为 SQL Server 服务账户指定用户名、密码和域等信息。

● 使用内置系统账户：选择此项能够为可配置的 SQL Server 服务登录分配本地系统账户、网络服务账户。"本地系统"账户选项用来指定一个不需要密码的本地系统账户，以连接到同一台计算机上的 SQL Server 单机安装选择项。"网络服务"账户是一个特殊的内置账户，与通过身份验证的用户账户类似。网络服务用户账户与 Users 组的成员具有相同级别的资源、对象访问权限。以网络服务账户身份运行的服务可访问网络资源。

● 使用域用户账户：指定一个使用 Windows 身份验证的域用户账户，以设置并连接到 SQL Server。Microsoft 建议对 SQL Server 服务使用具有最低权限的域用户账户，因为 SQL Server 服务不需要管理员账户的特权。

(7) 设置完服务账户后单击"下一步"按钮，出现如图 1.7 所示的"身份验证模式"对话框。该对话框的选择用于实现连接 SQL Server 时的身份验证模式。如果选用了"混合模式"(即 Windows 身份和 SQL Server 身份的双重验证)，还必须输入 SQL Server 的系统管理员"sa"的登录密码(如果所安装的系统只为了学习，可以将"sa"密码设置为空以方便登录；如果是实际的应用系统，则应设置并保存好密码)。SQL Server 的安全机制对于 Windows 身份验证和混合模式是相同的。

图 1.6 "服务账户"对话框

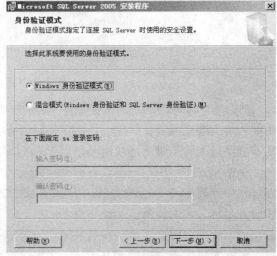

图 1.7 "身份验证模式"对话框

(8) 设置完身份验证模式，单击"下一步"按钮，进入"排列规则设置"对话框，从而实现指定实例的排列规则，根据中文应用环境，一般选择"Chinese_PRC"项。选择完成后，单击"下一步"按钮，进入"错误和使用情况报告设置"对话框，以设置当 SQL Server 系统发生错误时错误报告的处理方式，也可以取消选择复选框以禁用错误报告。

(9) 选择完错误处理方式后，单击"下一步"按钮，出现"准备安装"窗口，显示要安装的组建。单击"下一步"按钮，出现如图 1.8 所示的"安装进度"对话框，显示出 SQL Sever 每个选定组件的安装状态和安装进度，安装途中会提示插入第 2 张光盘。

当全部安装完成后出现"安装完成"对话框，显示安装程序已配置完 SQL Server 2005。单击"完成"按钮，结束 SQL Server 2005 的安装过程，安装完毕。

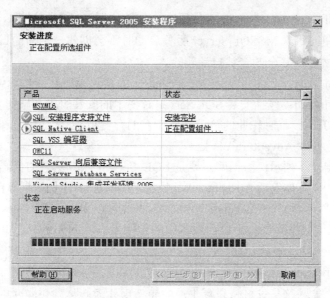

图 1.8　"安装进度"对话框

提示：为了使 SQL Server 2005 的服务器外围应用最小化，默认情况下对新系统禁用了某些功能和服务。若要配置 SQL Server 外围应用，可使用外围应用配置器工具。

2. 验证和安装示例数据库

(1) 检验 SQL Server 2005 是否成功安装。

安装 SQL Server 2005 Enterprise Edition 之后，"开始"菜单中将出现"Microsoft SQL Server 2005"程序组，其中包括：配置工具(SQL Server Configuration Manager、SQL Server 错误和使用情况报告、SQL Server 外围应用配置器、Notification Services 命令提示、Reporting Services 配置)、文档和教程(教程和 SQL Server 联机丛书)、Analysis Services、性能工具(SQL Server Profiler 和数据库引擎优化顾问)、SQL Server Business Intelligence Development Studio 以及 SQL Server Management Studio 等工具。

安装 SQL Server 2005 时，可以指定存储 SQL Server 程序和数据文件的目录，默认安装文件夹是 "C:\Program Files\ Microsoft SQL Server"。可使用 Windows 操作系统的资源管理器查看 Microsoft SQL Server 2005 的目录结构，验证 SQL Server 文件夹的存储位置。假如，安装 SQL Server 2005 遵从默认存储位置，那么可打开 "C:\Program Files\Microsoft SQL Server\ \MSSQL.1\" 文件夹后的窗口，其中：

- ..\MSSQL\Backup：这个目录最初为空，是 SQL Server 创建磁盘备份设置的默认存储位置。在实际备份时，可以为备份数据指定另外的存储位置。如果将备份存储在这个默认位置中，那么源数据和备份就会存储在同一个物理硬盘中，而这并不是一个很好的方案。

- ..\MSSQL\Binn：Windows 客户和服务器的可执行文件、在线帮助文件和扩展存储过程的 DLL 文件所在的存储位置。

- ..\MSSQL\Data：所有数据库的数据文件和日志文件的默认存储位置，这些数据库文件中还包括 SQL Server 的系统数据文件，如 master 数据库、msdb 数据库等。

- ..\MSSQL\LOG：SQL Server 存储日志文件的位置，所有的提示、警告和错误信息都存储在这里。每次 MSSQL Server 服务启动时都会创建一个新的日志文件。只保留最新的 6 个文件，其余的会被自动删除。
- ..\MSSQL\Ftdata：全文目录(full-text catalog)的根目录所在的物理位置。
- ..\MSSQL\Install：包括安装 SQL Server 时使用的安装脚本和输出文件。
- ..\MSSQL\Jobs：临时作业的输出文件所在的存储位置。

(2) 安装示例数据库 Adventure Works。

Adventure Works 系列示例数据库主要是 SQL Server 联机丛书的代码及随产品一起安装的配套应用程序示例，具体包括 Adventure Works 数据库(OLTP 示例数据库)、Adventure Works DW 数据库(数据仓库示例)和 Adventure Works AS 数据库(Analysis Services 示例数据库)。SQL Server 2005 用这几个数据库替代了以前版本中的示例数据库 Northwind 和 Pubs，目的在于更好地展示 SQL Server 2005 的新功能。

Adventure Works 示例数据库是基于一家虚拟的大型跨国生产公司 Adventure Works Cycles，该公司生产金属及复合材料自行车，产品远销北美、欧洲和亚洲市场。公司总部设在华盛顿州的伯瑟尔市，拥有 290 名雇员，而且拥有多个活跃在世界各地的地区性销售团队。Adventure Works Cycles 总体业务方案由销售和营销方案、产品方案、采购和供应商方案及生产方案组成。

SQL Server 2005 为了增强系统安全性，默认情况下没有安装示例数据库。如要安装示例数据库，可从"控制面板"的"添加或删除程序"中运行安装程序。Adventure Works 数据库的主要安装步骤如下。

① 在"控制面板"中单击"添加或删除程序"选项，在"添加或删除程序"对话框中选择 Microsoft SQL Server 2005，然后单击"更改"按钮。

② 从"选择组件"窗口中选择"工作站组件"，然后单击"下一步"按钮，按照 Microsoft SQL Server 维护向导的步骤操作。

③ 从"更改或删除实例"窗口中单击"更改已安装的组件"。

④ 在功能选择中，展开"联机丛书和示例"节点。

⑤ 选择"示例"。

⑥ 展开"数据库"，然后选择要安装的示例数据库，单击"下一步"按钮。

⑦ 若要安装并附加示例数据库，请从"安装示例数据库"中选择"附加示例数据库"，然后单击"下一步"按钮；若要安装示例数据库文件但不附加，请在"安装示例数据库"中选择"安装示例数据库"，然后单击"下一步"按钮。

⑧ 完成向导中的步骤。

完成安装后，可从"开始"|"所有程序"中单击 Microsoft SQL Server 2005 程序组的"文档和教程"|"示例"|"Microsoft SQL Server 2005 示例"命令，进行 Microsoft SQL Server 2005 Samples 的安装。

建议：以上介绍的 Adventure Works 示例数据库不能在 SQL Server 2005 Express Edition(学习版)中使用。如果要在学习版使用 Adventure Works 相关示例数据库，可到 Microsoft 相关网站下载 Adventure Works DB.msi、Adventure Works BI.msi 和 Adventure Works LT.msi 示例数据库安装包，进行安装使用。

1.3　技能三　熟悉 SQL Server 2005 管理开发工具 Management Studio

1.3.1　任务一　Microsoft SQL Server Management Studio 界面及主要窗口介绍

Microsoft SQL Server Management Studio 是 Microsoft SQL Server 2005 提供的一种新集成环境，用于访问、配置、控制、管理和开发 SQL Server 的所有组件。SQL Server Management Studio 将一组多样化的图形工具与多种功能齐全的脚本编辑器组合在一起，可为各种技术级别的开发人员和管理员提供对 SQL Server 的访问。

SQL Server Management Studio 将早期版本的 SQL Server 中所包含的企业管理器、查询分析器和 Analysis Manager 功能整合到单一的环境中。此外，SQL Server Management Studio 还可以和 SQL Server 的所有组件协同工作，例如 Reporting Services、Integration Services、SQL Server 2005 Compact Edition 和 Notification Services。由此，开发与数据库管理人员可获得功能齐全的单一实用工具，以及易于使用的图形工具和丰富的脚本撰写功能。

如何启动 SQL Server Management Studio 呢？可单击"开始"菜单，指向"所有程序"|"Microsoft SQL Server 2005"，再单击"SQL Server Management Studio"命令，出现"连接到服务器"对话框中，验证默认设置，再单击"连接"按钮。

Microsoft SQL Server Management Studio 主界面如图 1.9 所示。下面介绍其窗口界面的组成，即主要菜单、工具栏的功能及使用。

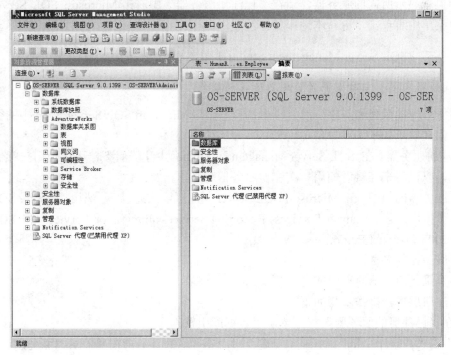

图 1.9　Microsoft SQL Server Management Studio 主界面

Microsoft SQL Server Management Studio 的主界面由以下几部分组成。

- 菜单栏：典型的 Microsoft Windows 菜单。用户在 SQL Server 2005 实际操作过程中用得并不多，大部分在树形结构窗口中就可以完成相应的功能选择。

- 工具栏：提供常用功能按钮。如果不熟悉某个图标按钮代表什么功能，只需要将鼠标指针移到图标上，系统就会给出图标所代表的功能简介。
- 树形结构：经常使用的导航工具，显示 Microsoft SQL Server Management Studio 管理 SQL Server 对象的总体结构。当 SQL Server Management Studio 首次启动时，树形结构中的大部分都没有打开，仅仅展示了 SQL Server 的最上层结构。"-"代表树形结构的这个分支已经展开，"+"表示这个分支现在正处于关闭状态，它可以被打开。树形结构的所有层次都可以被打开，以查看每个层次中的内容。用鼠标右键单击树形结构中的任何一项可打开其相关的快捷菜单，这些菜单可以使用户在树形结构中操纵相应的对象。

Management Studio 默认情况下显示"对象资源管理器"窗口。对象资源管理器是服务器中所有数据库对象的树视图，显示 SQL Server Database Engine、Analysis Services、Reporting Services、Integration Services 和 SQL Server Mobile 的数据库。对象资源管理器还包括与其连接的所有服务器的信息。打开 Management Studio 时，系统会提示用户将对象资源管理器连接到上次使用的设置。用户可以在"已注册的服务器"组件中双击任意服务器进行连接，但无需注册要连接的服务器。

"已注册的服务器"窗口列出的是经常管理的服务器。用户可以在此列表中添加和删除服务器。如果计算机上以前安装了 SQL Server 2000 企业管理器，则系统将提示用户导入已注册服务器的列表，否则列出的服务器中仅包含运行 Management Studio 的计算机上的 SQL Server 实例。如果未显示所需的服务器，请在"已注册服务器"中右击 Microsoft SQL Server，在弹出的快捷菜单中再单击"更新本地服务器注册"命令。

1.3.2　任务二　SQL Server Management Studio 的基本应用

1. 注册服务器、与对象资源管理器连接的操作

注册服务器的操作和对象资源管理器的操作，与 Microsoft SQL Server 2000 中的企业管理器类似，但功能增加了许多。

(1) 注册服务器。在 SQL Server Management Studio 中注册服务器可以使用户存储服务器连接信息，以供将来连接时使用。在注册服务器时必须指定：

- 服务器的类型。在 Microsoft SQL Server 中，可以注册以下类型的服务器：SQL Server 数据库引擎、Analysis Services、Reporting Services、Integration Services 和 SQL Server 2005 Compact Edition。
- 服务器的名称。
- 登录到服务器时使用的身份验证的类型。
- 注册服务器操作步骤如下。
① 在"已注册的服务器"窗口单击"数据库引擎"。
② 右击"数据库引擎"，指向"新建"|"服务器注册"，此时将打开"新建服务器注册"对话框。
③ 在"服务器名称"文本框中输入 SQL Server 实例的名称。
④ 在"连接属性"选项卡的"连接到数据库"列表中，选择指定的数据库，再单击"保存"按钮。

(2) 与对象资源管理器连接的操作。与已注册的服务器类似，对象资源管理器也可以连接到数据库引擎、Analysis Services、Integration Services、Reporting Services 和 SQL Server Mobile。其具体操作步骤如下：

① 在对象资源管理器窗口单击"连接"，显示可用的连接类型下拉列表，再选择"数据库引擎"，系统将打开"连接到数据库"对话框。

② 在"服务器名称"文本框中输入 SQL Server 实例的名称。

③ 单击"选项"按钮，然后浏览各选项。

④ 单击"连接"按钮，连接到服务器。如果已经连接，则将直接返回到对象资源管理器，并将该服务器设置为焦点。

连接到 SQL Server 的某个实例时，对象资源管理器所显示的外观及功能实现与 SQL Server 2000 企业管理器中的控制台根节点非常相似。使用对象资源管理器，可用管理 SQL Server 安全性、SQL Server 代理、复制、数据库邮件、Notification Services 等组件的功能。

2．关闭、打开 SQL Server Management Studio 组件

(1) 关闭及重新打开"已注册服务器"组件窗口：

① 单击已注册的服务器右上角的"×"按钮，已注册服务器随即关闭。

② 在"视图"菜单上单击"已注册服务器"命令，对其进行还原。

(2) 关闭及重新打开"对象浏览器"组件窗口：

① 单击对象浏览器右上角的"×"按钮，已注册服务器随即关闭。

② 在"窗口"菜单上单击"重置窗口布局"命令，对其进行还原。

3．配置文档窗口及显示摘要页

文档窗口可以配置为显示选项卡式文档或多文档界面(MDI)环境。在选项卡式文档模式中，默认的多个文档将沿着文档窗口的顶部显示为选项卡。如要更改为 MDI 环境模式，按如下步骤进行。

(1) 在"工具"菜单上单击"选项"命令。

(2) 展开"环境"，再单击"常规"按钮。

(3) 在设置区域中单击"MDI 环境"，再单击"确定"按钮。

此时，各窗口分别浮动在 Microsoft 文档窗口中。

SQL Server Management Studio 可以为对象资源管理器选定的每个对象显示一个报表，该报表为摘要页，由 SQL Server 2005 Reporting Services(SSRS)创建，并可在文档窗口中打开。在"视图"菜单上，单击"摘要"命令，或者在"标准"工具栏上单击"摘要"按钮。如果摘要页没有打开，则此时将打开该页；如果该页从后台打开，则此时转到前台显示。摘要页会在对象资源管理器的每一层为用户提供最需要的对象信息。如果对象列表很大，则摘要页处理信息的时间可能会很长。有两个摘要页视图：一个是"详细信息"视图，用于针对每一种对象类型为用户提供最可能感兴趣的信息；另一个是"列表"视图，用于提供对象资源管理器中选定节点内的对象的列表。如果要删除多个项，可使用"列表"视图一次选中多个对象。

4．查询编辑器的使用

SQL Server Management Studio 是一个集成开发环境，可用于编写 T-SQL、MDX、XMLA、XML、SQL Server 2005 Mobile Edition 查询和 SQL CMD 命令。用于编写 T-SQL 的查询编辑

器组件与以前版本的 SQL Server 查询分析器类似，下面将介绍其基本操作。

(1) 最大化查询编辑器窗口：

① 单击"查询编辑器"窗口中的任意位置。

② 按 Shift+Alt+Enter 组合键，在全屏显示模式和常规显示模式之间进行切换。

这种键盘快捷键适用于任何文档窗口。

(2) 自动隐藏所有工具窗口：

① 单击"查询编辑器"窗口中的任意位置。

② 在"窗口"菜单上单击"自动全部隐藏"命令。

③ 若要还原工具窗口，请打开每一个工具，再单击窗口上的"自动隐藏"按钮以驻留打开此窗口的空间。

(3) 注释部分脚本：

① 使用鼠标选择要注释的文本。

② 在"编辑"菜单中选择"高级"|"注释选定内容"命令，所选文本将带有破折号，表示完成注释。

小　　结

SQL Server 2005 是以高性能、高可靠性和高可用性的数据库引擎为中心的多组件关系型数据库管理系统，与以前的版本相比，功能、特性等方面有了很大的进步，合理利用这些将可以极大地提升工作效率。SQL Server 2005 数据库系列包括多种版本：企业版、标准版、工作组版、学习版、开发版和移动版。本章介绍了 SQL Server 2005 数据库的系统数据库、用户数据库、数据库文件、文件组、事务日志、系统表、系统存储过程、系统函数、数据库对象及其引用等基本概念，并详细描述了 SQL Server 2005 的安装步骤、选项内容，以及 SQL Server Management Studio 管理开发工具的基本应用。

习题与实训

一、填空题

1．SQL Server 2005 是以高性能、高可靠性和高可用性的数据库引擎为中心的多组件_____数据库管理系统。

2．SQL Server 2005 包括两种类型的数据库：系统数据库和用户数据库。系统数据库有_____、model、msdb、tempdb 和 resource。

3．SQL Server 2005 数据库由表的集合组成，这些表用于存储一组特定的_____。

4．SQL Server 2005 数据库存储在操作系统中表现为一组文件，SQL Server 2005 数据库文件有两个名称：_____和 os_file_name。

5．SQL Server 对象的完整名称包括 4 个标识符：服务器名称、_____、所有者名称和对象名称。

二、选择题

1. SQL Server 2005 是一种典型( )计算模式的关系型数据库管理系统。
   - A. 分布式
   - B. 集中式
   - C. 客户/服务器
   - D. 网络

2. ( )具备电子商务、数据仓库和解决方案所需的基本功能，是为中小企业提供的数据管理和分析平台。
   - A. SQL Server 2005 企业版
   - B. SQL Server 2005 标准版
   - C. SQL Server 2005 工作组版
   - D. SQL Server 2005 移动版

3. SQL Server 2005 数据库至少有( )个主要数据文件和 1 个事务日志文件。
   - A. 1
   - B. 2
   - C. 3
   - D. 4

4. SQL Server 2005 登录的( )验证模式需要提供 sa 的密码。
   - A. Windows 身份验证
   - B. SQL Server 身份验证
   - C. 混合模式
   - D. 以上都需要

三、实训拓展

1. 实训内容

(1) 启动 SQL Server 2005 中的 SQL Server Management Studio 工具。

(2) 查看 SQL Server Management Studio 的各组成部分，通过操作体会其功能。

(3) 在 SQL Server Management Studio 中执行以下查询：

```
USE master
GO
SELECT * FROM spt_monitor
GO
```

(4) 通过"联机丛书"，了解 SQL Server 2005 的服务组件等功能。

2. 实训提示

(1) 简单了解 SQL Server Management Studio 中执行 SQL 语句的方法。

(2) 使用 SQL Server 2005 的帮助有以下两种方法：

- 通过"开始"|"程序"|"Microsoft SQL Server 2005"|"文档和教程"|"SQL Server 联机丛书"。
- 在 SQL Server Management Studio 中选择"帮助"|"目录"(或"索引")。

第 2 章　SQL Server 2005 数据库开发语言 T-SQL

【导读】

随着计算机技术、通信技术和控制技术的迅速发展，社会应用进入了信息时代，建立一套行之有效的管理信息系统已成为每个企业或组织生存和发展的重要条件。理解数据库的基础知识是正确运用数据库技术的重要途径。

SQL 是结构化查询语言(Structure Query Language)的英文缩写，是访问数据库的标准语言。现代标准化的数据库系统都提供对 SQL 语言的支持，这就给数据库应用开发程序员带来了很大的方便，无论后台数据库是 SQL Server、Oracle，还是 DB2，用户都可以使用标准的 SQL 语句进行开发，使用 SQL 编写完成所有的数据库管理工作的应用程序。Microsoft 在标准 SQL 的基础上对其进行了扩充，并将其应用于 SQL Server 服务器技术中，从而将 SQL Server 服务器所采用的 SQL 语言演变为 T-SQL 语言。

【内容概览】

- 理解关系型数据库基本知识
- 掌握 T-SQL 语言基本知识

2.1　技能一　理解关系型数据库基本知识

数据(Data)是描述现实事物的一种记录符号。数据库(Database)是具有相互关联的数据的集合。通过采用综合的方法来组织数据库中的数据，使其具有较小的数据冗余，供多个用户共享。数据库还具有较高的数据独立性和安全控制机制，能够保证其中数据的安全、可靠。在数据库使用过程中，可允许用户并发地操作数据库，及时、有效地处理数据，从而保证数据的一致性和完整性。在计算机应用系统的开发中，应用程序一般不直接使用数据库，而只是提出数据使用要求。数据库的管理有专门的软件，称其为数据库管理系统(DBMS)，负责完成数据的增、删、改、查操作；负责一致性、完整性维护，提供正确使用的各种机制，如备份、保密、事物、故障恢复；建立详细记述数据使用情况的各种日志，以便跟踪数据库使用的历史。

2.1.1　任务一　关系模型的定义

1. 数据模型

模型是指明事物本质的方法，是对事物、现象、过程等客观系统的简化描述，是理解系统的一种思维工具。模型可分为两层：一层是面向用户的，称之为概念模型；另一层是面向计算机系统的，称之为数据模型。概念模型是现实世界到计算机世界的一个中间层次，是一种信息世界的模型。概念模型使用简单的概念、清晰的表达方式来直观描述应用对象及其语义关联，以便于用户的理解。概念模型是应用开发者和用户进行高效信息交流的一种表达方式，它最大的优点就是，可以使所描述的问题与具体的计算机环境无关。显然，在项目开发的系统分析阶段，完全不用考虑具体的计算机实现环境，这样所得到概念模型就具有较好的适应性和稳定性。在数据库设计中，将建立概念模型的过程称为数据建模。

数据建模是根据用户的数据视图建立系统模型的过程，它是开发有效数据库应用的重要组成部分。如果所设计的模型不能正确地反映用户的数据视图，那么所开发出的数据库就难以使用甚至无效。

数据模型是面向计算机的，通常需要有严格的形式化定义并加上一些限制和约定。在数据库中，数据模型由数据结构、数据操作和数据完整性约束三部分组成，也称为数据模型三要素。这三者精确地描述了数据库系统的静态特性、动态特性和完整性约束条件。数据结构是所研究对象的数据类型的集合，包括对事物本身的描述以及对关系的描述(关系是满足一定条件的二维表，表中的一行称为关系的一个元组，用来存储事物的一个实体；表中一列称为关系的一个属性，用来描述实体的某一特征)。数据操作是指对数据库中各种对象的实例数据允许执行的操作的集合，包括具体操作及有关的操作规则。完整性约束条件是完整性规则的集合，完整性规则用于限定符合数据模型的数据状态及状态的变化，以保证数据系统的数据与现实系统的状态一致。

比较常用的数据结构有层次结构、网状结构、关系结构和对象结构等。在数据库系统中，通常是按照数据结构的类型来命名数据模型的，如层次结构就命名为层次模型，网状结构就命名为网状模型。一般将层次模型和网状模型称为非关系模型。

2. 关系模型

当用多个简单的数据描述一个复杂事物时，这些简单的数据之间是有联系的。关系数据库中数据存储的主要载体是二维表，表由行和列组成。一行就是一条数据记录，描述了一个应用对象的实例状态。表中的数据要满足完整性约束条件，如表 2-1 所示的学生基本信息表。

表 2-1　学生基本信息表

学　号	姓　名	性　别	出生日期	班　级
10001	赵　雷	男	1989-6-10	0701
10002	钱一鸣	女	1988-10-26	0702
10003	孙浩天	男	1989-4-5	0701
10004	李　凤	男	1988-4-20	0703

表 2-1 就是一个关系。由学号、姓名、性别、出生日期和班级这些相关属性所描述的一个数据对象，被称为实体。每一行是一个记录(数据库中又称为元组)，是对"学生"实体的一个实例的描述。表中的列称为字段，用于描述实体的属性，每个字段的值属于同一个数据类型。关系表虽然简单，但表达能力是很强的。当数据由这些看似一张张简单的表组合起来时，就能够描述一个系统的方方面面，它们的集合就构成了数据库的模式(Schema)。

关系模型是目前主流的数据库模型，相对于以前的数据库模型，关系数据库模型在许多方面进行了改进，简化了数据管理、数据检索等方面的工作。通过利用完整性约束条件，数据更加容易管理，数据检索功能得到很大的改善，允许用户使用可视化工具来浏览数据库表之间的关联结构，并且不需要用户完全掌握数据库的结构。

关系数据库模型具有如下优点：

- 数据访问非常快；
- 便于修改数据库结构；
- 逻辑化表示数据，那么用户不需要知道数据是如何存储的；
- 容易设计复杂的数据查询来检索数据；
- 容易实现数据的完整性；
- 支持标准 SQL 语言。

关系数据库模型也存在一些不足，它的缺点包括：

- 在很多情况下，必须将多个表的不同数据关联起来实现一定功能的数据查询；
- 用户必须熟悉表之间的关联关系；
- 用户必须掌握 SQL 语言。

20 世纪 80 年代面向对象技术兴起后，人们开始探索用对象模型来组织数据库，以对象模型组织的数据库就称为面向对象数据库。对象封装了数据和操作，封装的对象继承父对象的数据和操作。如何封装、如何继承由类对象定义。每个实例对象在存储时只有一些属性的数据，当向该实例对象发送消息时，按实例对象查出它的类对象，从中找出方法并检查无误后，以该实例对象的数据运算该消息。由于面向对象模型和关系模型都还存在需要改进的地方，这导致了对象关系数据库模型的出现。对象关系数据库集中了二者的优点：关系模型的概念和面向对象的编程风格。对象关系数据的主要优点就是，关系对象数据库具有三维结构和支持用户自定义类型。当然，在使用对象关系数据时，用户必须同时掌握面向对象和关系的概念。

2.1.2　任务二　关系型数据库及其设计

由于关系模型是运用数学知识来研究数据库的结构和定义对数据的操作，因此基于关系模型的关系数据库具有模型简单、数据独立性高、有较为坚实的理论基础等特点。关系数据库是在层次数据库和网状数据库之后发展起来的一种数据库，在各个领域得到了广泛的应用，已成为主流数据库系统。

1. 关系数据库基本概念

(1) 数据库系统模式。在程序设计语言中，数据有类型(Type)和值(Value)之分。类型是数据所属数据类型的说明，而值是类型的一个具体赋值(即一个具体的实例)。对某类数据的结构、类型和约束的描述就称为数据模式(Data Schema)。例如，学生基本信息表中的记录定义为：(学号，姓名，性别，出生日期，班级)，这是记录的数据模式，而(10001，赵雷，男，1989-6-10，0701)则是一个具体的记录值。

模式是数据库中全体数据的逻辑结构及特征的描述，它只涉及类型描述，不涉及具体的值。模式的一个具体值称为模式的一个实例。一个模式可以有多个实例，模式是相对稳定的，而实例是相对变动的。数据模式描述某一类事物的结构、属性、类型和约束，实质上是用数据模型对一类事物的模拟，而实例是反映某类事物的某一时刻的状态。

虽然实际的数据库管理系统产品种类很多，支持的数据模型和数据库语言不尽相同，并且还建立在不同的操作系统平台之上，数据存储结构各不相同，但它们在体系结构上通常都具有相同的特征，即采用三级模式结构并提供两级映像功能，如图 2.1 所示。

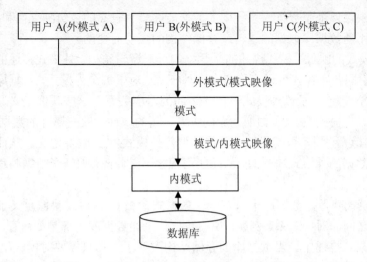

图 2.1　数据库系统三级模式及二级模式映像

(2) 数据库系统的三级模式结构。数据库系统的三级模式结构是指数据库系统的外模式、模式和内模式。

① 模式。模式(也称为逻辑模式)是数据库中全体数据逻辑结构和特征的描述,是所有用户的公共数据视图。模式位于数据库系统结构的中间层,既不涉及数据的物理存储细节、硬件环境,也与具体的应用程序、应用开发工具、环境无关。

模式实际是数据库数据在逻辑级上的视图。一个数据库只有一种模式。数据库模式以某种数据模型为基础,统一综合考虑了所有用户的需求,并将这些需求有机地结合成一个逻辑整体。定义数据库模式时不仅要定义数据的逻辑结构(例如,数据记录由哪些数据项组成,数据项的名字、类型、取值范围等),而且还要定义数据之间的联系,定义与数据有关的安全性、完整性要求。数据库管理系统往往提供了模式定义语言(DDL)来定义数据库的模式。

② 外模式。外模式(也称为用户模式)是数据库用户使用的局部数据的逻辑结构及特征的描述,是满足不同数据库用户的数据视图,是与某一具体应用有关数据的逻辑表示。

外模式通常是模式的子集。一个数据库可以有多个外模式。由于它是各个用户的数据视图,如果不同的用户在应用需求、看待数据的方式、对数据保密的要求等方面存在差异,则其外模式描述就不同。即使对模式中同一数据,在外模式中的数据结构、类型、长度等都会有所不同。另外,同一外模式也可以为某一用户的多个应用系统所使用。

外模式是保证数据库安全的一个措施。每个用户只能看到和访问其所对应的外模式中的数据,将其不需要的数据屏蔽起来,因此保证不会出现由于用户的误操作或有意破坏而造成数据损失。

③ 内模式。内模式(也称为存储模式)是数据的物理结构和存储方式的描述,是数据在数据库内部的表示方式(一个数据库只有一个内模式)。例如,记录的存储方式是顺序存储、B 树存储还是 Hash 存储,索引按什么方式组织,是否加密等。

(3) 数据库的二级模式映像功能与数据独立性。数据库系统的三级模式是数据的 3 个抽象级别,它把数据的具体组织工作交给 DBMS 管理,使用户能逻辑地、抽象地处理数据,而不必关心数据在计算机中的具体表示方式与存储方式。为了能在内部实现 3 个抽象层次的联系和转换,数据库管理系统在三级模式之间提供了两层映像:外模式/模式映像,模式/内模式映像。

正是这两层映像保证了数据库系统中的数据能够具有较高的逻辑独立性和物理独立性,使数据库应用程序不随数据库数据的逻辑或存储结构的变动而变动。

① 外模式/模式的映像。模式描述的是数据的全局逻辑结构,外模式描述的是数据的局部逻辑结构。对应于同一个模式可以有任意多个外模式。对于每个外模式,数据库系统都有一个外模式/模式映像,它定义了该外模式与模式之间的对应关系。这些映像定义通常包含在各自的外模式描述中。当模式改变时(如增加新的关系、新的属性、改变属性的数据类型等),可由数据库管理员(DBA)用外模式/模式定义语句,调整外模式/模式映像定义,从而外模式不变。应用程序是依据数据的外模式编写的,从而应用程序不必修改,保证了数据与程序的逻辑独立性(数据的逻辑独立性)。

② 模式/内模式映像。数据库中只有一个内模式,模式/内模式映像定义了数据库的逻辑结构与存储结构之间的对应关系。例如,说明数据记录在数据库内部是如何存储和表示的。该映像通常包含在模式描述中。当数据库的存储结构改变了,那只需要对模式/内模式映像做相应的修改,就可以保持模式不变,使应用程序不必修改。从而保证了数据与程序的物理独立性(即数据的物理独立性)。

从数据库的三级模式结构及两级映像可得出,数据库的数据定义和描述可从应用程序中分离出来,而数据的存取由 DBMS 负责管理和实施,因此,用户不必考虑数据存取路径等细节,从而简化应用程序的开发,减少对应用程序的维护和修改。

2. 关系数据库的设计

(1) 关系数据库的组成。关系数据库是目前应用领域较为广泛的数据库。关系数据库主要有以下数据库对象组成。

① 表。在关系数据库中,表是数据存储的基本单位。用户访问数据库时,通常是从表中查找所需的数据。数据库可由多张表组成,这些表之间又可能存在一定的关联关系。表对应数据库中的模式。表自身往往定义一些约束条件,用来控制进入表的数据。

表的组成部分有:

- 列(又称为域),在表中用于存储特定的信息。对表来讲,列和它的关系就是属性与实体的关系。在数据库设计阶段,当业务模型转换为数据库模型时,实体就转换为表,而属性则被转换为列。表中的每一列都有特定的数据类型,而该数据类型就决定了保存在该列的数据值的类型。
- 行,数据表中的一行是由该行所有列的数据组合而成一条数据记录。例如,在学校学生管理信息数据库中,若学校有 8000 名学生,那么学生基本信息表中就有 8000 行的记录,随着学生的增加或减少,表中的行数目也会相应发生变化。
- 数据类型,它决定表中一个数据列所能保存的数据的种类。大多数数据库管理系统都定义了多种数据类型,最常用的数据类型是字符型(用来保存字符、数字、特殊字符及三者之间任意组合的数据)、数值型(用来存储可计算数值)、日期和时间型(用来存储日期和时间的值)。

② 视图。视图是用户看到的数据内容,视图提供了数据的逻辑独立性,即数据库表结构的更改不影响用户的应用程序(如果此应用程序没有涉及此更改的情况)。视图对应数据库的外模式,不同的用户根据自己的需要可看到不同的数据库内容。

③ 存储过程。存储过程是一段代码块,封装了复杂的数据操作语句,提供了代码共享功

能，并提高了数据操作速度。

④ 约束。约束用于保证数据的完整性，包括实体完整性、引用完整性和用户定义的语义完整性，主要目的是保证数据中存储的数据是正确的数据。

⑤ 触发器。触发器主要用于实现复杂的业务规则或复杂的完整性约束规则，它是由数据的操作而自动引发执行的代码段。

⑥ 索引。索引类似于图书的目录，其主要作用是加快数据的查询速度，这在大型数据库中是特别有用和高效的数据库应用对象。

以上这些数据库对象将在以后章节中分别做重要讲述。

(2) 关系数据库设计的规范化。关系数据库的基本组成部分是表，但在开发一个具体的数据库应用系统时，如何设计数据库的基本表？设计几张表比较合适？还有怎样设计才算是较好的数据设计呢？这些问题都是在进行数据库设计时不可避免的。那么，解决这些问题的依据就是关系数据库的理论。

① 问题的提出。在介绍如何设计数据库表之前，先看一个关系表的例子。设有一个描述学生住宿和学习课程的信息情况表，其结构为：学生信息情况表(学号，姓名，性别，宿舍楼号，所在系部，课程号，课程名称，成绩)。此表的语义就是一个学生只属于一个系部，一个系的所有学生都住在同一个宿舍楼；一个学生可修多门课程，学生所学的课程有一个成绩。为了更好地观察这个表是否是一个设计良好的表，在此表中放置一些数据，如表 2-2 所示。

表 2-2　学生信息情况表

学　号	姓　名	性　别	宿舍楼号	所在系部	课 程 号	课程名称	成　绩
10001	赵　雷	男	10	计算机	001	C 语言	86
10001	赵　雷	男	10	计算机	003	操作系统	78
10002	钱一鸣	女	5	计算机	002	数据结构	83
10002	钱一鸣	女	5	计算机	003	操作系统	87
10003	孙浩天	男	10	计算机	009	Java 语言	90
10003	孙浩天	男	10	计算机	006	计算机网络	75
10005	周　丽	女	5	计算机	001	C 语言	80
10005	周　丽	女	5	计算机	003	操作系统	85
10005	周　丽	女	5	计算机	007	数据库	82
……							

从这个表中可以看到什么问题呢？

● 数据冗余。假设该校有 10 个系部的学生相应住在 10 个宿舍楼，要描述哪个系住在哪个楼，需要 10 条记录就够了。但如表 2-2 所示设计关系表，有多少个学生就要重复多少次系和宿舍楼之间的对应关系，显然数据冗余很大。同样，学生的姓名也有很多重复，因为一个学生只有一个姓名，但在这张表中，一个学生修了多少门课程，该学生的名字就重复多少次。

● 更新异常。如果现在学校决定增加一个新的系，但这个系还没有招生，那么这个系和此系宿舍楼的信息也不能插入到此表中，这就称为操作异常。

为什么会出现以上操作异常现象呢？因为这个关系模式没有设计好，在它的某些属性之间存在着"不良"的依赖关系。

② 解决问题的方法——关系规范化。如何解决以上问题，改造这个关系模式呢？这就需要应用关系数据库的理论知识给予支持，把一个设计有问题的表转换为良好的关系表(即消除数据冗余和更新异常)，这样的过程就是关系规范化的过程。规范化实际就是对不好的表进行分解、优化。

以学生信息情况表为例进行规范化的步骤如下：

● 确定表的主码。

该学生信息情况表的主码是一个复合主码：(学号，课程号)。

● 确定非主码列与主码的关系。

学生信息情况表除主码之外的列还有：姓名、性别、宿舍楼号、所在系部、课程名称和成绩。现在分别对这些列进行分析。

姓名由学号决定，即当学号确定后，可以唯一地确定此学号所对应的姓名，即学号决定姓名，或称姓名函数依赖于学号，学号为决定因子，表示为：学号→姓名。

此关系表同样还有：学号→所在系部，所在系部→宿舍楼号，课程号→课程名称，(学号，课程号)→成绩。

● 观察所有的决定因子，是否都是主码，若不是则说明不是良好的表，需要进行规范化。

上述除(学号，课程号)→成绩外，其余的决定因子均不是主码。"学号→姓名"、"学号→所在系部"、"课程号→课程名称"的决定因子都是主码的一部分。称决定因子是主码一部分的情况为部分函数依赖关系，它是造成数据重复的一个原因。可以将有部分函数依赖关系的表分解为多个消除了部分函数依赖关系的表。分解的方法是将依赖于部分主码的列组成一个表。上述学生情况表被分解为：学生住宿表(学号，姓名，所在系部，宿舍楼号)，主码是学号；课程表(课程号，课程名称)，主码是课程号；学生修课表(学号，课程号，成绩)，主码是(学号，课程号)。

在关系规范化理论中，将消除了部分函数依赖关系的表称为是第二范式的表。那么，通常将不含子表的表称为是第一范式的表。经过这样的分解，3 张关系表已全部是第二范式的表了。

所谓范式，是关系型数据库关系模式规范化的标准，从规范化的宽松到严格，分别为不同的范式。范式是建立在函数依赖基础上的。

● 继续观察所有的决定因子是否是主码，若不是则再进行分解。

再注意观察学生住宿表(学号，姓名，所在系部，宿舍楼号)，在这个表中，有"所在系部→宿舍楼号"，而"所在系部"不是主码，但有"学号→所在系部"，因此"宿舍楼号"对主码(学号)的依赖是通过一个非主码(所在系部)实现的，称这种依赖为传递函数依赖。有传递函数依赖的表还会存在数据冗余和更新异常。因此还需要对此表进一步地分解，去掉传递依赖关系。分解的方法是将决定因子不是主码的列单独作为一张表。分解结果为：学生表(学号，姓名，所在系部)，学号为主码；学生住宿表(所在系部，宿舍楼号)，所在系部为主码。

在关系规范化理论中，将消除了传递函数依赖关系的表称为是第三范式的表。

经过这个规范化过程，学生信息情况表被分解为如下几张表：

> 学生表(学号，姓名，所在系部)，学号为主码；
> 学生住宿表(所在系部，宿舍楼号)，所在系部为主码；
> 课程表(课程号，课程名称)，课程号为主码；
> 学生修课表(学号，课程号，成绩)，(学号，课程号)为主码。

这 4 张表已经全部是第三范式的表了。在实际数据库应用中，将表分解到第三范式就足够了。一般将第三范式的表称为是良好的关系表。

需要说明的是，如果在数据库设计阶段能够做到设计的表只描述一个相关的主题，不相关的主题放在不同的表中，这样所设计出的关系表一般都是第三范式的。

在关系数据库规范化理论中，除了这 3 种范式外，还有 BC(Boyce-Codd)范式、第四范式和第五范式。随着范式的增高，对关系的分析也越细致，要求也越多。但这些一般是用在数据库的理论研究上，对于大多数数据库应用开发者来说，将关系分解到第三范式就可以满足数据库设计的要求了。

3. 关系数据库设计的 E-R 模型

数据库在设计时，往往是在给定的环境下，根据用户的应用需求，构造最优的数据库模式，建立数据库及其应用系统，使之能够有效地存储数据，满足各种用户的应用需求。

按照软件工程方法，可以将数据库设计分为 6 个阶段：需求分析、概念结构设计、逻辑结构设计、数据库物理设计、数据库的实施、数据库的运行维护。在这 6 个阶段中，概念结构设计到逻辑结构设计的工作较为重要，需要对具体问题领域进行数据建模，需要一些方法来简化建模设计工作的复杂程度。事实上已经有许多方法，这里介绍的是实体-联系方法，即通常所讲的 E-R(Entity-Relationship，实体-联系)方法。这种方法由于简单、实用，得到了非常普遍的应用，也是目前描述信息结构最常用的方法。

E-R 方法使用的工具称作 E-R 图，它所描述的现实世界的信息结构称为企业模式(Enterprise Schema)，也把这种描述称为 E-R 模型。E-R 模型由以下元素组成。

- 实体：实体是客观存在并可以相互区分的事物。实体可以是具体的人、事、物，也可以是抽象的概念或联系。例如，学生、教师、课程就是具体的实体，而学生选课、教师授课等也是实体，它们是抽象的实体。
- 属性：每个实体都具有一定的特征或性质，这样才能根据实体的特征来一一区分。实体所具有的某一特征称为属性。一个实体可以用若干个属性来描述。
- 联系：在现实世界中，事物内部以及事物之间是有联系的，这些联系在信息世界反映为实体内部的联系和实体间的联系。实体内部的联系通常是指组成实体的各属性之间的联系，实体之间的联系通常是指不同实体之间的联系。例如，前面学生修课表中的学号与学生基本信息表中的学号之间的关系就是实体之间的联系。这里主要讨论的是实体之间的联系。

E-R 模型是用 E-R 图来描述数据库的概念模型。在 E-R 图中，用矩形表示实体，用圆角矩形表示属性，用菱形表示实体间的联系。如图 2.2 和图 2.3 所示为 E-R 图表示法及例子。

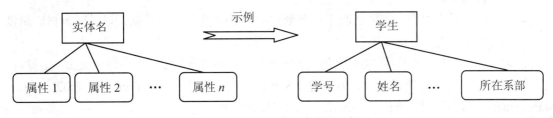

图 2.2　E-R 图实体的表示法及例子

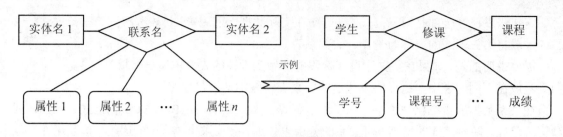

图 2.3　E-R 图联系的表示及例子

E-R 图中的实体和联系可以对应到关系模型中的关系，如将实体名和联系名对应关系名、实体属性及联系属性对应关系的属性。因此，有了 E-R 图就可以直接转换为关系的数据结构。对用户来讲，E-R 图也是比较容易理解的，所以常常称它是开发技术人员和用户之间交互、沟通的"桥梁"工具。

2.2　技能二　掌握 T-SQL 语言基本知识

　　T-SQL 语言是 Microsoft 公司在 Microsoft SQL Server 系统中使用的数据库管理、开发语言，是数据库标准 SQL 语言的一种扩展。利用 T-SQL 语言不仅可以完成数据库的各种相关操作，还可以很容易地编制复杂的数据库应用程序。在涉及信息管理的应用系统开发过程中，前端应用程序(Client)往往要与后台数据库应用服务程序(Server)发生紧密关联，通过 SQL 语句的应用可减少网络流量、提高应用系统性能。

　　T-SQL 是使用 SQL Server 的核心。与 SQL Server 实例进行通信的所有应用程序，都是通过 T-SQL 语句发送到服务器(不考虑应用程序的用户界面)来实现的。需要使用 T-SQL 语言进行程序开发的，往往有如下几种情况。

- 提高办公效率的办公自动化应用。
- 使用图形用户界面(GUI)编程，满足用户可以选择包含指定数据的表和列的应用。
- 将其数据存储于 SQL Server 数据库中的商业应用程序(这些应用程序可以包括软件供应商编写的应用程序和用户内部编写的应用程序)。
- 当使用诸如 sqlcmd 这样实用工具运行 T-SQL 脚本。
- 使用诸如 Microsoft Visual C++、Microsoft Visual BASIC 或 Microsoft Visual J++的 ADO、OLE DB 以及 ODBC 等数据库 API 创建开发应用程序。
- 需要开发从 SQL Server 数据库提取数据的网页应用。
- 在分布式数据库系统中，需要将 SQL Server 中的数据复制到各个数据库或执行分布式查询。
- 数据仓库应用中，需要从联机事务处理(OLTP)系统中提取数据，以及对数据汇总以进行决策支持分析。

　　T-SQL 不仅支持所有标准 SQL 语句，还提供了丰富的编程功能，允许使用变量、运算符、表达式、函数、流程控制语句等。在 SQL Server 2005 中，主要是通过使用"SQL Server Management Studio"工具来执行 T-SQL 语言编写的程序。

2.2.1　任务一　数据类型与变量

1. 数据类型

数据类型是指数据所代表信息的类型。在 SQL Server 2005 数据库表中，每个列、局部变量、表达式和参数都具有一个相关的数据类型。数据类型是一种属性，用于指定对象可保存的数据的类型，如整数数据、字符数据、货币数据、日期和时间数据、二进制字符串等。

SQL Server 2005 中，数据类型分为系统数据类型、用户自定义数据类型和 XML 架构集合。XML 架构集合是用来存储 XML 数据的数据类型，可在表的列中或 XML 类型的变量中存储 XML 实例。与 XML 数据设计的相关知识，本书不做介绍，有兴趣的读者可参阅相关文档资料。这里将重点介绍 SQL Server 2005 支持的系统数据类型和用户自定义数据类型。

(1) 系统数据类型。SQL Server 2005 支持的系统数据类型非常丰富，如表 2-3 所示给出了其常用而重要的数据类型。

表 2-3　SQL Server 2005 主要系统数据类型

数据类型	类型细分	存储长度	数值范围	说　明
二进制	Binary[(n)]	存储大小为 n 字节	n 是从 1～8000 的值	长度为 n 字节的固定长度二进制数据
	varbinary [(n | max)]	存储大小为所输入数据的实际长度加两个字节(+2)	n 可以取从 1～8000 的值。max 指示最大的存储大小为 $2^{31}-1$ 字节	可变长度二进制数据
字符	char [(n)]	存储大小是 n 字节	n 的取值范围为 1～8000	固定长度,非 Unicode 字符数据，长度为 n 个字节
	varchar [(n | max)]	存储大小是输入数据的实际长度加 2 字节	n 的取值范围为 1～8000，max 指示最大存储大小是 $2^{31}-1$ 字节	可变长度,非 Unicode 字符数据
Unicode 字符	nchar [(n)]	存储大小为两倍 n 字节	n 值必须为 1～4000	n 个字符固定长度的 Unicode 字符数据
	nvarchar [(n | max)]	存储大小是所输入字符个数的两倍+2 字节	n 值为 1～4000，max 指示最大存储大小为 $2^{31}-1$ 字节	可变长度 Unicode 字符数据
整数数值	tinyint	1 字节	0～255	表示无符号整数
	smallint	2 字节	$2^{15}(-32768)$～$2^{15}-1(32767)$	表示有符号整数
	int	4 字节	$2^{31}(-2147483648)$～$2^{31}-1$ (2147483647)	int 数据类型是 SQL Server 2005 主要的整数数据类型
	bigint	8 字节	-2^{63} (-9223372036854775808)～$2^{63}-1$(9223372036854775807)	bigint 数据类型用于整数值可能超过 int 数据类型支持范围的情况

续表

数据类型	类型细分	存储长度		数值范围	说　明
小数数值	Decimal[$(p[,s])$] numeric[$(p[,s])$]	精度	长度	$-10^{38}-1 \sim 10^{38}-1$	表示固定精度和小数位数的十进制数值，精度 p 为整数和小数位数最大值，s 为小数位数最大值
		$1\sim9$	5		
		$10\sim19$	9		
		$20\sim28$	13		
		$29\sim38$	17		
近似数值	float $[(n)]$	n 值　精度　长度		$-1.79E+308\sim-2.23E-308$、0 以及 $2.23E-308\sim1.79E+308$	表示近似的浮点数值，n 为以科学计数法表示的浮点数的尾数，决定了精度和存储字节数
		$1\sim24$　7　4			
		$25\sim23$　15　8			
	real	4		$-3.40E+38\sim-1.18E-38$、0 以及 $1.18E-38\sim3.40E+38$	
日期时间	datetime	8		1753 年 1 月 1 日到 9999 年 12 月 31 日	表示日期和时间的组合，精度 3.33ms
	smalldatetime	4		1900 年 1 月 1 日到 2079 年 6 月 6 日	表示日期和时间的组合，精度 1 分钟
货币	money	8		$-2^{63}\sim2^{63}-1$	精度为万分之一货币单位，即小数点后 4 位，以十进制数表示货币量
	smallmoney	4		$-2^{31}\sim2^{31}-1$	

在表 2-3 中没有提到 ntext、text 和 image 数据类型，是因为在 Microsoft SQL Server 的未来版本中将删除 ntext、text 和 image 数据类型，因此应避免在新的应用程序开发中使用这些数据类型，并考虑修改当前使用这些数据类型的应用程序，改用 nvarchar(max)、varchar(max) 和 varbinary(max)类型。

(2) 用户自定义数据类型。在 SQL Server 2005 中，用户可以根据需要自定义数据类型。创建用户自定义数据类型可以使用 T-SQL 语句，也可以使用 "SQL Server Management Studio" 对象资源管理器。自定义数据类型创建成功后，用户可以像使用系统数据类型一样使用自定义数据类型。用户自定义数据类型是数据库的对象之一。

创建用户自定义数据类型可实现以下功能。

● 利用用户自定义数据类型可使不同表中重复出现的列具有的相同的特性。

● 如果把规则和默认捆绑到一个用户定义的数据类型上，那么该规则和默认也适用于采用此用户定义数据类型的每个列。

① 创建用户自定义数据类型。

● 用 T-SQL 语言创建用户自定义数据类型。

该方法通过调用系统存储过程 sp_addtype 创建用户自定义数据类型，具体语法如下：

```
sp_addtype type_name,[,system data_type] [,'null_type']
```

其中，type_name 是用户定义数据类型的名字，该名称在数据库中必须是唯一的；system data_type 是用户定义的数据类型所基于的系统数据类型，当系统能够数据类型中包括标点符号(如逗号、括号)时，要用单撇号括起来；null_type 是指定该数据类型能否接受空值，可取值为'NULL'、'NOT NULL'或'NO NULL'。

例如，在学生信息数据库 StudentInformation(即本书教学示例应用数据库)中，创建一个自定义数据类型——电话号码数据类型 TelNu，可执行以下语句：

```
use  StudentInformation;
exec  sp_addtype TelNu, 'varchar(20)', 'null';
```

● 使用 SSMS 的对象资源管理器创建用户自定义数据类型。

启动 SQL Server Management Studio 工具(本书为方便讲述和读者学习，使用 SQL Server 2005 Express Edition，其相应的管理集成工具为 SQL Server Management Studio Express)，在对象资源管理器窗口分别单击"数据库"|"StudentInformation"|"可编程性"|"类型"节点，再右击选择"用户自定义数据类型"，在弹出的快捷菜单上单击"新建用户自定义数据类型"命令后，会弹出如图 2.4 所示的"新建用户定义数据类型"窗口，然后输入要定义的数据名称、选择数据类型、输入数据长度，确定是否允许为空，根据需要，可以选择用户定义数据类型的规则和默认值。最后单击"确定"按钮即可。

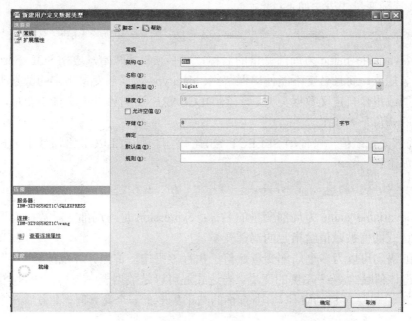

图 2.4　"新建用户定义数据类型"窗口

② 查看用户自定义数据类型。可以在 SSMS "对象资源管理器"中选择指定数据库并展开，选择其"可编程性"|"类型"|"用户定义数据库类型"节点，选中用户定义的某个数据类型(如 TelNu)，即可看到其详细的定义信息。

还可以使用系统存储过程"sp_help"查看用户自定义的数据类型的特征。例如，执行系统存储过程"exec sp_help TelNu"，得到用户定义的数据类型"TelNu"的特征。

③ 重命名用户自定义数据类型。使用系统存储过程"sp_rename"可重新命名一个用户自定义数据类型的命名。例如，将用户定义数据类型"TelNu"改名为"TelNo"，可执行"exec sp_rename TelNu, TelNo"。如何应用"对象资源管理器"重命名用户自定义的数据类型留给读者完成。

④ 删除用户自定义数据类型。使用系统存储过程"sp_droptype"可以删除一个已经定义且未被使用的用户自定义数据类型。例如，执行"exec sp_droptype TelNo"。关于如何使用"对象资源管理器"删除用户自定义的数据类型留给读者完成。

注意： 不能删除正在被数据库表或其他数据库对象使用的用户自定义数据类型。

2. 局部变量和全局变量

在任何一种计算机程序设计语言中，变量是不可缺少的。T-SQL 语言的变量分为局部变量和全局变量。两者的区别主要体现在作用范围的不同。局部变量一般是在批处理代码段中被声明、定义、赋值和引用，当批处理结束后，批处理中使用的局部变量也就消失了。全局变量是用来记录 SQL Server 服务器活动状态的一组数据，它已经被预先定义，用户只可以使用，不可以重新定义和赋值。

(1) 局部变量。局部变量一般是用户开发应用程序需要而定义的变量，用 DECLARE 语句声明，在声明时被初始化为 NULL，变量名冠以 "@" 标记。局部变量的使用范围限定在定义它的批处理、存储过程和触发器中。

① 定义局部变量，语法如下：

```
DECLARE @variable_name1 datatype1[, @variable_name2  datatype2] …
```

其中，@variable_name 为局部变量的名称，它必须以@开始，遵循 SQL Server 的标识符和对象的命名规范，而且名字不能使用保留字；datatype 为局部变量指定的数据类型，可以是系统数据类型或用户自定义数据类型。一个 DECLARE 语句可以声明多个变量，局部变量被声明后，它的初值是 NULL。

② 给局部变量赋值，可使用 SELECT、SET 语句。用 SELECT 语句基本形式为局部变量赋值的语法如下：

```
SELECT @variable_name1=expression1[, @variable_name2=expression2] …
```

其中，@variable_name 为局部变量的名称；expression 是与局部变量数据类型相匹配的表达式，该表达式的值被赋值给指定的局部变量。

SELECT 语句可以为多个局部变量赋值。执行该语句，首先计算赋值号 "=" 右边表达式的值，然后将该值赋给 "=" 左侧的变量。表达式还可以是数据表中与局部变量类型相同的列，此时 SELECT 语句要有 FROM 子句(当查询的结果集多于一个元素时，将最后一个元素的值赋给局部变量)。

【例2-1】 定义整型局部变量 intLocal 和一个可变长字符型局部变量 varcLocal 并赋值。

```
DECLARE @intLocal int, @varcLocal nvarchar(9)
SELECT @intLocal =40
SET @varcLocal='Welcom to Nanjing'
SELECT @intLocal
SELECT @varcLocal
```

这段代码的执行结果如图 2.5 所示。

图 2.5　执行结果

注意：如果被赋值的长度超过 DECLARE 语句中声明的长度，将此值赋值给局部变量时，超过的部分将被截去。如上例，局部变量@varcLocal 定义的长度为 9，而给其赋得值是 "Welcom to Nanjing"，最后局部变量@varcLocal 的值为 "Welcom to"。当使用 SELECT 语句从表中查询出的结果给局部变量赋值时，要保证查询出来的值的唯一性，否则不能保证给局部变量赋值的准确性。在定义局部变量时容易发生数据类型不匹配的错误，即用 DECLARE 语句定义的局部变量与赋给局部变量的值的数据类型不匹配。如果发生这种情况，SQL Server 总是试图隐式地将被赋予值的数据类型转化为局部变量的数据类型。

(2) 全局变量。全局变量是 SQL Server 系统所提供并赋值的变量。全局变量的名字以 "@@" 开头。多数全局变量的值返回关于 SQL Server 执行环境的信息，报告本次 SQL Server 启动后发生的系统活动。用户不能建立全局变量，也不能修改全局变量的值。通常应该将全局变量的值赋给在同一个批处理中的局部变量，以便保存和处理。

SQL Server 2005 提供的全局变量分为两类：与 SQL Server 连接有关的全局变量，如 @@rowcount 表示受最近一个语句影响的行数；关于系统内部信息有关的全局变量，如 @@version 表示 SQL Server 的版本号。

在使用全局变量时，应注意以下规则。

- 全局变量是在服务器级定义的。
- 对全局变量用户只能引用，而不能定义。
- 用户不要定义与系统全局变量同名的局部变量，以免因冲突产生不可预测的结果。

用户在开发数据库应用程序访问服务器相关信息时，可在联机丛书中查找 SQL Server 2005 的所有全局变量及相应描述。SQL Server 2005 提供了 30 多个全局变量，下面介绍几个常用的全局变量。

- @@connections：返回自上次启动 SQL Server 以来尝试的连接数(无论是成功连接还是失败连接)。
- @@rowcount：返回上一条 T-SQL 语句影响到的数据行数。
- @@error：返回上一条 T-SQL 语句执行后的错误号。
- @@procid：返回当前存储过程的 ID 标识。
- @@remderver：返回登录记录中远程服务器的名字。
- @@spid：返回当前服务器进程的 ID 标识。
- @@version：返回当前 SQL Server 服务器的版本。

【例 2-2】 操作数据库 StudentInformation 的学生住宿表，应用全局变量@@rowcount 查询命令影响的行数。

```
SELECT  所在系部, 宿舍楼号 FROM    学生住宿表
SELECT  @@rowcount  AS  行数
```

这段代码的执行结果如图 2.6 所示。

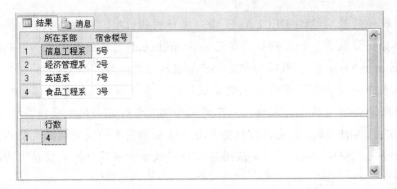

图 2.6　执行结果

2.2.2　任务二　运算符

运算符是在表达式中执行指定运算的一种符号。Microsoft SQL Server 2005 中，使用运算符可以执行以下操作：永久或临时更改数据；搜索满足指定条件的行或列；在数据列之间或表达式之间进行判断；在开始或提交事务之前，或者在执行特定代码行之前，测试指定条件。

在 SQL Server 2005 中，有如下几类运算符。

* 一元运算符：对一个操作数执行操作，例如正数、负数或补数；
* 赋值运算符：为变量赋值，或将结果集列与别名相关联；
* 算术运算符：加法、减法、乘法、除法和取模；
* 字符串连接运算符：永久或临时将两个字符串(字符或二进制数据)合并为一个字符串；
* 比较运算符：将值与另一个值或表达式进行比较；
* 逻辑运算符：测试条件的真假，如 AND、OR、NOT、LIKE、ANY、ALL 或 IN。

1. 一元运算符

一元运算符只对一个操作数的表达式执行操作，一元运算符有 3 种："+"(正)、"-"(负)和 "~"(按位取反)。正、负运算符可以用于数值数据类型的任何表达式。"~"(按位取反)运算符只能用于整形数据类型的表达式。

2. 赋值运算符

赋值运算符，即等号"="，主要用于给变量赋值。在下面的示例中，先声明一个变量@intABC，然后给@intABC 赋值为 1：

```
DECLARE  @intABC  int
SET  @intABC=1
```

3. 算术运算符

算术运算符用于数字之间的运算，包括"+"(加)、"-"(减)、"*"(乘)、"/"(除)和"%"(取模)。加、减、乘、除可以操作的数据类型是 int、smallint、tinyint、float、real、money 或者 smallmoney。加和除运算符也可以用于对 datetime、smalldatetime 值执行算术运算。取模可以操作的数据类型是 int、smallint、tinyint。

4. 字符串连接运算符

字符串运算符允许通过 "+" 运算字符串的连接，这个加号也被称为字符串连接运算符。例如，上海 2010 +世博会，连接后结果为 "上海 2009 世博会"。其他的字符串操作可以通过字符串函数(例如 SUBSTRING)处理。在连接 varchar、char 数据类型的数据时，空的字符串被解释为空字符串。

5. 比较运算符

比较运算符用于测试两个表达式是否相同，其结果为布尔数据类型，有两种值：TRUE、FALSE 布尔值。它包含的类型及功能如表 2-4 所示。

表 2-4　比较运算符

运 算 符	说 明
=(等于)	对于非空的参数，如果左边的参数等于右边的参数，则返回 TRUE；否则返回 FALSE
>(大于)	对于非空的参数，如果左边的参数值大于右边的参数，则返回 TRUE；否则返回 FALSE
<(小于)	对于非空的参数，如果左边的参数值小于右边的参数，则返回 TRUE；否则返回 FALSE
>=(大于等于)	对于非空的参数，如果左边的参数值大于或等于右边的参数，则返回 TRUE；否则返回 FALSE
<=(小于等于)	对于非空的参数，如果左边的参数值小于或等于右边的参数，则返回 TRUE；否则返回 FALSE
<>(不等于)	对于非空的参数，如果左边的参数不等于右边的参数，则返回 TRUE；否则返回 FALSE

6. 逻辑运算符

逻辑运算符对某些条件进行测试，以获得其真实情况。逻辑运算符和比较运算符一样，返回带有 TRUE、FALSE 的布尔数据类型。使用逻辑运算符可以把多个条件合并起来。逻辑运算符的类型及功能如表 2-5 所示。

表 2-5　逻辑运算符

运 算 符	说 明
AND	如果两个布尔表达式都为 TRUE，那么就为 TRUE
OR	如果两个布尔表达式中的一个为 TRUE，那么就为 TRUE
NOT	对任何其他布尔运算符的值取反
ALL	如果一组的比较都为 TRUE，那么就为 TRUE
ANY	如果一组的比较中任何一个为 TRUE，那么就为 TRUE
BETWEEN	如果操作数在某个范围之内，那么就为 TRUE
EXISTS	如果子查询包含一些行，那么就为 TRUE
IN	如果操作数等于表达式列表中的一个，那么就为 TRUE
LIKE	如果操作数与一种模式相匹配，那么就为 TRUE

7. 运算符优先级

在一个复杂的表达式中包含有多种运算符时，涉及运算符的优先级问题。运算符优先级决定执行运算的先后次序，并且执行的顺序极大地影响所得到的表达式值。SQL Server 2005 运算符的优先级别如表 2-6 所示(按照数字大小级别由低到高)。在计算较低级别的运算符之前，要先对较高级别的运算符进行求值。

表2-6 运算符优先级

级　别	运　算　符
1	~(位非)
2	*(乘)、/(除)、%(取模)
3	+(正)、-(负)、+(加)、(+ 连接)、-(减)、&(位与)
4	=、>、<、>=、<=、<>(比较运算符)
5	^(位异或)、|(位或)
6	NOT
7	AND
8	ALL、ANY、BETWEEN、IN、LIKE、OR
9	=(赋值)

如果优先级相同，则按照从左到右的顺序进行运算。在表达式中可以使用括号改变所定义的运算符的优先级，首先对括号中的内容进行运算得到一个计算中间值，然后括号外的运算符再使用这个值继续运算，从而得到表达式最终结果。

【例2-3】 在下面 SET 语句所使用的表达式中，括号使加运算先执行。此表达式的结果为18。

```
DECLARE @intMyNumber int
SET  @intMyNumber = 2 * (4 + 5)
SELECT @intMyNumber
```

如果表达式有嵌套的括号，那么首先对嵌套最深的表达式求值。

【例2-4】 表达式包含嵌套的括号，其中表达式"5-3"在嵌套最深的那对括号中，该表达式产生一个值2。然后，加运算符(+)将此结果与4相加，这将生成一个值6。最后将6与2相乘，生成表达式的结果12。

```
DECLARE @intMyNumber int
SET  @intMyNumber = 2 * (4 + (5 - 3) )
SELECT  @intMyNumber
```

8．通配符

SQL Server 2005 的 T-SQL 语言支持 4 种通配符，除了与标准 SQL 相同的百分号(%)和下划线(_)外，还支持另外两种通配符：方括号([])和字符^。

● 百分号%：匹配任意一个字符；
● 下划线_：匹配单个字符；
● 方括号[]：匹配的单个字符的取值范围；
● 字符^：只有在方括号内使用才有意义，匹配的单个字符的取值在方括号范围之外。

2.2.3　任务三　函数

在数据库的日常维护和管理中，函数的使用非常频繁。正确地使用函数可以帮助用户获得系统的有关信息、进行数学计算、统计、简化数据的查询。SQL Server 2005 提供了非常丰富的内置函数，而且也允许用户自定义函数。

SQL Server 2005 提供的主要内置函数可以分为以下几类：数学函数，字符串函数，转换函数，日期时间函数，系统函数，集合函数等。

1. 数学函数

使用数学函数可以实现各种数学运算。SQL Server 2005 中提供了 23 种数学函数。如表 2-7 所示列出了常用的数学函数的函数名、函数的参数及函数的功能。

表 2-7　常用数学函数

函 数 名	功能说明
ABS(numeric-expression)	返回指定数值表达式的绝对值
SIN(float-expression)	返回指定角度(以弧度为单位)的三角正弦值
COS(float-expression)	返回指定表达式中以弧度表示的指定角的三角余弦
TAN(float-expression)	返回指定表达式正切值
ASIN(float-expression)	返回指定表达式反正弦值
ACON(float-expression)	返回指定表达式反余弦值
ATAN(float-expression)	返回指定表达式反正切值
EXP(float-expression)	返回指定的 float 表达式的指数值
SQRT(float-expression)	返回指定浮点值的平方根
RAND(int-expression)	返回 0~1 之间的随机 float 值
ROUND(numeric-expression，length)	Length 为正，对 numeric-expression 的小数按 length 为负，对 numeric-expression 从小数点左边 length 位起四舍五入
SIGN(numeric-expression)	返回给定表达式的正号(+1)、零(0)或负(-1)号
POWER(numeric-expression，y)	返回给定表达式指定 y 次方的值
EXP(float-expression)	常量 e 使用指定表达式的值进行幂运算
LOG(float-expression)	返回指定 float 表达式的自然对数
LOG10(float-expression)	返回指定 float 表达式的以 10 为底的对数
PI()	返回 PI 的常量值 3.14159265358979

【例 2-5】　执行如下函数，观察并分析执行结果。

```
SELECT  abs(-2),abs(1.2),sqrt(16),power(4,2)
```

执行结果如图 2.7 所示。

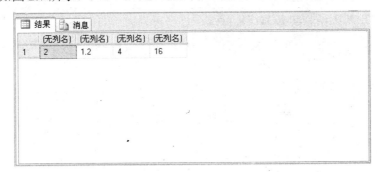

图 2.7　执行结果

2. 字符串函数

在数据库中使用最多的数据类型除了数值型以外，就是字符串类型，所以 SQL Server 2005

提供了许多处理字符串数据的字符串函数。使用字符串函数可以实现对字符串的分析、查找、转换等功能。在实际的编程工作中，字符串函数使用得特别多，读者必须给予足够的重视。

SQL Server 2005 中提供了 23 种字符串函数，如表 2-8 所示列出了字符串函数的函数名、参数及函数的功能。通常，字符串函数分为以下 4 大类。

- 基本字符串函数：UPPER、LOWER、SPACE、REPLICATE、STUFF、REVERDE、LTRIM、RTRIM；
- 字符串查找函数：CHARINDEX、PATINDEX；
- 长度和分析函数：SATALENGTH、SUBSTRING、RIGHT；
- 转换函数：ASCII 、CHAR、STR、DOUNDEX、DIFFERENCE。

表 2-8　字符串函数

函　数　名	功能说明
ASCII(character-expression)	返回字符表达式中最左侧的字符的 ASCII 代码值
CHAR(integer-expression)	将 int ASCII 代码转换为字符(介于 0～255 之间的整数)
STR(float-expression[,length[,decimal]])	将浮点数据转换字符串，length 为总长度，decimal 为小数点后面的长度
LOWER(character-expression)	将大写字符转换为小写字符
UPPER(character-expression)	将小写字符转换小写字符
LTRIM(character-expression)	删除字符串前面的空格
RTRIM(character-expression)	删除字符串后面的空格
SPACE(character-expression)	返回指定个数的空格
LEFT(character-expression,integer-expression)	返回字符串中从左边开始 integer-expression 个数的字符
RIGHT(character-expression,integer-expression)	返回字符串中从右边开始 integer-expression 个数的字符
SUBSTRING(expression，start，length)	返回指定字符表达式中从第二个参数开始、数量为 length 个的字符串
LEN(string-expression)	返回给定字符串表达式的字符个数
REPLACE (string_expression1，string_expression2，string_expression3)	用第三个表达式替换第一个字符串表达式中出现的所有第二个字符串
STUFF(character-expression，start，length，character-expression)	删除指定长度的字符，并在指定的起始点插入另一组字符
REVERSE(character-expression)	返回字符表达式的逆向表达式

【例 2-6】　使用 UPPER 函数和 LOWER 函数进行字符串大小写的变换。

```
SELECT  upper('BeiJing'),lower('BeiJing')
SELECT  U= upper('BeiJing'),L= lower('BeiJing')
```

这段代码的执行结果如图 2.8 所示。

图 2.8　执行结果

【例 2-7】　使用 RIRIM 和 LTRIM 函数分别去掉字符串 '2010' 右边、左边及左右两边的空格，再与 "上海" 及 "世博会" 连接起来。

```
SELECT '上海'+rtrim(' 2010 ')+'世博会'
SELECT '上海'+ltrim(' 2010 ')+'世博会'
SELECT '上海'+rtrim(ltrim('2010 '))+'世博会'
```

这段代码的执行结果如图 2.9 所示。

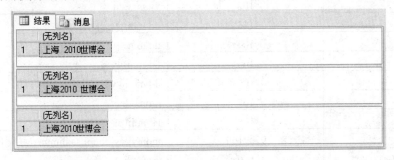

图 2.9　执行结果

【例 2-8】　使用 SUBSTRING 函数从字符串 "MICROSOFT SQL SERVER 2005" 中返回字符串 "SQL SERVER"，并使用 REVERSE 函数将字符串 "MICROSOFT" 逆序返回。

```
SELECT substring('MICROSOFT SQL SERVER 2005',11,10)
SELECT reverse('MICROSOFT')
```

这段代码的执行结果如图 2.10 所示。

图 2.10　执行结果

3. 转换函数

转换函数是一种用来将某种数据类型的表达式转换为另一种数据类型的函数。转换函数有两个：CAST()和 CONVERT()。由于这两个函数功能相似，这里介绍 CONVERT()函数，有关 CAST()函数的使用请查阅帮助。CONVERT()函数的语法形式如下：

```
CONVERT(data_type[(length)], expression[, style])
```

其中，expression 为任何有效的 SQL Server 表达式，data_type 为表达式 expression 转换后的目标数据类型，它只能是 SQL Server 系统的数据类型，不能使用用户自定义数据类型；Length 是 nchar、nvarchar、char、varchar、binary 或 varbinary 数据类型的可选参数，表示转换后的数据长度，最大是 255，默认的长度为 30；style 为将日期型数据装换为字符数据的日期格式样式或是将近似小数数据转换为字符数据的字符串格式样式。如表 2-9 和表 2-10 所示分别给出了转换为日期时间意义的字符数据以及小数转换为字符数据的 style 取值。

表 2-9 转换为字符数据的 style 取值

不带世纪数位(yy)	带世纪数位(yyyy)	格　　式
-(默认值)	0 或 100	mon dd yyyy hh:min AM(或 PM)
1	101	mm/dd/yyyy
2	102	yy.mm.dd
3	103	dd/mm/yy
4	104	dd.mm.yy
5	105	dd-mm-yy
6	106	dd mon yy
7	107	mon,dd,yy
8	108	Hh:mm:ss
-	9 或 109	mon yyyy hh:mi:ss:mmmAM(或 PM)
10	110	mm-dd-yy
11	111	yy/mm/dd
12	112	yymmdd
-	13 或 113	yy mon yyyy hh:mm:ss:mmm(24 h)
14	114	hh:mi:ss:mmm(24h)

表 2-10 小数转换为字符数据的 style 取值

值	输　　出
0(默认值)	最大为 6 位数，根据需要使用科学记数法
1	始终为 8 位值，始终使用科学记数法
2	始终为 16 位值，始终使用科学记数法

【例 2-9】 按中文顺序输出当前的年月日。

```
SELECT  CONVERT(VARCHAR(4),YEAR(GETDATE()))+'年'
     + CONVERT(VARCHAR(2),MONTH(GETDATE()))+'月'
     +CONVERT(VARCHAR(2),DAY(GETDATE()))+'日'
```

这段代码的执行结果如图 2.11 所示。

图 2.11 执行结果

如果输出格式为"2009 年 07 月 06 日",那么需要使用多条 T-SQL 语句,以下代码可供读者参考。

```
DECLARE @vcMON VARCHAR(2), @vcDAY VARCHAR(2)
SET @vcMON=CONVERT(VARCHAR(2), MONTH(GETGATE()))
SET @vcDAY=CONVERT(VARCHAR(2), DAY(GETGATE()))
IF LEN(@vcMON)<2
    SET @ vcMON='0'+ vcMON
IF LEN(@vcDAY)<2
    SET @ vcDAY='0'+ vcDAY
SELECT CONVERT(VARCHAR(4), YEAR(GETDATE()))+'年'
        +@vcMON+'月'+@vcDAY+'日'
```

4. 日期时间函数

使用日期时间函数可以实现对日期时间数据的操作。在 SQL Server 2005 中,日期时间函数有 9 个,如表 2-11 所示。

表 2-11 常用的日期时间函数名称、参数及功能

函　　数	功能说明
YEAR(date)	返回日期中的年份,所返回的数据类型为 int
MONTH(data)	返回日期中的月份,所返回的数据类型为 int
DAY(date)	返回日期中的日数,所返回的数据类型为 int
DATEADD(datepart, number, date)	返回 datetime 或 smalldatetime 类型数据,其值为 date 值加上 datepart 和 number 参数指定的时间间隔
DATEDIFF(datepart, date1, date2)	返回 date1 和 date2 间的时间间隔,其单位由 datepart 参数指定(可取值 year、month、day、week、hour 等)
DATENAME(datepart, date)	返回日期中指定部分对应的字符串
DATEPART(datepart, date)	返回日期中指定部分对应的整数值
GETDATE()	以 SQL Server 规定的标准内部格式返回系统当前时间

DATEADD()、DATEDIFF()、DATENAME()和 SATEPART()函数中的 date 参数可以为日期格式的字符串常量、datetime 和 smalldatetime 类型的列值或 GETDATE()函数的返回值。Datepart 参数说明日期元素名称,可以为年、季度、月、日、周等,如表 2-12 所示。

表 2-12 SQL Server 2005 可以识别的日期元素以及它们的缩写和取值范围。

元素名称	缩　　写	取值范围
year	yy	1753～9999
quarter	qq	1～4
month	mm	1～12
day of year	dy	1～366
day	dd	1～31
week	wk	0～15
hour	hh	0～23
minutes	mm	1～59
second	ss	1～59
millisecond	ms	0～999

【例2-10】 使用 DATENAME 函数以字符串形式表示系统当前日期的年、月和星期。

```
SELECT  year_now=datename(year,getdate()),
        month_now=datename(month,getdate()),
        weekday_now=datename(weekday,getdate()),
        date_now=getdate()
```

这段代码的执行结果如图 2.12 所示。

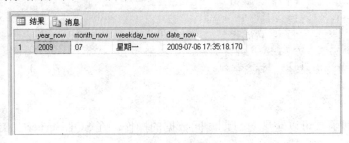

图 2.12　执行结果

5. 系统函数

系统函数可使用户获取计算机系统、数据库及其对象的信息。系统函数在存储过程等对象应用中发挥了重要作用，可以让用户根据不同的系统反馈信息采取不同的动作。SQL Server 2005 所提供的系统函数如表 2-13 所示。当系统函数的参数为任选项并且省略该参数时，则该函数操作的是当前数据库、当前主机、当前服务器用户或当前数据库用户。

表 2-13　SQL Server 2005 系统函数

函 数	功能说明
DB-ID(['Database-name'])	返回数据库标识(ID)号
DB-NAME(Database-id)	返回数据库名
DATALENGTH(expression)	返回任何表达式所占用的字节数
HOST-ID()	返回工作站标识号
HOST-NAME()	该行工作站名称
USER-NAME([id])	返回给定标识号的用户数据库用户名
USER-ID(['user'])	返回用户的数据库标识号
CURRENT-USER	返回当前的用户
IS-SEROLEMEMBER('role'[,'login'])	指明当前的用户登录是否为指定的服务器角色的成员
IS-MEMBER({'grop'|'role'})	表明用户是否为指定 NT 组或 SQL Server 角色的成员
OBJECT-NAME(object-id)	返回数据库对象名
OBJECT-ID('object')	范围数据库对象标识号
ISNUMERIC(expression)	确定表达式是否为一个有效的数字类型
ISDATE(expression)	确定输入表达式是否为有效的日期
ISNULL(check-expression,replacement-value)	检查 check-expression 是否为 NULL，若为 NULL，则使用 replacement-value 替换

6. 聚合函数

聚合函数可以返回部分列或全部列的汇总数据，多用于计算 SELECT 语句查询行的统计值，常用的聚合函数有 AVG()、SUM()、COUNT()、MAX()和 MIN()。它们经常和 SELECT 语句的 GROUP BY 子句一起使用。常用的聚合函数及其参数和功能表如表 2-14 所示。

表 2-14　常用的聚合函数

聚合函数	功能说明
AVG([ALL|DISTINCT|[expression]])	返回表达式的平均值
COUNT([ALL|DISTINCT|[expression]])	返回在某个表达式中数据值的数量，使用 DISTINCT 关键字删除重复值
COUNT(*)	计算所有的行数，不能使用 DISTINCT 关键字
MAX(expression)	返回表达式中的最大值
MIN(expression)	返回表达式中的最小值
SUN(ALL|DISTINCT|[expression])	返回表达式所有值的和

【例 2-11】 求出 StudentInformation 数据库学生修课表高等数学这门课程的平均成绩。

```
use StudentInformation
select 高等数学平均成绩=avg(成绩) from 学生修课表 where 课程号='22101'
```

这段代码的执行结果如图 2.13 所示。

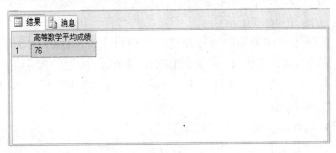

图 2.13　执行结果

2.2.4　任务四　基本 SELECT 语句

SELCET 语句是数据检索中最重要的语句，其功能强大、使用灵活。这里先简单介绍 SELECT 语句概况，有关详细的内容将在后面数据检索的章节中讲解。

尽管 SELECT 语句的字句很多，但一般不会同时使用这么多的 SELECT 子句。较为简单的 SELECT 语句应用有时只包括一个 SELECT 的列名集合及 FROM 子句,其余的子句可省略。SELECT 查询语言主要是用来对已经存在于数据库中的数据按照特定的组合、条件表达式或次序进行检索。

SELECT 语句的完整语法较复杂，但是主要子句可归纳如下：

```
SELECT  select_list
    INTO  new_table_name
    FROM  table_list
    [ WHERE  search_conditions ]
    [ GROUP BY  group_by_list ]
    [ HAVING  search_conditions ]
    [ ORDER BY  order_list [ ASC | DESC ] ]
```

- select_list：

描述结果集的列，它是一个逗号分隔的表达式列表。其中，每个表达式同时定义了格式(数据类型和大小)和结果集列的数据来源。通常，每个选择列表的表达式都引用了数据所在的源表或视图中的列，但也可能是对任何其他表达式(例如常量或 T-SQL 函数)的引用。如在选择列表中使用"*"表达式，则可指定返回源表的所有列。

- INTO new_table_name：

指定使用结果集来创建新表。new_table_name 指定新表的名称。

- FROM table_list：

包含从中检索到结果集数据的表。这些来源可以是：运行 SQL Server 2005 的服务器中的基表；SQL Server 实例中的视图。FROM 子句除了在 SELECT 语句中使用，还用在 DELETE 和 UPDATE 语句中以定义要修改的表。

- WHERE search_conditions：

WHERE 子句是一个筛选，它定义了源表中的行要满足 SELECT 语句要求所必须达到的条件。只有符合条件的行才向结果集提供数据。不符合条件的行，其中的数据将不被采用。WHERE 子句也可用在 DELETE 和 UPDATE 语句中以定义目标表中要修改的行。

- GROUP BY group_by_list：

GROUP BY 子句根据 group_by_list 列中的值将结果集分成组。

- HAVING search_conditions：

HAVING 子句是应用于结果集的附加筛选。从逻辑上讲，HAVING 子句是从应用了任何 FROM、WHERE 或 GROUP BY 子句的 SELECT 语句而生成的中间结果集中筛选行。尽管 HAVING 子句前并不是必须要有 GROUP BY 子句，但在实际应用开发中 HAVING 子句通常与 GROUP BY 子句一起使用。

- ORDER BY order_list[ASC | DESC]：

ORDER BY 子句定义了结果集中行的排序顺序。order_list 指定组成排序列表的结果集列。关键字 ASC 和 DES 用于指定排序行的排列顺序是升序还是降序。

ORDER BY 之所以重要，是因为关系理论规定除非已经指定 ORDER BY，否则不能假设结果集中的行带有任何序列。如果结果集行的顺序对于 SELECT 语句来说很重要，那么在该语句中就必须使用 ORDER BY 子句。

由以上 SELECT 的主要组成，根据作者实际开发经验，SELECT 语句最为精简的格式为

```
SELECT select_list  FROM  table_list  WHERE  search_conditions
```

该 SELECT 格式表明的含义是，SELECT 指定了用户想要看哪些列数据，可以是星号(*)、表达式、列表、变量等。FROM 指定这些数据来自哪些表或视图，WHERE 指定了用户想看哪些行。在 SQL 语言中除了查询以外，许多其他功能也都离不开 SELECT 语句，如创建视图，实际上是利用查询语句来实现的；如插入数据时，很多时候是从另外一张或多张表中选择指定条件的数据。可见，掌握查询语句 SELECT 是掌握 T-SQL 语言的关键。

2.2.5 任务五 批处理、流程控制语句

通常，数据库应用系统中服务器端的程序要使用 SQL 语句来编写。服务器端的应用程序由许多程序元素组成：批处理，注释，程序中使用的变量，改变执行顺序的流控制语言，错误

和消息的处理。

1. 批处理、脚本和注释

(1) 批处理(batch)。批处理是一个 SQL 语句集，这些语句一起提交并作为一个组来执行。SQL Server 将批处理的语句编译为单个可执行单元，称为执行计划。执行计划中的语句每次执行一条。在 T-SQL 中，批结束的符号是"GO"语句(GO 是非执行语句，执行它，计算机不产生任何操作)。SQL 编辑器将第一条语句开始到 GO 语句或两个 GO 之间的语句组成一个集合提交服务器执行。

因为 SQL Server 为一个批处理生成一个单独的执行计划，所以一个批处理本身应该是完整的，不能在一个批处理中引用其他批处理中定义的变量，也不能将注释、语句块、分支、循环等语句在一个批处理开始，在另一个批处理中结束。

例如一个批处理中有 10 条语句。如果第 5 条语句有一个语法错误，则不执行批处理中的任何语句。如果批处理经过编译，并且第 2 条语句在运行时失败，则第 1 条语句的结果不会受到影响，因为已执行了该语句。SQL Server 2005 提供了语句级重新编译功能。也就是说，如果一条语句触发了重新编译，则只重新编译该语句而不是整个批处理。

请考虑下面的示例，其中在同一批处理中包含 1 条 CREATE TABLE 语句和 4 条 INSERT 语句：

```
CREATE TABLE  dbo.t (a int)
INSERT INTO  dbo.t VALUES (1)
INSERT INTO  dbo.t VALUES (1,1)
INSERT INTO  dbo.t VALUES (3)
GO
SELECT  *  FROM  dbo.t
GO
```

首先，对批处理进行编译。对 CREATE TABLE 语句进行编译，但由于表 dbo.t 尚不存在，因此未编译 INSERT 语句。然后，批处理开始执行。表已创建。编译第 1 条 INSERT，然后立即执行，表现在具有一个行。然后，编译第 2 条 INSERT 语句。编译失败，批处理终止。SELECT 语句返回一个行。

使用批处理有以下规则需要遵循：

- CREATE DEFAULT、CREATE FUNCTION、CREATE PROCEDURE、CREATE RULE、CREATE SCHEMA、CREATE TRIGGER 和 CREATE VIEW 语句不能在批处理中与其他语句组合使用。批处理必须以 CREATE 语句开始。所有跟在该批处理后的其他语句将被解释为第 1 个 CREATE 语句定义的一部分。
- 不能在同一个批处理中更改表，然后引用新列。
- 如果 EXECUTE 语句是批处理中的第 1 句，则不需要 EXECUTE 关键字。如果 EXECUTE 语句不是批处理中的第 1 条语句，则需要 EXECUTE 关键字。

(2) 脚本。脚本是一系列顺序提交的批处理。脚本可以直接在 SQL 编辑器中输入并执行；也可以保存在文件中，由 SQL 编辑器等工具执行。一个脚本可以包含一个或多个批处理，脚本中的 GO 语句标志一个批处理的结束，如果一个脚本没有 GO 命令，那么 SQL Server 将它默认为一个批处理。脚本通常保存在以".sql"为扩展名的文件中。

脚本可用于：

- 将在服务器上对数据库的操作步骤永久地记录在脚本文件中；
- 将语句保存为脚本文件，可以方便实现脚本的迁移和多次执行。

(3) 注释。在开发编程中，代码之间适当地插入注释信息，可以提高代码的阅读效率，并且也增强了以后程序的可维护性。可见，做好代码的注释是程序编写的一种良好风格。注释语句是程序中的非执行语句。

T-SQL 语句中的注释有两种形式：注释块和注释行。注释块通常以 "/*" 开始，以 "*/" 结束，那么在此中间的所有文本都被当做注释内容。注释行是以两个连接符开始的(即 "--")，只能注释自此开始的一行信息。

2. 流程控制语句

流程控制语言主要用来控制 SQL 语句执行的顺序，通常应用到储存过程、触发器和批处理中。T-SQL 流程控制语句具体包括：

- IF…ELSE 语句：条件执行语句；
- CASE 语句：多条件分支选择语句；
- BEGIN…END 语句：将一组 SQL 语句作为一个语句块；
- WHILE 语句：循环执行相同的语句；
- RETURN 语句：无条件返回；
- PRINT 语句：在屏幕上显示信息；
- RAISERROR 语句：将错误信息显示在屏幕上，同时也可以记录在 NT 日志中；
- WAITFOR 语句：等待语句。

(1) RETURN 语句。RETURN 语句的作用是无条件退出所在的批处理、储存过程和触发器。退出时，可以返回状态信息。在 RETURN 语句后面的任何语句不被执行。
RETURN 语句的语法形式如下：

```
RETURN [integer_expression]
```

其中，integer_expression 是一个表示过程返回的状态值。系统保留 0 为成功，小于 0 为有错误。

(2) PRINT 和 RAISERROR。

PRINT 语句的作用是向客户端返回用户定义的消息。PRINT 语句的语法形式如下：

```
PRINT msg_str | @local_variable | string_expr
```

其中，msg_str 代表一个不超过 255 字节的字符串；@local_variable 代表一个局部变量，该局部变量必须是 char 或 varchar 类型；string_exp 返回字符串的表达式，可包括串联的文字值、函数和变量。

【例 2-12】 将 GETDATE()函数的结果转换为 varchar 数据类型，并将其用 PRINT 语句返回文本 "本信息显示的时间："。

```
print  '本信息显示的时间：'+rtrim(convert(varchar(30),getdate()))+'。'
go
```

执行结果如图 2.14 所示。

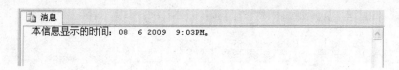

图 2.14 执行结果

RAISERROR 语句的作用是将错误信息表示在屏幕上，同时也可以记录在 NT 日志中。RAISERROR 语句的语法形式如下：

```
RAISERROUR    { msg_id | msg_str | @local_variable } { ,severity ,state }
[ ,argument [ ,...n ] ]
```

其中

- msg_id|msg_str：指错误号、错误信息；
- @ local_variable：一个可以为任何有效字符数据类型的变量，其中包含的字符串的格式化方式与 msg_str 相同；
- SEVERITY：指错误的严重级别；
- STATE：指发生错误时的状态信息；
- argument：用于代替 msg_str 或对应于 msg_id 的消息中定义的变量的参数，可以有 0 个或多个代替参数，但是代替参数的总数不能超过 20 个。

【例 2-13】 两个 RAISERROR 语句都返回相同的字符串。一个指定参数列表中的宽度值和精度值；另一个指定转换规格中的宽度值和精度值。

```
RAISERROR (N'<<%*.*s>>', -- Message text.
         10, -- Severity,
         1, -- State,
         7, -- First argument used for width.
         3, -- Second argument used for precision.
         N'abcde'); -- Third argument supplies the string.
GO
RAISERROR (N'<<%7.3s>>', -- Message text.
         10, -- Severity,
         1, -- State,
         N'abcde'); -- First argument supplies the string.
GO
```

代码执行结果如图 2.15 所示。

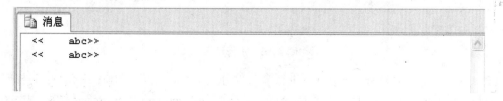

图 2.15 执行结果

(3) BEGIN…END 语句。BEGIN…END 语句包括一系列的 T-SQL 语句，从而可以执行一组 T-SQL 语句。BEGIN 和 END 是控制流语言的关键字，BEGIN 定义了一个单元的起始位置，END 作为一个单元的结束。BEGIN…END 多用于 IF…ELSE 和 WHILE 语句中。其语法格式为

```
BEGIN
    {
        sql_statement | statement_block
    }
END
```

其中，sql_statement | statement_block 为语句块定义的任何有效的 T-SQL 语句或语句组。

(4) IF…ELSE 语句

IF…ELSE 语句指定 T-SQL 语句的执行条件。如果满足条件，则在 IF 关键字及其条件之后执行 T-SQL 语句：布尔表达式返回 TRUE。可选的 ELSE 关键字引入另一个 T-SQL 语句，当不满足 IF 条件时就执行该语句：布尔表达式返回 FALSE。其语法格式为

```
IF Boolean_expression
        { sql_statement | statement_block }
[ ELSE
        { sql_statement | statement_block } ]
```

程序执行 IF…ELSE 语句时，计算并判断 IF 后面的表达式 Boolean_expression，若为真，则执行 IF 语句下面的程序体。否则，执行 ELSE 语句下面的程序体或直接执行接下来的程序(当没有 ELSE 分支时)。IF…ELSE 允许嵌套。

【例 2-14】 查询 StudentInformation 数据库中是党员的少数民族学生有多少个。

```
use StudentInformation
go
declare @intNumber int
select @intNumber=count(*) from 学生基本信息表
        where 民族<>'汉族' and 政治面貌='党员'
if @intNumber>0
    print '少数民族学生是党员的有：'
        +rtrim(cast(@intNumber as char(2)))+'位。'
else
    print '少数民族学生中没有党员。'
go
```

以上代码执行结果如图 2.16 所示。

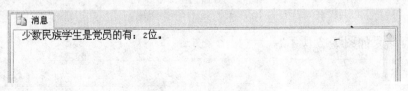

图 2.16　执行结果

(5) CASE 语句。CASE 语句可以进行多条件分支选择，完成与 IF…ELSE 语句相似的功能，但是使用 CASE 语句会使程序更为紧凑、清晰。在 Microsoft SQL Server 2005 中，CASE 语句有 3 种形式：简单型 CASE 语句、搜索型 CASE 语句、CASE 关系函数。这里仅介绍简单型 CASE 语句和搜索型 CASE 语句。

● 简单型 CASE 语句。

简单型 CASE 语句的语法形式如下：

```
CASE input_expression
     WHEN when_expression THEN result_expression [ ...n ]
     [ ELSE else_result_expression ]
END
```

其中，各 expression 可以是常量、列名、函数、算术运算符等。

简单型 CASE 语句是根据表达式 input_expression 的值与 WHEN 后面的表达式 when_expression 逐一比较，如果两者相等，返回 THEN 后面的表达式 result_expression 的值，否则返回 ELSE 后面表达式 else_result_expression 的值。

【例 2-15】 显示数据库 StudentInformation 中 5 号宿舍楼住的是哪个系的学生。

```
use StudentInformation
declare @chaN varchar(10)
set @chaN='5号'
declare @chaD varchar(20)
select @chaD =
       case @chaN
           when '5号' then '信息工程系'
           when '2号' then '经济管理系'
           when '7号' then '英语系'
           when '3号' then '食品工程系'
       end
       from 学生住宿表
print '5号楼住的是: '+@chaD
```

以上代码执行的结果如图 2.17 所示。

图 2.17　执行结果

● 搜索型 CASE 语句。

搜索型 CASE 语句的语法形式如下：

```
CASE
     WHEN Boolean_expression THEN result_expression [ ...n ]
     [ ELSE else_result_expression ]
END
```

其中，Boolean_expression 是 CASE 语句要判断的逻辑表达式。

搜索型 CASE 语句按指定顺序对每个 WHEN 子句的 Boolean_expression 进行计算。返回 Boolean_expression 的第一个计算结果为 TRUE 的 result_expression。如果 Boolean_expression 计算结果都不为 TRUE，则在指定 ELSE 子句的情况下将返回 else_result_expression；若没有指定 ELSE 子句，则返回 NULL 值。

【例 2-16】 从 StudentInformation 数据库的学生修课表中，查找"62008221001"学生的"22106"课程的考核成绩为优秀(85～100)、良好(75～84)、合格(60～74)和不及格(0～59)中的哪个等级。

```
use StudentInformation
declare @vcCore varChar(6)
select @vcCore=
        case
            when 成绩>=85 and 成绩<=100 then '优秀'
            when 成绩>=75 and 成绩<=84  then '良好'
            when 成绩>=60 and 成绩<=74  then '合格'
            else '不合格'
        end
        from 学生修课表
        where 学号='62008221001' and 课程号='22106'
print '学生的课程成绩等次: '+@vcCore
```

以上代码执行的结果如图 2.18 所示。

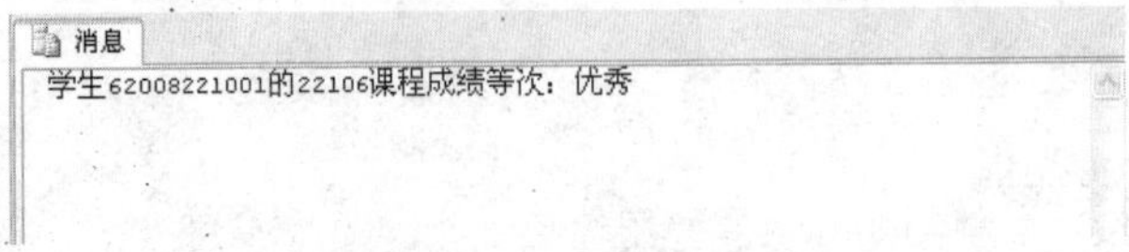

> 消息
> 学生62008221001的22106课程成绩等次: 优秀

图 2.18 执行结果

(6) WHILE 结构。WHILE 语句的作用是为重复执行某条语句或某个语句块而设置条件。当指定条件为 TURE 时，执行这些语句。可以使用 BREAK 和 CONTINUE 关键字在循环内部控制 WHILE 循环中语句的执行。

WHILE 语句的语法形式如下：

```
WHILE Boolean_expression
    { sql_statement | statement_block }
    [ BREAK ]
    { sql_statement | statement_block }
    [ CONTINUE ]
    { sql_statement | statement_block }
```

其中：

- Boolean-expression：布尔表达式，其值是 TURE 或 FALSE；
- sql_statement | statement_block：要执行的 SQL 语句，既可以是单个 SQL 语句，也可以是一组 SQL 语句。如果在 IF 或 ELSE 语句后面有多条 SQL 语句，则必须把它们放在 BEGIN…END 块中。
- BREAK：退出所在的循环。
- CONTINUE：循环跳过 CONTINUE 之后的语句重新开始。

【例 2-17】输出字符串"Database"中每一个字符的 ASCII 值和字符。

```
Declare @intPosition int,@cString char(8)
Set @intPosition =1
Set @cString='database'
While @intPosition<=datalength(@cString)
    begin
     Select ascii (substring(@cString,@intPosition,1)) as ASCII 码,
            substring(@cString,@intPosition,1) as 字符
     Set @intPosition=@intPosition+1
    end
```

以上代码执行的结果如图 2.19 所示。

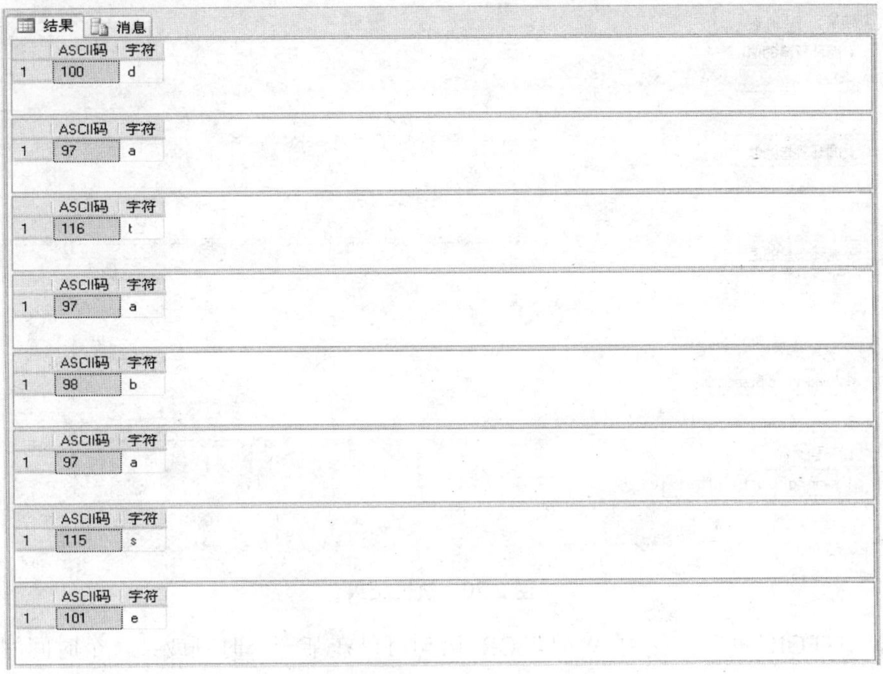

图 2.19　执行结果

(7) GOTO 语句。使用 GOTO 语句可以使 SQL 语句的执行流程无条件地转移到指定的标号位置。GOTO 语句和标号可以用在语句块、批处理和存储过程中，标号的命名要符合标识符命名规则。GOTO 语句经常用在 WHILE 和 IF 语句中以跳出循环或分支处理。

GOTO 语句的语法形式如下：

```
Label:
    ...
    GOTO label
```

【例 2-18】　以下示例显示如何将 GOTO 用做分支机制。

```
DECLARE  @intCounter int;
SET  @intCounter = 1;
WHILE  @intCounter < 10
BEGIN
    SELECT  @intCounter as 循环变量的值
    SET  @intCounter = @intCounter + 1
    IF  @intCounter = 4  GOTO  Branch_One
    IF  @intCounter = 5  GOTO  Branch_Two
END
Branch_One:
    SELECT  'Jumping To Branch One.'
    GOTO  Branch_Three
Branch_Two:
    SELECT  'Jumping To Branch Two.'
Branch_Three:
    SELECT  'Jumping To Branch Three.'
```

以上代码执行的结果如图 2.20 所示。

图 2.20　执行结果

(8) WAITFOR 语句。使用 WAITFOR 语句可以在某一个时刻或某一个时间间隔后执行 SQL 语句或语句组。往往是在达到指定时间或时间间隔之前，或者指定语句至少修改或返回一行之前，阻止执行批处理、存储过程或事务。

WAITFOR 语句的基本语法形式如下：

```
WAITFOR
{
  DELAY 'time_to_pass'
  | TIME 'time_to_execute'
  }
```

其中：

- DELAY：表示可以继续执行批处理、存储过程或事务之前必须经过的指定时段，最长可为 24h。
- time_to_pass：表示等待的时段。可以使用 datetime 数据格式之一指定 time_to_pass，也可以将其指定为局部变量，但不能指定日期(也就是不允许指定 datetime 值的日期部分)。
- TIME：表示指定的运行批处理、存储过程或事务的时间。
- time_to_execute：表示 WAITFOR 语句完成的时间。可以使用 datetime 数据格式之一指定 time_to_execute，也可以将其指定为局部变量，但不能指定日期(也就是不允许指定 datetime 值的日期部分)。

【例 2-19】以下代码分别完成在两小时延迟后执行存储过程"sp_helpdb"和在晚上 10:20 (22:20) 执行存储过程"sp_update_job"。

```
BEGIN
    WAITFOR  DELAY  '02:00'
    EXECUTE  sp_helpdb
```

```
END
GO
USE  msdb
EXECUTE  sp_add_job  @job_name = 'TestJob'
BEGIN
    WAITFOR  TIME  '22:20'
    EXECUTE  sp_update_job  @job_name = 'TestJob'
 END
 GO
```

小　结

关系数据库是在层次数据库和网状数据库之后发展起来的一种数据库,在各个领域得到了广泛的应用,已成为主流数据库系统。数据库的数据模型由数据结构、数据操作和数据完整性约束三部分组成,也称为数据模型三要素。数据库系统的三级模式结构是指数据库系统的外模式、模式和内模式。为了能在内部实现三个抽象层次的联系和转换,数据库管理系统在三级模式之间提供了两层映像:外模式/模式映像,模式/内模式映像。

T-SQL 是 Microsoft 公司在 Microsoft SQL Server 系统中使用的数据库管理、开发语言,是数据库标准 SQL 语言的扩展。T-SQL 不仅支持所有标准的 SQL 语句,还提供了丰富的编程功能,包括使用变量、运算符、表达式、函数、流程控制语句等。

习题与实训

一、填空题

1. 数据库的数据模型由_____、数据操作和数据完整性约束三部分组成,也称为数据模型三要素。

2. 模型可分为两层:一层是面向用户的,称之为_____;另一层是面向计算机系统的,称之为_____。

3. 数据库管理系统在三级模式之间提供了两层映像:外模式/模式映像,_____。

4. SQL Server 2005 的系统存储过程是以 _____开头。

5. CASE 语句有 3 种形式:_____、搜索型 CASE 语句、CASE 关系函数。

二、选择题

1. 关系数据库中数据存储的主要载体是(　　)表,表由行和列组成。
   A. 一维　　　　　　　　　B. 二维
   C. 三维　　　　　　　　　D. 多维

2. 在 SQL Server 2005 中,使用哪种语句声明变量?(　　)
   A. CREATE TABLE　　　　B. SET
   C. GO　　　　　　　　　D. DECLARE

3. 如果数据表中的某列值是从 0 到 255 的整数,最好使用哪种数据类型?(　　)
   A. int　　　　　　　　　B. tinyint

C．bigint D．decimal

4．下列哪种函数用于判断两个日期相隔的时间差？（　　）

　　A．DATEADD　　　　　　B．DATEDIFF

　　C．DATENAME　　　　　D．GETDATE

5．下列哪种函数用于求得不大于某个数的最大整数？（　　）

　　A．FLOOR　　　　　　　B．SIN

　　C．SQUARE　　　　　　D．POWER

三、实训拓展

1．实训内容

(1) 在一个批处理中，定义一个整型局部变量 iAge 和可变长字符型局部变量 vcAddress，并分别赋值 40 和"中国地理"，最后输出变量的值。要求通过注释对批处理中语句的功能进行说明。

(2) 编写一个批处理，通过全局变量获得当前服务器进程 ID 标识和 SQL Server 服务器的版本。

(3) 利用 WHILE 循环求 1～100 的偶数和。

(4) 对于字符串"Welcome to SQL Server 2005"进行以下操作：

● 将字符串全部转换为大写；

● 将字符串全部转换为小写；

● 截取从第 12 个字符开始的 10 个字符。

2．实训提示

(1) 注意局部变量和全局变量的区别。

(2) 查阅"联机丛书"，了解常用的全局变量。

(3) 批处理的编写过程，要先进行分析，后通过实践验证。

第3章 应用数据库的设计与管理

【导读】

在基于 SQL Server 2005 的数据库应用项目开发中，遵循工程化数据库系统开发过程，做好需求分析的重要工作，并且能够应用诸如 E-R 模型的方法，结合企业的实际业务环境创建一个性能优异、结构合理并具有良好扩展性能的数据库，将会为今后开发基于该数据库设计之上的各种应用程序奠定坚实的基础。数据库的创建主要包括数据库及其表、索引、视图、存储过程等各种数据库对象的创建。

【内容概览】

● SQL Server 2005 数据库的存储结构
● 创建应用数据库
● 管理应用数据库
● 设置数据库的属性选项

3.1 技能一 理解 SQL Server 2005 数据库的存储结构

SQL Server 数据库的存储结构是指 SQL Server 数据库组成文件的组织方式和存储体系。在 SQL Server 2005 系统中，所设计、创建的应用数据库由包含了业务数据和事务日志的文件组成。系统预先要给这些被使用的数据库文件和事务日志文件分配存储的物理空间。存储数据的文件叫做数据文件，数据文件由主要数据库文件和次要数据文件组成。事务日志文件存放用来恢复数据库的日志信息。在创建一个新应用数据库的时候，仅仅是创建了一个框架，必须在这个框架中创建新的数据库对象(如表)，这个数据库才能被使用。

1. 页和区

在创建数据库对象时，SQL Server 是通过使用页和区这两种特定的数据结构给数据库对象分配空间的。SQL Server 数据存储的基本单位是页。为数据库中的数据文件(.mdf 或 .ndf)分配的磁盘空间可以从逻辑上划分成页(从 0 到 n 连续编号)。磁盘 I/O 操作在页级执行(即 SQL Server 读取或写入所有数据页)。区是 8 个物理上连续页的集合，用来有效地管理页。所有页都存储在区中。

在 SQL Server 中，页的大小为 8KB，这意味着 SQL Server 数据库中每 1MB 有 128 页。每页的开头是 96 字节的标头，用于存储有关页的系统信息，此信息包括页码、页类型、页的可用空间以及拥有该页的对象的分配单元 ID。

区是管理空间的基本单位。1 个区是 8 个物理上连续的页(即 64KB)，这意味着 SQL Server 数据库中每 1MB 有 16 个区。为了使空间分配更有效，SQL Server 不会将所有区分配给包含少量数据的表。SQL Server 有两种类型的区。

- 统一区：由单个对象所有。区中的所有 8 页只能由所属对象使用。
- 混合区：最多可由 8 个对象共享。区中 8 页的每页可由不同的对象所有。

SQL Server 的数据库都包含以上这些数据结构。简单地说，数据库是由文件组成的，文件是由区组成的，区是由页面组成的。

2. 数据库的存储组织

在设计、创建数据库时，了解 SQL Server 如何存储数据是很重要的，这样可以计算和指定分配给数据库的磁盘空间量。

SQL Server 2005 的所有数据库都有一个主要数据文件和一个或多个事务日志文件，数据库文件可能还包含有次要数据文件。主要数据文件是所有数据文件的起点，包含指向其他数据库文件的指针。次要数据文件是辅助主要数据文件存储数据的。事务日志文件保存的所有日志信息数据(为恢复数据库而用)存放在连续的页中。

对数据库文件进行分组(即文件组)，可便于进行数据的管理、分配或放置。文件或文件组不能同时被两个或两个以上的数据库使用，文件只能是一个文件组的成员。事务日志文件不能属于任何文件组。事务日志文件包含当系统发生故障情况时需要恢复的所有信息。一般来说，事务日志文件的初始大小以数据文件大小的 10%～25% 为起点，根据数据增长的情况和修改的频度进行调整。

3. 估算数据库的空间需求

数据库开发者在设计、创建应用数据库时，应尽可能准确地估算应用数据库的容量，从而避免浪费磁盘空间资源或者因估计不足造成数据库空间的缺少。

在估算数据库容量时，许多因素会影响数据库最终的大小。以下是在估算应用数据库空间需求时需要考虑的一些主要因素。

- 表的数量。不同数据库系统项目开发，会设计出不同的应用数据库，这些数据库所包含的数据表的规模也不尽相同。因此，在数据库逻辑设计完成后，表的数量就应该确定。
- 记录的数量。在设计数据库逻辑模型时，应根据业务应用需求情况(即表中包含实体或关系的数据量)，并考虑将来业务应用的发展，合理地估算出可能存储多少条记录。
- 表中每行记录的规模。每行记录是由多列数据组成的，这些列的数据类型决定了每一行的大小。
- 索引的数量。每个表都有一个或者多个索引，这些索引将在数据库中占用额外的空间。
- 每个索引的规模。索引的大小取决于使用索引列的长度。
- 数据库对象的数量及其规模。应用数据库的开发过程中，会需要许多不同的数据库对象，例如触发器、视图、存储过程等。开发者应合理估算所有数据库对象的确切数量及其规模。
- 事务日志的规模。事务日志大小的差别很大，这取决于很多因素，其中包括数据库中的数据的修改频率。大多数事务日志以数据库容量的 10%～25% 为起点，然后根据实际情况再来调整。经验显示，经常被修改的数据库和很少被修改的数据库相比，前者需要更大的事务日志空间，这是因为修改比较多就意味着事务比较多，所以需要较多的空间来存放这些事务。事务日志的大小还受备份日志的频率影响。越是经常备份，事务日志就越是可以小一些，这是因为在每次备份过程中都会截断事务日志。

● 数据库的计划成长量。有一些数据库的容量从不增长，也有一些每周都会大幅度地增长。为了确定总体的计划成长量，开发人员必须估算数据库中每个表的成长量，这些数字和每个企业的实际情况相关联。在估算时，应该将存储需求估算得高一些，这通常会比过低地估算存储需求带来的问题少一些。尽管可以在创建数据库之后再扩展数据库，但是如果事先估算得比较准确，遇到意外的事件会少一些。

3.2 技能二 掌握创建应用数据库

数据库是 SQL Server 用于存放数据和数据库对象的容器。开发数据库应用系统，创建数据库是重要的开发环节。在 SQL Server 2005 中，创建应用数据库的方法有两种：使用 SQL Server Management Studio 和使用 T-SQL 语言创建。

3.2.1 任务一 应用 SQL Server Management Studio 创建数据库

创建应用数据库的过程就是确定应用数据库的名称、大小和存放应用数据库的文件及其相关特性的过程。新建应用数据库的信息存放在系统库 master 中，属于系统级信息。

创建数据库时，要分配磁盘存储空间来存放数据库对象和事务日志文件。在应用数据库创建之后，可以向其中添加必要的表、视图、索引和其他组成数据库的对象。创建数据库时，必须指定数据文件和事务日志文件的存储位置。应用 SQL Server Management Studio 创建应用数据库的主要步骤如下。

(1) 启动 SQL Server Management Studio，在对象资源管理器中连接到 SQL Server 2005 数据库引擎实例，再展开该实例。

(2) 右击"数据库"节点，在弹出的快捷菜单中单击"新建数据库"命令，打开如图 3.1 所示的对话框。

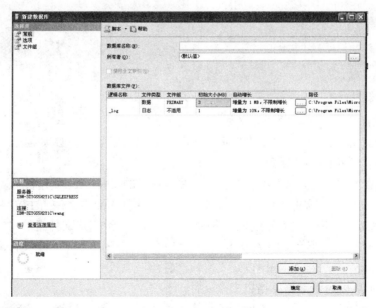

图 3.1 "新建数据库"对话框

(3) 在"新建数据库"对话框中，输入数据库名称。

- 若要通过接受所有默认值创建数据库，请单击"确定"按钮；否则，请继续后面的可选步骤。
- 若要更改所有者名称，请单击"..."按钮选择其他所有者。
- 若要更改主数据文件和事务日志文件的默认值，请在"数据库文件"网格中单击相应的单元并输入新值。
- 若要更改数据库的排序规则，请选择"选项"页，然后从列表中选择一个排序规则。
- 若要更改恢复模式，请选择"选项"页，然后从列表中选择一个恢复模式。
- 若要更改数据库选项，请选择"选项"页，然后修改数据库选项。
- 若要添加新文件组，请单击"文件组"页。单击"添加"按钮，然后输入文件组的值。

选择所需的输入值以后创建数据库，请单击"确定"按钮。

创建应用数据库时，默认只有系统管理员可以创建新数据库。但是系统管理员可以通过赋予其他人员特定的权限而将创建数据库的任务委派给另外的人来承担。给数据库指定的名称必须遵循 SQL Server 命名规范。所有新建的应用数据库都是系统样本数据库 model 的副本。在 SQL Server 2005 系统中，model 数据库的数据文件大小为 1MB，日志文件大小为 1MB，则 model 数据库的大小至少为 2MB，这意味着新创建的数据库也至少为 2MB。默认情况下，事务日志文件的大小是数据库文件大小的 25%。单个数据库可以存储在单个文件中，也可以跨越多个文件存储。

3.2.2 任务二 使用 T-SQL 语句创建应用数据库

创建应用数据库的 T-SQL 语句 CREATE DATABASE 主要语法形式如下：

```
CREATE DATABASE database-name
    [ ON [PRIMARY] [<filespec>[,…n]] ]
    [ LOG ON <filespec>[,…n] ]

其中: <filespec>::=
([NAME=logical-file-name,]
FILENAME='os-file-name'
[,SIZE=size]
[,MAXSIZE={max-size/UNLIMTED}]
[,FILEGROWTH=growth_increment])
```

在以上语法形式中，各参数的含义如下。

- Database_name：新数据库的名称。数据库名称在服务器中必须唯一，并且符合 SQL Server 标识符的命名规则。
- PRIMARY：指定主文件组的文件。该关键字后的<filespec>项列表用以定义主文件组的数据文件。主文件组的第一个<filespec>条目里的数据文件为主文件，该文件包含数据库的逻辑起点及其系统表，还包含所有未指派给用户文件组的对象。如果没有指定 PRIMARY，那么 CREATE DATABASE 语句中列出的第一个文件将成为主文件。<filegroup>项列表(可选)用以定义用户文件组及其文件。
- n：表示可以为新数据库指定多个文件。
- LOG ON：指定存储数据库中事务日志的文件。该关键字后的<filespec>项列表用以定义事务日志文件。如果没有指定 LOG ON，系统将自动创建一个日志文件，该文件使用系统生成的名称，大小为数据库中所有数据文件总大小的 25%。

- NAME=logical-file-name：为由<filespec>定义的文件指定逻辑名称。logical-file-name 在数据库中必须唯一，并且符合标识符的命名规则，该名称可以是字符或 Unicode 常量。

- FILENAME='os-file-name'：为<filespec>定义的文件指定操作系统文件名及其路径名，os-file-name 中的路径必须指定为 SQL Server 实例的目录路径。

- size：<filespec>中定义的文件的初始大小，主要数据文件 size 的最小值为 1MB，次要数据文件 size 的最小值为 1MB。如果没有提供主要数据文件的 size 参数，SQL Server 2005 将使用 model 数据库中的主要文件大小即为 1MB；如果没有提供次要文件或日志文件的 size 参数，则 SQL Server 2005 将使文件大小为 1MB。

- max-size：<filespec>中定义的文件可以增长到的最大值。如果没有指定 max-size，文件将增长到磁盘满为止。在磁盘即将变满时，Microsoft Windows 系统日志会警告 SQL Server 系统管理员。

- UNLIMITED：指定<filespec>中定义文件将增长到磁盘变满为止。

- growth-increment：定义的文件的增长总量。这里文件增长的方式有两种：可以指定的 MB 数量增长和按百分比增长。文件的 FILEGROWTH 设置不能超过 maxsize 设置。0 值表示不增长。如果没有指定 FILEGROWTH，则默认值为 10%。

说明：创建应用数据库后，应及时备份 master 系统数据库。每个数据库都有一个所有者，可在该数据库中执行某些特殊的活动。数据库所有者(dbo: data base owner)是创建数据库的用户，可以使用 sp-changdboner 更改数据库所有者。创建数据库的权限默认地授予 sysadmin 和 dbcreator 固定服务器角色的成员。sysadmin 和 securityadmin 固定服务器角色的成员可以将创建数据库的权限授予其他登录用户。创建数据库的权限必须显式授予，而不能通过 GRANT ALL 语句授予。为保证运行 SQL Server 实例的计算机的安全，以及便于控制该系统中应用数据库文件的创建，创建数据库的权限常常限于少数几个数据库登录用户。

【例 3-1】 创建一个应用数据库 exdb1，它由一个主要数据文件 exdb1_data 和一个事务日志文件 exdb1_log 所组成。主要数据库文件 exdb1_data 的操作系统名称 exdb1_data.mdf，数据文件初始大小为 5MB，数据文件最大值为 500MB，数据文件大小以 10%的增量增加。日志逻辑文件名称为 exdb1_log，其操作系统文件为 exdb1_log.ldf，文件初始大小 5MB，日志文件大小最大值 100MB，日志文件大小以 2MB 为增量增加。程序代码如下。

```
CREATE DATABASE exdb1
   ON
   PRIMARY(NAME=exdb1_data,
       FILENAME='C:\Program Files\Microsoft SQL Server\MSSQL.1\MSSQL\Data\
exdb1_data.mdf',
       SIZE=5MB,
       MAXSIZE=500MB,
       FILEGROWTH=10%)
   LOG ON
       (NAME=exdb1_log,
```

```
             FILENAME='C:\Program Files\Microsoft SQL Server\MSSQL.1\MSSQL\Data\
exdb1_log.ldf',
             SIZE=5MB,
             MAXSIZE=100MB,
             FILEGROWTH=2MB)
```

【例 3-2】 创建包含多个数据文件和事务日志文件的应用数据库。该数据库名为 exdb2，分别由两个 50MB 的数据文件和两个 30MB 的事务日志文件组成。主要数据库文件是列表中的第一个文件，并使用 PRIMARY 关键字显式指定。事务日志文件在 LOG ON 关键字后指定。程序代码如下。

```
    CREATE DATABASE exdb2
        ON
        PRIMARY(NAME=exdb2_data,
             FILENAME='C:\Program Files\Microsoft SQL Server\MSSQL.1\MSSQL\Data\
exdb2_data.mdf',
             SIZE=50MB,
             MAXSIZE=200MB,
             FILEGROWTH=20MB),
             (NAME=exdb2s_data,
             FILENAME='C:\Program Files\Microsoft SQL Server\MSSQL.1\MSSQL\Data\
exdb2s_data.ndf',
             SIZE=50MB,
             MAXSIZE=200MB,
             FILEGROWTH=20MB)
        LOG ON
             (NAME=exdb2_log,
             FILENAME='C:\Program Files\Microsoft SQL Server\MSSQL.1\MSSQL\Data\
exda2_log.ldf',
             SIZE=30MB,
             MAXSIZE=200MB,
             FILEGROWTH=20MB),
             (NAME=exdb2t_log,
             FILENAME='C:\Program Files\Microsoft SQL Server\MSSQL.1\MSSQL\Data\
exda2t_log.ldf',
             SIZE=30MB,
             MAXSIZE=200MB,
             FILEGROWTH=20MB)
```

【例 3-3】 创建包含两个文件组的数据库。该数据库名为 exdb3，主文件组包含文件 exdb3_data.mdf 和 exdb3s1_data.ndf，次文件组 exdb3s_group 包含文件 exdb3s2_data.ndf 和 exdb3s3_data.ndf。两个文件组数据文件的 FILEGROWTH 增量为 15%，数据文件的初始大小为 50MB。事务日志文件的文件名为 exdb3_log.ldf，FILEGROWTH 增量为 15%，日志文件的初始大小为 20MB。程序代码如下。

```
    CREATE DATABASE exdb3
    ON PRIMARY
    (NAME=exdb3_data,
        FILENAME='C:\Program Files\Microsoft SQL Server\MSSQL.1\MSSQL\Data\
exdb3_data.mdf',
        SIZE=50MB,
```

```
        MAXSIZE=200MB,
        FILEGROWTH=15%),
    (NAME=exdb3s1_data,
        FILENAME='C:\Program  Files\Microsoft  SQL  Server\MSSQL.1\MSSQL\Data\
exdb3s1_data.ndf',
        SIZE=50MB,
        MAXSIZE=200MB,
        FILEGROWTH=15%),
    FILEGROUP exdb3s_group
    (NAME=exdb3s2_data,
        FILENAME='C:\Program  Files\Microsoft  SQL  Server\MSSQL.1\MSSQL\Data\
exdb3s2_data.ndf',
        SIZE=50MB,
        MAXSIZE=100MB,
        FILEGROWTH=15%),
    (NAME=exdb3s3_data,
        FILENAME='C:\Program  Files\Microsoft  SQL  Server\MSSQL.1\MSSQL\Data\
exdb3s3_data.ndf',
        SIZE=50MB,
        MAXSIZE=100MB,
        FILEGROWTH=15%)
    LOG ON
    (NAME=exdb3_log,
        FILENAME='C:\Program  Files\Microsoft  SQL  Server\MSSQL.1\MSSQL\Data\
exdb3_log.ldf',
        SIZE=20MB,
        MAXSIZE=50MB,
        FILEGROWTH=15%)
```

3.3　技能三　熟练应用数据库的管理

3.3.1　任务一　数据库属性的查看

应用数据库创建完毕后，可以使用 T-SQL 语言和 SQL Server Management Studio 工具查看数据库的相关属性信息。

1. 应用 T-SQL 语言查看数据库的属性

可以使用 T-SQL 语句提供的系统存储过程查看数据库的属性，常用的存储过程有 sp_helpdb、sp_spaceused、sp_helpfilegroup 等。

(1) 查看指定数据库或所有数据库的信息。

sp_helpdb 系统存储过程的基本语法格式如下。

```
sp_helpdb  [数据库名称]
```

如果省略数据库名称，那么 sp_helpdb 将显示所有数据库的相关信息，主要分两部分：一部分显示应用数据库的名称、大小、所有者、数据库标识 ID、创建日期、数据库当前状态和数据库兼容级别等；另一部分显示应用数据库所有组成文件的逻辑文件名、文件标识符、物理文件名、文件所属组、大小、可达最大值、文件增量和文件用法等信息。

(2) 查看当前指定数据库中所占用空间的报表。

sp_spaceused 系统存储过程的基本语法格式如下。

```
sp_spaceused
```

sp_spaceused 显示由整个数据库保留和使用的磁盘空间。执行该系统存储过程前，必须打开要查看的指定数据库(即"use 数据库")。

(3) 显示当前指定数据库中文件组的信息。

sp_helpfilegroup 系统存储过程的基本语法格式如下。

```
sp_helpfilegroup
```

系统存储过程 sp_helpfilegroup 返回与当前数据库相关联的文件组的名称及属性。

2. 使用 SQL Server Management Studio 工具查看数据库的属性

启动 SQL Server Management Studio，进入对象资源管理器窗口，选中并右击要查看的数据库，在弹出的快捷菜单中单击"属性"命令，即可进入所选数据库的属性窗口。如图 3.2 所示"数据库属性"窗口，共有"常规"、"文件"、"文件组"、"选项"、"权限"及"扩展属性"6 个选项卡，用户可以根据需要进入不同的选项卡查看数据库相应的信息。

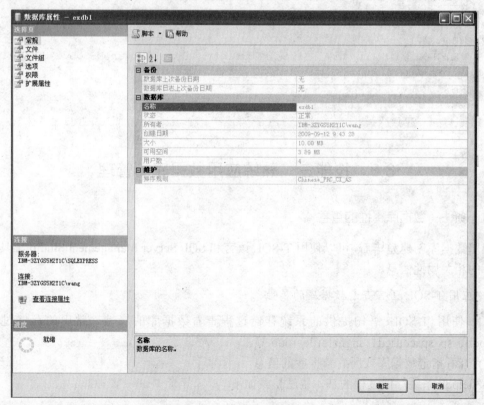

图 3.2 "数据库属性"窗口

"常规"选项卡中的选项可以查看或修改所选数据库的属性，主要内容如下。

● 数据库上次备份日期；
● 数据库日志上次备份日期；

- 名称(显示数据库的名称);
- 状态(显示数据库状态);
- 所有者(显示数据库所有者的名称，可在"文件"选项卡上更改所有者);
- 创建日期(显示数据库的创建日期和时间);
- 大小(显示数据库的大小，MB);
- 可用空间(显示数据库中的可用空间，MB);
- 用户数(显示连接到该数据库的用户数);
- 排序规则名称(显示用于该数据库的排序规则，可在"选项"选项卡上更改排序规则)。

"文件"选项卡中的选项可以查看或修改所选数据库的属性，主要内容如下:

- 数据库名称(添加或显示数据库的名称);
- 所有者(通过从列表中进行选择来指定数据库的所有者);
- 使用全文索引(选中此选项将对数据库启用全文索引，清除此选项将对数据库禁用全文索引);
- 数据库文件(添加、查看、修改或移除相关联数据库的数据库文件，数据库文件的属性有逻辑名称、文件类型、文件组、初始大小、自动增长、路径和文件名);
- 添加(将新文件添加到数据库);
- 删除(从数据库中删除所选的为空文件，不能删除主要数据文件和日志文件)。

"文件组"选项卡中的选项可以查看文件组，或为所选数据库添加新的文件组，主要内容如下:

- 名称(输入文件组的名称);
- 文件(显示文件组中的文件数量);
- 只读(选中此项可以将文件组设为只读状态);
- 默认值(选中此项可以将此文件组设为默认文件组);
- 添加(向列出数据库文件组的网格中添加新的空白行);
- 删除(从网格中删除所选文件组行)。

"选项"选项卡可以查看或修改所选数据库的选项，其中可用选项的详细信息如下。

- 排序规则(通过从列表中进行选择来指定数据库的排序规则)。
- 恢复模式(指定"完整"、"大容量日志"或"简单"这些模式来恢复数据库)。
- 兼容级别(指定数据库所支持的 Microsoft SQL Server 的最新版本，可能的值有 SQL Server 2005、SQL Server 2000 和 SQL Server 7.0)。
- 恢复：页验证(指定的选项用于发现和报告由磁盘 I/O 错误导致的不完整 I/O 事务，取值为 None、TornPageDetection 和 Checksum)。
- 游标：默认游标，指定默认的游标行为；提交时关闭游标功能已启用，指定在提交了打开游标的事务之后是否关闭游标(如果设置为 True，则会关闭在提交或回滚事务时打开的游标；如果设置为 False，则这些游标会在提交事务时保持打开状态)。
- 杂项：ANSI NULL 默认值，数据库的"ANSI NULL 默认值"选项为 False 时，指定会话行为以覆盖新列的默认为空性；ANSI NULLS 已启用，指定与空值一起使用时的等于(=)和不等于(<>)比较运算符的行为(如果设置为 True，则所有与空值的比较求得的值均为 UNKNOWN；如果设置为 False，则非 Unicode 值与空值比较求得的值为

True)；ANSI 填充已启用，指定 ANSI 填充状态是开还是关；ANSI 警告已启用，对于几种错误条件指定 SQL-92 标准行为，如果设置为 True，则会在聚合函数(如 SUM、AVG、MAX、MIN、STDEV、STDEVP、VAR、VARP 或 COUNT)中出现空值时生成一条警告消息；如果设置为 False，则不会发出任何警告。该选项的信息非常丰富，详细可参阅相关文档。

- 数据库状态：查看数据库的当前状态。它是不可编辑的；限制访问，指定哪些用户可以访问该数据库，可能的值有 Multiple(生产数据库的正常状态，允许多个用户同时访问该数据库)和 Single(用于维护操作，一次只允许一个用户访问该数据库)。

- 自动：自动关闭，指定在上一个用户退出后，数据库是否完全关闭并释放资源(如果设置为 True，则在上一个用户注销之后，数据库会完全关闭并释放其资源)；自动创建统计信息，指定数据库是否自动创建缺少的优化统计信息(如果设置为 True，则将在优化过程中自动生成优化查询需要但缺少的所有统计信息)；自动收缩，指定数据库文件是否可定期收缩；自动更新统计信息，指定数据库是否自动更新过期的优化统计信息(如果设置为 True，则将在优化过程中自动生成优化查询需要但已过期的所有统计信息)；自动异步更新统计信息，如果设置为 True，则启动过期统计信息的自动更新的查询在编译前不会等待统计信息被更新，如果设置为 False，则启动过期统计信息的自动更新的查询将等待，直到更新的统计信息可在查询优化计划中使用。

"权限"选项卡，可查看或设置数据库对象的权限。"添加"按钮可以将选项添加到上部子窗口中。首先在上部子窗口选中一个项，然后在下部"显式权限"子窗口中即可为其设置适当的权限。其主要信息内容如下。

- 上部子窗口中包含一个或多个可以设置权限的项。针对数据库对象或登录名打开此对话框时，对话框会显示"添加"和"删除"按钮。上部子窗口中显示的列会根据对象的不同而变化。

- 下部子窗口列出了上部子窗口中所选对象的可能权限。选中或清除"授予"(或"允许")、"具有授予权限"和"拒绝"复选框可以对这些权限进行配置。

"扩展属性"选项卡的使用，可查看或修改所选对象的扩展属性("扩展属性"页对于所有类型的数据库对象都是相同的)，其中主要信息如下。

- 数据库：显示所选数据库的名称(此字段是只读的)。
- 排序规则：显示用于所选数据库的排序规则(此字段是只读的)。
- 属性：查看或指定对象的扩展属性。每个扩展属性都由与该对象关联的数据的名称/值对组成。
- "浏览"按钮：单击"值"后面的"浏览(…)"按钮可打开"扩展属性对话框的值"对话框(在此范围中输入或查看扩展属性的值)。
- 删除：删除所选扩展属性。

3.3.2 任务二 修改数据库大小

改变应用数据库大小的管理，可以通过使用 T-SQL 语言和 SQL Server Management Studio 工具修改数据库属性来实现。

1. 使用 T-SQL 语言进行数据库属性的设定

使用 T-SQL 语言 ALTER DATABASE 语句可以全面管理数据库，包括在数据库中添加或删除文件，或删除文件和文件组；更改文件和文件组的属性，如更改文件的名称、大小。但是，不能改变数据库的存储位置。修改数据库 ALTER DATABASE 语句的基本语法格式为：

```
ALTER DATABASE database_name
{ADD FILE<filespec>[,…n][TO FILEGROUP filegroup_name]
|ADD LOG<filespec>[,…n]
|REMOVE FILE logical_file_name
|REMOVE FILE<filespec>
|MODIFY FILE<filespec>
|MODIFY NAME=new_database_name
|ADD FILEGROUP filegroup_name
|MODIFY FILEGROUP filegroup_name

    其中：<filespec>::=
    ([NAME=logical-file-name,]
    FILENAME='os-file-name'
    [,SIZE=size]
    [,MAXSIZE={max-size/UNLIMTED}]
    [,FILEGROWTH=growth_increment])
```

下面通过示例讲解如何应用 T-SQL 语言管理数据库。

【例 3-4】修改数据库 exdb1 事务日志文件的最大值，由原来的最大值 100MB 更改为 200MB，T-SQL 程序如下。

```
USE exdb1
ALTER DATABASE exdb1
MODIFY FILE(NAME=exdb1_log,SIZE=200MB)
```

注意：对于数据库中数据文件和事务日志文件初始空间大小的修改，新指定的空间大小值不能小于当前文件初始空间的大小值。

2. 使用 SQL Server Management Studio 修改数据库属性

进入 SQL Server Management Studio，展开对象资源管理器，选中并右击要查看的数据库，在弹出的快捷菜单上单击"属性"命令，在"文件"选项卡中可以修改数据库的数据文件名、分配的空间、文件的增长方式及增长限制等信息。

3.3.3　任务三　应用数据库的更名与删除

可以通过使用 T-SQL 语言和 SQL Server Management Studio 工具对应用数据库进行更名和删除。不过，实际项目开发中数据库一旦设计、创建完毕，是不会轻易进行更名操作的。对数据库的更名和删除操作，使用 SQL Server Management Studio 工具较为简单，选中指定数据库并右击，在弹出的快捷菜单上单击"重命名"命令(即可对数据库更名)或"删除"命令即可。下面通过示例说明使用 T-SQL 语句实现数据库的更名和删除。

数据库更名可使用的 T-SQL 语句是 sp_renamedb 系统存储过程，其语法格式如下：

```
sp_renamedb 'old-name', 'new-name'
```

其中，old-name 是数据库的当前名称；new-name 是数据库的新名称。

【例 3-5】 将数据库 exdb1 更名为 exdb0，T-SQL 脚本程序如下。

```
sp_renamedb 'exdb1', 'exdb0'
```

当不再需要某个数据库时，可以将数据库删除，以释放其所占有的磁盘空间，并清除数据库文件。

使用 T-SQL 语句 DROP DATABASE 删除数据库，其语法形式如下。

```
DROP DATABASE database-name
```

【例 3-6】 使用 DROP DATABASE 语句将数据库 exdb0 删除。

```
DROP DATABASE exdb0
```

使用 DROP DATABASE 语句可以一次删除多个数据库，而 SQL Server Management Studio 只能一次删除一个数据库。

注意：正在使用的数据库不能删除，只能删除非正常状态下的数据库(即停止的、被毁坏的数据库)；系统数据库 master、tempdb、model 和 msdb 不能删除；任何时候删除数据库都应备份 master 数据库。

3.4　技能四　掌握设置数据库属性

通过数据库属性查看操作中对主要数据库属性的各个选项含义的了解，可明白这些选项决定着数据库不同部分工作的状态。下面将介绍使用 T-SQL 语句设置数据库的属性，即使用"sp_dboption"存储过程语句来修改数据库的属性选项。

使用存储过程 sp_dboption 可以显示或更改应用数据库选项，但不能对系统数据库 master 或 tempdb 执行 sp_dboption 语句。

sp_dboption 语句的语法形式如下。

```
sp_dboption ['database']['option-name']['value']
```

其中，database 为所要修改属性的指定应用数据库；option-name 为要设置的属性选项的名称，该选项常用的 4 个参数有 Autoshrink(当 value 为 True 时数据库文件将成为自动周期性收缩的候选文件)、Dbo use only(当 value 为 True 时只有数据库所有者可以使用数据库)、Read only(当 value 为 True 时用户仅能读取数据库中的数据而无法对其进行修改)和 Single use(当 value 为 True 时每次只能有一个用户访问数据库)；value 可取值为 True、False，如果省略此参数，sp_dboption 将返回当前设置。

【例 3-7】 将数据库 StudentInformation 首先设置为只读，然后恢复该数据库为可写。

```
use master
exec sp_dboption 'StudentInformation','read only','true'
exec sp_dboption 'StudentInformation','read only','false'
```

小　结

数据库是 SQL Server 2005 存放表、索引等数据库对象的逻辑实体，是实现数据库应用系统的重要载体。本章介绍了 SQL Server 2005 数据库的存储结构，即 SQL Server 数据库组成文件的组织方式和存储体系，分析设计、创建数据库时影响数据库大小的主要因素，并就此给出了合理的建议。利用 T-SQL 语言和 SQL Server Management Studio 工具两种方法，重点以 T-SQL 语句举例，讲述应用数据库的创建、数据库属性及其查看、数据库大小的修改、数据库重命名、数据库删除和数据库属性选项的设置等设计、管理应用。

习题与实训

一、填空题

1．SQL Server 数据库的存储结构是指 SQL Server 数据库组成文件的＿＿＿＿＿＿和＿＿＿＿＿＿。

2．在创建数据库对象时，SQL Server 是通过使用＿＿＿和＿＿＿这两种特定的数据结构给数据库对象分配空间的。

3．T-SQL 语句 CREATE DATABASE exerData 中，exerData 是＿＿＿＿＿＿。

4．在 SQL Server 2005 中，页的大小为＿＿＿，区是＿＿＿个物理上连续的页的集合。

5．使用系统存储过程＿＿＿＿＿＿可以查看指定数据库或所有数据库的信息。

二、选择题

1．记录 SQL Server 2005 实例的所有系统级信息的数据库是(　　　)。

    A．master   B．tempdb   C．msdb   D．model

2．SQL Server 2005 数据库主文件的扩展名是(　　　)。

    A．.ndf   B．.mdf   C．.ldf   D．.sql

3．在修改数据库时不能完成的操作是(　　　)。

    A．添加或删除数据和事务日志文件   B．更改数据库名称

    C．更改数据库的所有者   D．更改数据库的物理路径

4．删除数据库使用的 T-SQL 语句是(　　　)。

    A．CREATE DATABASE   B．ALTER DATABASE

    C．DROP DATABASE   D．DELETE DATABASE

5．在创建或修改数据库时，使用下列(　　　)子句可以指定文件的增长速度。

    A．SIZE   B．MAXSIZE   C．FILEGROWTH   D．FILENAME

三、实训拓展

1．实训内容

(1) 在 SQL Server Management Studio 中创建应用数据库 StudentData，并要求如下设置：

① 物理文件存放在 D:\data 文件夹下。

② 数据文件的增长方式为"按 MB"自动增长,初始大小为 3MB,文件增长量为 1MB,上限为 20MB。

③ 日志文件的增长方式为"按百分比"自动增长,初始大小为 2MB,文件增长量为 10%,上限为 10MB。

(2) 在 SQL Server Management Studio 中查看所创建的应用数据库 StudentData 的属性信息。

(3) 使用 T-SQL 语句对 StudentData 数据库进行如下修改:

① 添加一个日志文件 data_log1。

② 将数据库主要数据文件的增长上限修改为 50MB。.

③ 将主日志文件的增长上限修改为 20MB。

(4) 使用 T-SQL 语句删除 StudentData 数据库。

2. 实训提示

(1) 为使数据库文件存放到指定文件夹下,必须首先创建文件夹(如 D:\data)。

(2) 比较使用 SQL Server Management Studio 工具和 T-SQL 语句两种方式。

第4章 数据库表与索引的设计与管理

【导读】

    应用数据库的开发与创建是数据库逻辑设计的物理实现过程。创建性能优异、结构合理并具有良好扩展性能的数据库，将会为后续基于该数据库开发各种应用程序奠定坚实的基础。在 SQL Server 2005 数据库管理系统中，物理数据存放在表中。针对数据库表的操作主要包括表设计和表中记录的处理，其中表设计指的是如何合理、规范地存储数据；表中记录处理是指如何向表中添加数据、修改已有数据和删除不需要的数据操作。

    用户常需要对数据库进行查询操作，当表中的数据量很大时，搜索数据就需要很长的时间，这就造成了服务器工作效率的下降，主要解决办法就是可以利用索引快速访问数据库表中的特定信息。数据完整性是衡量数据库开发质量优劣的重要标准之一。使用正确的数据库完整性技术，如约束、标识列等，可以保证数据库中数据的正确性、完备性和一致性。

【内容概览】

- 创建数据库表
- 数据库表的管理与操作
- 理解索引
- 索引的创建与管理
- 数据完整性

4.1 技能一 熟练创建数据库表

    表是存放数据库所有数据信息的一种数据库对象，也是存放数据的基本单元。数据在表中是按行和列的组织形式排列的，每一行代表唯一的一条记录，每一列则代表每条记录中的一个域(又称为字段)。在一个应用数据库中往往需要包括各种业务的数据，在设计数据库时，应明确设计需要什么样的表，各个表中都应该包括哪些数据以及各个表之间的关系、存取权限等。数据库表的具体设计主要包括以下内容：

- 表的名称；
- 表中每一列的名称及其数据类型和长度；
- 表中的列是否允许空值、是否唯一、是否要进行默认设置或添加用户定义约束；
- 表中需要的索引的类型和需要建立索引的列；
- 表间的关系，即确定哪些列是主键，哪些列是外键。

    创建表操作有两种方法：使用 T-SQL 语言的 CREATE TABLE 语句和 SQL Server Management Studio 工具程序。SQL Server 2005 默认情况下，只有系统管理员或数据库拥有者能够创建新表(系统管理员或数据库拥有者也可以授权其他用户来完成创建表的工作)。

4.1.1　任务一　应用 SQL Server Management Studio 创建表

数据库中的每个表最多可定义 1024 列。表和列的名称必须遵循 SQL Server 2005 标识符的命名规定，并且必须是唯一的，但同一数据库的不同表中可使用相同的列名。在创建表时，需要定义表中列(字段)的名称，同时还需要定义每列的数据类型和长度。数据类型指定了在每列中存储的数据类型，例如文本、数字、日期等。长度指定了可以向列中输入多少个字符或数字，也可以使用用户自定义数据类型。除此之外，还需要设定表中列是否允许为空，是否设置为标识列。

下面以在学生信息数据库 StudentInformation 中创建"学生基本信息表"为例，介绍如何使用"SQL Server Management Studio"工具实现表的创建，其基本操作步骤如下：

- 启动 SQL Server Management Studio，在对象资源管理器中依次展开"数据库"|"StudentInformation"数据库。
- 右击数据库的"表"节点，选择"新建表"命令(也可以在"摘要"区域右击，选择"新建表"命令)。
- 在如图 4.1 所示的窗口中输入列名、数据类型和是否为空等表的基本信息。可在下部区域的子窗口中输入"表是否自动增长"等列的属性信息。

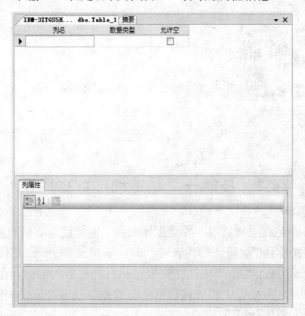

图 4.1　新建表

- 所有列的信息输入完毕，关闭窗口将出现"确认是否保存所创建表"的对话框，单击"是"按钮，打开"选择名称"输入框，输入表名如"学生基本信息表"，则可完成该表的建立。如果在该数据库中已经有同名的表存在，系统会弹出警告对话框，用户需要改名重新保存。

4.1.2　任务二　使用 T-SQL 语言创建表

创建表的 T-SQL 语句是 CREATE TABLE，CREATE TABLE 语句的基本语法形式如下：

```
CREATE TABLE table_name
          (column_name data_type[NULL|NOT NULL][,…n])
```

其中主要参数的含义如下。

- table_name：为新创建表指定的名称；
- column_name：表中列的名称；
- data_type：列的数据类型和宽度；
- NULL|NOT NULL：指定该列是否允许为空；
- [,…n]：允许创建多个字段。

【例 4-1】　在数据库 StudentInformation 中，用 CREATE TABLE 语句创建"学生修课表"，该表有 3 个列：学号、课程号、成绩。

```
use StudentInformation
create table 学生修课表
(
    学号 nchar(12) not null,
    课程号 nchar(10) not null,
    成绩 int not null
)
```

4.2　技能二　掌握数据库表的管理

4.2.1　任务一　数据库表结构的修改

数据库表创建完成之后，由于用户业务需求的变化，或对用户需求分析的不恰当等原因，需要对表的结构进行修改。有关表的修改操作主要包括：增加和删除列，改变列的名称、长度、数据类型，以及改变表的名称等。修改表的结构有两种方法：使用 T-SQL 语句 ALTER TABLE 和使用 SQL Server Management Studio 修改。

1. 使用 ALTER TABLE 语句修改表结构

使用 ALTER TABLE 语句可以为表添加或删除列，也可以修改表的属性。ALTER TABLE 语句的语法格式如下。

```
ALTER TABLE table_name
{[ALTER COLUMN
  column_name{new_data_type[(precision[,scale])][NULL|NOTNULL]}]
  |ADD{[<add_column_name add_data_type>]} [,…n]
  | DROP COLUMN {drop_column_name } [,…n]
}
```

其中主要参数的含义如下。

- column_name：要修改的列名；
- new_data_type：要修改列的新数据类型；
- precision：指定数据类型的精度；
- scale：指定数据类型的小数位数；

- add_column_name：要添加到表中的列名；
- add_data_type：要添加到表中的数据类型；
- drop_column_name：要从表中删除的列名。

【例 4-2】 将"学生修课表"中"学号"字段的长度修改为 18。

```
USE StudentInformation
ALTER TABLE 学生修课表
    ALTER COLUMN 学号 nchar(18) NOT NULL
```

【例 4-3】 在"学生基本信息表"中添加"电子邮件"列。

```
USE StudentInformation
ALTER TABLE 学生基本信息表
    ADD 电子邮件 nchar(20) NULL
```

【例 4-4】 将"学生基本信息表"中添加的"电子邮件"列删除。

```
USE StudentInformation
ALTER TABLE 学生基本信息表
    DROP COLUMN 电子邮件
```

2. 使用 SQL Server Management Studio 修改表的结构

使用 SQL Server Management Studio 修改表结构的主要操作步骤如下。

- 启动 SQL Server Management Studio。
- 在对象资源管理器窗口中依次选择"数据库"、"StudentInformation"、"表"左边的"+"。
- 在要修改的表(假设要修改的表为"学生基本信息表")上右击，在弹出的快捷菜单中选择"设计"命令，出现如图 4.2 所示的窗口。

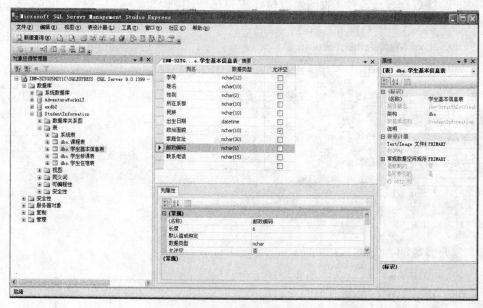

图 4.2　修改表结构

- 如要增加一列，先选择新增加列的位置，然后右击，在弹出的快捷菜单中单击"插入

列"命令，这时窗口会在选定列的前面出现一个空行，用户只要在空行里输入相应的
列信息就可以了。

● 如要删除一列，可在指定删除的列上右击，在弹出的快捷菜单中选择"删除列"命令。

● 如要更改列的名称、数据类型、长度，可以在此窗口上直接修改。

● 修改完成后，单击工具栏上的"保存"按钮即可。

4.2.2　任务二　数据库表的重命名与删除

对应用数据库中某些表可以根据需要进行重命名,也可以对数据库中不再使用的表进行删
除。但要注意，对于要删除的表必须确认今后是否不再使用，而重命名一个表将会导致引用该
表的存储过程、视图、触发器无效。可见，对于表的重命名与删除操作要慎重。对数据库表重
命名或删除操作，可使用 T-SQL 语句和 SQL Server Management Studio 实现。

1. 使用 T-SQL 语句进行

使用系统存储过程 sp_rename 重命名数据库表，语法形式如下：

```
sp_rename table_old_name, table_new_name
```

删除表使用 DROP TABLE 语句。DROP TABLE 命令的语法形式如下：

```
DROP  TABLE  table_name
```

【例 4-5】　在 StudentInformation 数据库中，使用 T-SQL 语句将新添加的"备注说明表"更名
为"备注信息表"。

```
USE StudentInformation
EXEC SP_RENAME '备注说明表','备注信息表'
```

【例 4-6】　在 StudentInformation 数据库中，使用 T-SQL 语句删除"备注信息表"。

```
USE StudentInformation
DROP TABLE 备注信息表
```

2. 使用 SQL Server Management Studio 进行表重命名、删除操作

启动 SQL Server Management Studio，在对象资源管理器窗口上分别选择"数据库"、
"StudentInformation"、"表"左边的"+"，在展开后的表选择指定要重命名或删除的表，右
击，在弹出的快捷菜单上单击"重命名表"或"删除表"命令项，即可完成数据库表的重命名
或删除。

4.2.3　任务三　数据库表中的数据操作

在数据库应用系统开发过程中，数据库表构造完成后，紧接着就是要向具有空白结构的表
中添加数据，并且随着业务操作的需要进行数据的更新和删除。对表中的数据的插入、更新和
删除操作有两种方式：使用 T-SQL 语句和利用 SQL Server Management Studio 工具。

1. 使用 T-SQL 语句完成表中的数据操作

(1) 插入数据。向表中插入数据,使用的 T-SQL 语句是 INSERT INTO 语句。INSERT INTO
语句的基本语法形式如下：

```
INSERT  [INTO]  table_name  [ column_list ]
  {VALUES | (values_list ) | select_statement }
```

其中参数的含义如下。

- table_name：要插入数据的表名；
- column_list：要插入数据的字段名；
- value_list：与 column-list 相对应的字段值；
- select_statement：通过查询向表插入数据的条件语句。

在使用 INSERT INTO 语句向表插入数据时要注意以下几点：

- 当向表中所有的列都插入新数据时，可以省略列名表，但是必须保证 VALUES 后的各数据项位置同表定义时的顺序一致；
- 可以只给部分列赋值，但是没有赋值的列必须是可以为空的列；
- 字符型和日期型值插入时要加入单引号；
- 具有 IDENTITY 属性的列，其值由系统给出，用户不必往表中插入数据。

【例 4-7】 向"学生基本信息表"中插入一行数据，具体数据如下：学号(62008221040)，姓名(杜玲)，性别(女)，所在系部(信息工程系)，民族(汉族)，出生日期(1991-10-15)，政治面貌(团员)，家庭住址(河南省商丘市)，邮政编码(481008)，联系电话(15812345678)。

```
USE StudentInformation
INSERT INTO 学生基本信息表
  VALUES('62008221040','杜玲','女','信息工程系','汉族',
  '1991-10-15','团员','河南省商丘市','481008','15812345678')
```

在使用 INSERT INTO 语句插入数据时，如果省略了字段名列表，那么 VALUES 后数值的顺序一定要与表中定义列的顺序相同，否则插入数据操作不成功，或者插入数据成功但结果不正确。因此，建议插入数据时写上字段名列表。对于添加部分列的操作，在添加前应确认未在 VALUES 列表中出现的列允许不允许为 NULL，只有允许为空的列才可以不出现在 VALUES 列表中。

使用 INSERT 语句一次只能插入一行数据，而在 INSERT 语句中加入查询字句 SELECT，即通过 SELECT 子句从其他表或视图中选出数据，再将其结果插入到指定的表中，可以实现一次插入多行数据。关于 SELECT 语句的详细使用方法将在后续章节中叙述。

(2) 更新数据。在应用数据库系统的运行过程中，常常需要对数据库表中的数据进行修改。SQL Server 2005 对数据的修改是通过 UPDATE 语句实现的。使用 UPDATE 语句不仅可以一次修改一行数据，也可以一次修改多行数据，甚至整张表的数据。无论哪种修改，都要求修改前后的数据类型和数据个数相同。

UPDATE 语句的基本语法格式如下：

```
UPDATA  table-name
SET  column_list=expression
[WHERE search_conditions]
```

其中主要参数的含义如下。

- table_name：要更新数据的表名；
- column_list：要更新数据的字段列表；
- expression：更新后的数据表达式值；

- WHERE search_conditions：更新数据所应满足的条件。

注意：UPDATA 只能针对一张数据库表进行操作，并且更新后的数据必须满足表原先的约束条件，否则数据更新将不会成功。

【例 4-8】 将例 4-7 插入的一行数据中杜玲的政治面貌由"团员"改为"预备党员"。

```
USE StudentInformation
UPDATE 学生基本信息表
  SET 政治面貌='预备党员'
  WHERE 学号='62008221040'
```

这里的 WHERE 条件用的是"学号"字段(学号能够唯一地表示一个学生)，如果用姓名作为更新条件，当表中存在两个学生的名字都是"杜玲"时，数据更新就会发生错误。

(3) 删除数据。当数据库表中的数据信息不再需要时，就可以将其删除，以释放存储空间。对表中数据的删除是用 DELETE 语句实现的。DELETE 语句的基本语法形式如下：

```
DELETE [FROM] table_name
  [WHERE search_conditions]
```

注意：若省略 WHERE 子句，将会删除指定数据表中的所有记录。

【例 4-9】 删除"学生基本信息表"中姓名是"杜玲"(学号为 62008221040)的数据信息。

```
USE StudentInformation
DELETE FROM 学生基本信息表
  WHERE 学号='62008221040'
```

2. 使用 SQL Server Management Studio 进行表中数据的操作

启动 SQL Server Management Studio，分别单击对象资源管理器窗口中"数据库"、"StudentInformation"、"表"左边的"+"，在要操作的指定表上右击(例如"学生基本信息表")，在弹出的快捷菜单上单击"打开表"命令，系统将弹出如图 4.3 所示的窗口。

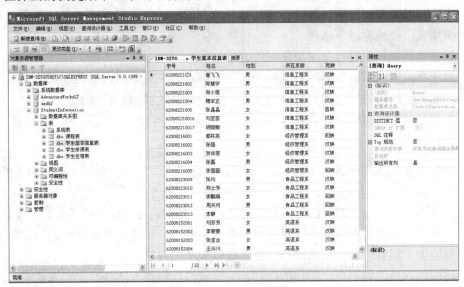

图 4.3　打开"学生基本信息表"

用户可以在窗口中指定记录行的某一列上,对此单元格数据进行修改;也可以选择指定的行右击,在弹出的快捷菜单上选择"删除"命令,将该条记录删除。如果把光标定位在一个新的空行上,就可以添加新的数据了。但要注意,为保证数据库数据的完整性,表中的列经常是带有约束的,如数据类型、空值约束、CHECK 约束(如取值范围)等,无论是修改数据,还是插入新数据,都必须遵循约束的限制,否则修改或插入数据就可能不成功。

4.3 技能三 理解索引

4.3.1 任务一 索引的概念及其分类

SQL Server 2005 数据库中的索引与图书中的目录相似。使用一本书的目录,可以快速查找到所需信息的位置而无需从头阅读整本书。在数据库中,使用索引可以使数据库应用程序不必对整张数据库表进行扫描,快速在其中定位到所查找的数据。书中的目录是一个标题词语的列表,注明了该主题的页码。数据库中的索引是指某个表中一列或者若干列值的集合,和相应的指向表中物理标识这些值的数据页的逻辑指针清单。

根据索引的顺序与数据表的物理顺序是否相同,可以把索引分成两种类型:聚集索引与非聚集索引。

1. 聚集索引

使用聚集索引(Clustered Index),那么索引表的顺序和数据表的物理顺序相同,索引表根据物理表中的一列或多列值的组合排列记录。每个数据表只能有一个聚集索引,因为一个数据表中的记录只能以一种物理顺序存放。通常情况下使用的都是聚集索引。

例如,图书馆中存放着许多图书,这些书可以按照作者顺序存放、按照书名顺序存放,也可以按照书的出版社排序存放。假设现在图书馆中这些书的存放顺序是杂乱无章的,那么在书名列上建立了聚集索引,这些书就将按照书名的一定顺序重新排放而变得规则起来。

聚集索引有利于范围搜索。由于聚集索引的顺序与数据行存放的物理顺序相同,聚集索引最适合一定范围的搜索。因为相邻的行将被物理地存放在相同或相邻近的存储页面上。

创建聚集索引应注意以下事项:
- 每张数据表只能有一个聚集索引;
- 由于聚集索引要改变表的物理顺序,因此需先建聚集索引,后建非聚集索引;
- 创建索引所需的空间来自用户数据库,而不是 tempdb 系统数据库;
- 主键是聚集索引的良好候选者。

2. 非聚集索引

对于非聚集索引(Nonclustered Index),数据表的物理顺序与索引顺序不同,即表的数据并不是按照索引列排序的。索引是有序的,而表中的数据是无序的。一个表可以同时存放聚集索引和非聚集索引,并且一个表可以有多个非聚集索引。例如,对记录网站活动的日志表可以建立一个对日期时间的聚集索引和多个对用户的非聚集索引。创建非聚集索引的注意事项如下:
- 创建非聚集索引实际是创建一个表的逻辑顺序的对象;
- 索引包含指向数据页上的行的指针,一张表可以创建多达 249 个非聚集索引;
- 创建索引时,默认为非聚集索引。

4.3.2　任务二　有关索引使用的建议

缺少索引、索引设计不佳将是提高数据库及应用程序性能的主要障碍。设计高效的索引对于获得良好的数据库和应用程序性能极为重要。为数据库及其工作负荷选择正确的索引，是一项需要在查询速度与更新所需开销之间取得平衡的复杂任务。如果索引较窄，即索引关键字中只有很少的几列，则需要的磁盘空间和维护开销都较少。另外，宽索引可覆盖更多的查询，但需要的磁盘空间和维护开销较多。在数据库应用系统开发过程中，往往可能需要试验若干不同的设计，才能找到最有效的索引。

如果在表中的一个列上创建索引，该列就称为索引列。索引列中的值称为关键字值。考虑建索引列的因素，主要包括以下内容。

- 主键。通常检索、存取表是通过主键来进行的，因此应该考虑在主键上建立索引。
- 连接中频繁使用的列。用于连接的列若按顺序存放，系统可以很快地执行连接。
- 在某一范围内频繁搜索的列和按顺序频繁检索的列。
- 了解查询中使用列的特征。例如，某个索引是建立在含有整数数据类型，同时还是唯一的或非空的列，那么该索引列就是较为理想的。

由于索引的使用需要占用数据库的空间，表越大，建立的包含该表的索引也就越大。当一个含有索引的表被改动时，改动数据的速度会减慢，因此不要在表中建立太多且很少用到的索引。

4.4　技能四　掌握索引的创建与管理

SQL Server 2005 中，创建、管理索引的方法有两种：使用 T-SQL 语句和使用 SQL Server Management Studio 工具。

4.4.1　任务一　使用 T-SQL 语句创建与管理索引

1. 使用 T-SQL 语句创建索引

创建索引可使用 CREATE INDEX 语句，其基本语法格式如下：

```
CREATE [UNIQUE] [CLUSTERED|NONCLUSTERED] INDEX  index_name
    ON table_name(column_name [ASC|DESC][,…n])
    [WITH [PAD_INDEX][[,]FILLFACTOR=fillfactor][[,]DROP_EXISTING]]
```

该语句是创建一个指定名称的索引，并且指定生成索引的表、被索引的列及索引的一些性能参数，如填充因子等。其中主要参数的含义如下。

- UNIQUE：指定创建的索引是唯一索引。如果不使用这个关键字，创建的索引就不是唯一索引。
- CLUSTERED|NONCLUSTERED：指定被创建索引的类型。使用 CLUSTERED 创建的是聚集索引，使用 NONCLUSTERED 创建的是非聚集索引，这两个关键字中只能选其中一个。
- index_name：指定新创建索引的名字。
- table_name：创建索引所基于的表的名字。

- column_name：索引中包含的列的名字。
- ASC|DESC：确定某个具体的索引列是升序还是降序排序。默认设置为 ASC 升序。
- PAD_INDEX 和 FILLFACTOR：填充因子，指定 SQL Server 创建索引的过程中，各索引页的填满程度。
- DROP_EXISTING：删除先前存在的、与创建索引同名的聚集索引或非聚集索引。
- 唯一索引是指不允许两行具有相同的索引值，一般在创建主键约束和唯一约束时自动创建唯一索引。在实际数据库开发中，经常会使用到唯一索引。因为一个数据表中可能会有很多列的列值需要保证其唯一性，如身份证号等，可在这些列上创建唯一索引。

【例 4-10】 在数据库 StudentInformation 的"学生基本信息表"中的"学号"列上创建一个唯一性聚集索引 student_id_index，升序排列，填充因子 50%。

```
USE StudentInformation
CREATE UNIQUE CLUSTERED INDEX student_id_index
    ON 学生基本信息表(学号 ASC)
    WITH FILLFACTOR=50
```

有些索引根据需要建立在两个或多个列上，这些由两列或更多列组成的索引称做"复合索引"。复合索引将把复合列作为一个整体进行搜索。创建复合索引中的列序不一定与表定义列序相同。

【例 4-11】 在数据库 StudentInformation 的"学生修课表"中创建非聚集复合索引 student_course_index，索引关键字为"学号"、"课程号"，升序排列，填充因子 50%。

```
USE StudentInformation
CREATE NONCLUSTERED INDEX student_course_index
    ON 学生修课表(学号 ASC,课程号 ASC)
    WITH FILLFACTOR=50
```

创建复合索引，在使用该索引的过程中应注意以下几点：

- 查询语句的 WHERE 子句必须引用复合索引的第 1 列，以便让查询优化程序使用该复合索引。
- 被查询表中需要频繁访问的列应考虑建复合索引以提高查询性能。
- 在一个复合索引中索引列最多可组合 16 列。
- 列的顺序很重要，应首先定义最具有唯一性的列，(columnl,column2)上的索引不同于 (column2,column1)上的索引。
- 使用复合索引能增强查询性能，并减少表上创建索引的数量。

2. 使用 T-SQL 语句管理索引

(1) 查询索引。在创建索引之前或在创建索引之后，可以用 sp_helpindex 或 sp_help 系统存储过程查看表的索引。

【例 4-12】 用系统存储过程 sp_helpindex 查看数据库 StudentInformation 中"学生修课表"的索引信息。

```
USE StudentInformation
EXEC SP_HELPINDEX 学生基本信息表
```

(2) 对索引更名。在创建索引之后，可以用 sp_rename 系统存储过程重新命名表的索引。

【例 4-13】　用系统存储过程 sp_rename 将数据库 StudentInformation 中"学生修课表"的索引 student_id_index 重新命名为 student_number_index。

```
USE StudentInformation
EXEC SP_RENAME '学生基本信息表.student_id_index','学生基本信息表.student_
number_index'
```

注意：要重命名的索引要以"表名.索引名"的形式给出。

(3) 删除索引。在创建索引之后，如果不再需要该索引，可以用"DROP INDEX table.index_name"语句将其删除。

【例 4-14】　删除数据库 StudentInformation 中"学生修课表"的索引 student_id_index。

```
USE StudentInformation
DROP INDEX 学生基本信息表.student_id_index
```

注意：被删除的索引要以"表名.索引名"的形式给出；删除索引时，如果索引是在 CREATE TABLE 语句中创建的，只能用 ALTER TABLE 语句删除索引；如果索引是用 CREATE INDEX 创建的，可用 DROP INDEX 删除。

4.4.2　任务二　使用 SQL Server Management Studio 管理索引

管理索引不仅可以使用 T-SQL 语句，还可以使用 SQL Server Management Studio 创建、查看、重命名及删除索引。

1. 添加索引

以 StudentInformation 数据库为例，添加索引操作的具体步骤如下：

● 启动 SQL Server Management Studio，在对象资源管理器窗口中依次展开"数据库"|"StudentInformation"|"表"|"学生基本信息表"节点。

● 右击"索引"项，在弹出的快捷菜单上选择"新建索引"命令，系统将弹出"新建索引"窗口，如图 4.4 所示。在该窗口中，"索引名称"对应文本框中输入索引名称，并选择索引类型及是否唯一索引。单击"添加"按钮选择要添加到索引键的表列，系统打开"选择列"窗口，在该窗口中选择要添加的索引键；设置完成后，单击"确定"按钮，索引创建完成。

● 选择图 4.4 左上角的"选项"页，可以进行其他设置。"忽略重复的值"：指定能否将重复的键值插入作为聚集索引或非聚集索引一部分的列中。如果选中此选项，当 INSERT 语句要创建一个重复的键时，Microsoft SQL Server 会发出警告，并忽略重复的行。如果不选中此选项，SQL Server 会发出错误消息，并且回滚 INSERT 操作。如果索引不是唯一索引，此选项不可用。"设置填充因子"：指定在创建索引时 SQL Server 对各索引页的叶级填充的程度。填充因子的值可以为 1～100。默认值从数据库属性中读取。

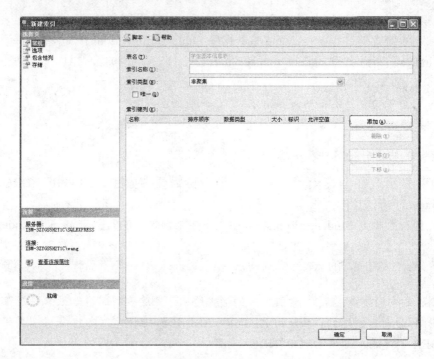

图 4.4　新建索引

2.　更名索引

对数据库表中已经存在的索引更名，可按如下步骤进行：

- 启动 SQL Server Management Studio。
- 在对象资源管理器窗口中分别展开"数据库"|"StudentInformation"|"表"|"学生基本信息表"|"索引"节点。
- 选择要更名的索引，右击，在弹出的快捷菜单上，选择"重命名"命令。
- 将原有的索引名称更改为新的索引名称即可。

3.　删除索引

删除数据库表中一个已经存在而不再使用的索引，可按如下步骤进行：

- 启动 SQL Server Management Studio。
- 在对象资源管理器窗口中分别展开"数据库"|"StudentInformation"|"表"|"学生基本信息表"|"索引"节点。
- 选择要删除的索引，右击，在弹出的快捷菜单上，选择"删除"命令。
- 在出现的"删除对象"对话窗口中单击"确定"按钮即可。

4.5　技能五　掌握数据完整性及其应用

4.5.1　任务一　数据完整性概念

数据完整性是指存放在数据库中的数据要满足应用系统的业务规则，从而保证数据库中数据的正确性、完备性和一致性。例如，学生修课表中的学号必须在学生基本信息表存在、性别字段取值范围在{男，女}。这样，数据库表的列不仅要有正确的数据类型，还要有正确的取值。数据完整性是衡量数据库开发质量优劣的重要标准之一。

在用 INSERT、DELETE、UPDATE 语句修改数据库内容时，数据的完整性有时可能会遭到破坏而出现下列情况：无效的数据被添加到数据库的表中，如将学生考试成绩输入成负数；对数据库的修改不一致，如在一个表中修改了某学生的学号，但该学生的学号在另外一个表中却没有得到修改；将操作的数据修改为无效的数据，如将某学生的班级号修改为并不存在的班级号。

为了解决类似的问题，保证数据的一致性和正确性，SQL Server 2005 提供了对数据库中表、列实施数据完整性的方法。在 SQL Server 2005 关系数据库中，数据完整性分为 4 种类型：实体完整性、域完整性、引用完整性和用户自定义完整性。

1. 实体完整性

实体完整性(即表的完整性)是指数据库表中所有的行数据唯一存在。也就是要求表中的所有行都有一个唯一的标识符即主键，该主键的取值可能是基于一列或是几列的组合，这样可保证表中主键在所有行上取值唯一。实施实体完整性的方法有：索引、UNIQUE 约束、PRIMARY KEY 约束或 IDENTITY 属性。

如学生基本信息表中每行记录"学号"列的取值必须唯一，这样就可以唯一地标识相应记录所代表的学生信息(学号重复是非法的)不能使用学生的"姓名"列作为主键，因为很可能存在两个重名的学生。

2. 域完整性

域完整性(即列的完整性)是指数据库表列输入的有效性，用于限制向数据表中输入数据的范围。实施域完整性的方法有限制类型(通过设定列的数据类型)、格式(通过 CHECK 约束和规则)或可能值的范围(通过 FOREIGN KEY 约束、CHECK 约束、DEFAULT 定义、NOT NULL 定义和规则)。 如学生的考试成绩必须在 0～100 之间，性别只能是"男"或"女"。

3. 参照完整性

参照完整性(即引用完整性)可保证主关键字(被引用表)和外部关键字(引用表)之间的参数关系，外键值将"引用表"中包含此外键的记录和"被引用表"中主键相匹配的记录关联起来。这样就可以实现两个或两个以上表数据的一致性维护。在插入、更改或删除记录时，参照完整性基于表之间已定义的关系，确保键值在所有的表中一致，以此确保不会引用不存在的值(即如果键值更改了，那么在整个数据库中对该键值的所有引用要进行一致的更改)。

4. 用户自定义完整性

用户自定义完整性主要体现在具体应用系统的业务规则中。例如，在"学生基本信息表"中"学号"列的长度必须为 18 位等。用户自定义的完整性可以通过前面 3 种完整性的实施得到维护。

4.5.2　任务二　实现数据完整性的主要技术

1. 约束

(1) 约束的概念。约束(CONSTRAINTS)是强制数据完整性的首选方法，定义了列中允许值的规则，是强制实施完整性的标准机制。约束有 6 种类型：非空约束、默认约束、检查约束、主键约束、唯一约束、外键约束。

- 非空约束(NOT NULL)：表中某些列必须存在有效值，不允许有空值出现。这是最简单的数据完整性约束，其实现简单，在建表时将该列声明为 NOT NULL 即可。
- 默认约束(DEFALUT CONSTRAINTS)：当数据库中的表插入数据时，如果用户没有明确给出某列的值，SQL Server 2005 自动为该列输入指定值。
- 检查约束(CHECK CONSTRAINTS)：限制插入列中的值的范围。
- 主键约束(PRIMARY KEY CONSTRAINTS)：要求主键的列上没有两行具有相同的值，也没有空值。
- 唯一约束(UNIQUE CONSTRAINTS)：要求表中所有行在指定的列上没有完全相同的列值。
- 外键约束(FROEIGN KEY CONSTRAINTS)：要求正被插入或更新的列(外键)的新值，必须在被参照表(主表)的相应列(主键)中已经存在。

约束可以用 T-SQL 的 CREATE TABLE 语句或 ALTER TABLE 语句创建，也可以用 SQL Server Management Studio 创建。

(2) 使用 T-SQL 语言创建、管理约束。创建、管理约束使用 CREATE TABLE、ALTER TABLE 语句，其主要语法格式如下：

```
CREATE TABLE table_name
    (column_name data_type
        [[CONSTRAINT constraint_name]
        {PRIMATY KEY [CLUSTERED| NONCLUSTERED]
        | UNIQUE[ CLUSTERED | NONCLUSTERED]
        | [FOREIGN KEY ] REFERENCES ref_table [(ref_column)]
        | DEFAULT constant_expression
        |CHECK(logical_expression)}
        ][,…n]
    )

ALTER TABLE table_name
    ADD| DROP CONSTRAINT constraint_name
        {PRIMATY KEY [CLUSTERED| NONCLUSTERED]
        | UNIQUE[ CLUSTERED | NONCLUSTERED]
        | [FOREIGN KEY ] REFERENCES ref_table [(ref_column)]
        | DEFAULT constant_expression
        |CHECK(logical_expression)}
        ][,…n]
```

其中主要参数的含义如下：
- table_name：创建约束所在的表的名称；
- column_name：列名；
- data_type：数据类型；
- constraint_name：约束名。

说明：在创建、修改、实现约束时，可以在数据库中已有的表上创建、修改、删除约束，而不必删除并重建表；在给表添加约束时，SQL 将验证表中已有数据是否满足正在添加的约束。

① 默认约束(DEFAULT)。默认约束是指当向数据库表插入数据时，如果用户没有明确给出某列的值，SQL Server 2005 自动为该列赋值。默认约束用于实现域的完整性。

【例 4-15】 为数据库 StudentInformation 中"学生基本信息表"的"政治面貌"列创建一个默认约束 default_politics，默认值为"团员"。

```
USE StudentInformation
ALTER TABLE 学生基本信息表
    ADD CONSTRAINT default_politics DEFAULT '团员' FOR  政治面貌
```

② 检查约束(CHECK)。检查约束主要用于实现域完整性，用来指定表中某列可取值的集合或可取值的范围。当向数据库中的表执行更新操作时，将检查插入的新列值是否满足 CHECK 约束条件。

【例 4-16】 为数据库 StudentInformation 中"学生修课表"的"成绩"字段创建一个检查约束 check_score，使课程成绩取值范围在 0～100 之间。

```
USE StudentInformation
ALTER TABLE 学生修课表
    ADD CONSTRAINT check_score CHECK (成绩>=0 AND 成绩<=100)
```

③ 主键约束(PRIMARY KEY)。主键约束保证某一列或一组列值的组合相对于表中每一行都是唯一的，这些列就是该表的主键。一个表只能有一个 PRIMARY KEY 约束，并且 PRIMARY KEY 约束中的列不能接受空值。由于 PRIMARY KEY 约束可保证数据的唯一性，因此经常对"标识列"定义这种约束。

创建 PRIMARY KEY 约束时应注意每个表只能有一个主键，不允许有空值；创建主键时，在创建主键的列上创建了一个唯一索引，可以是聚集索引，也可以是非聚集索引，默认是聚集索引。

【例 4-17】 将数据库 StudentInformation 中"学生基本信息表"的"学号"字段设为主键 pk_student_id。

```
USE StudentInformation
ALTER TABLE 学生修课表
    ADD CONSTRAINT pk_student_id PRIMARY KEY CLUSTERED(学号)
```

④ 唯一约束(UNIQUE)。创建 UNIQUE 约束可以确保在非主键列中不输入重复的值。尽管 UNIQUE 约束和 PRIMARY KEY 约束都强制唯一性，但想要强制一列或多列组合(不是主键)的唯一性时，应使用 UNIQUE 约束而不是 PRIMARY KEY 约束。

可以对一个表定义多个 UNIQUE 约束，但 PRIMARY KEY 约束只能定义一个。UNIQUE 约束允许 NULL 值，这一点与 PRIMARY KEY 约束是不同的。不过，当和参与 UNIQUE 约束的任何列一起使用时，每列只允许一个空值。

【例 4-18】将数据库 StudentInformation 中的"课程表"的"课程号"字段设为唯一约束 unique_course_id。

```
USE StudentInformation
ALTER TABLE 学生修课表
    ADD CONSTRAINT unique_course_idUNIQUE NONCLUSTERED(课程号)
```

⑤ 外键约束(FOREIGN KEY)。外键(FOREIGN KEY)是用于建立和加强两个表数据之间链接的一列或多列。当创建或修改表时，可通过定义 FOREIGN KEY 约束来创建外键。在外键引用中，当一个表的列被引用作为另一个表的主键值的列时，就在两表之间创建了链接。这个列就成为第二个表的外键。

FOREIGN KEY 约束不仅可以与另一表的 PRIMARY KEY 约束相链接，还可以定义为引用另一表的 UNIQUE 约束。FOREIGN KEY 约束可以包含空值，但是，如果任何组合 FOREIGN KEY 约束的列包含空值，则将跳过组成 FOREIGN KEY 约束的所有值的验证。若要确保验证了组合 FOREIGN KEY 约束的所有值，应将所有参与列指定为 NOT NULL。

【例 4-19】 在数据库 StudentInformation 中，为表"学生修课表"的"学号"列创建外键，该外键参照表"学生基本信息表"中的主键列"学号"。

```
USE StudentInformation
ALTER TABLE 学生修课表
    ADD CONSTRAINT fk_student_id
    FOREIGN KEY(学号)    REFERENCES 学生基本信息表(学号)
```

(3) 使用 SQL Server Management Studio 管理约束。

① 默认约束(DEFAULT)。使用 SQL Server Management Studio 管理默认约束的具体步骤如下。

● 启动 SQL Server Management Studio。

● 在对象资源管理器窗口上依次选择"数据库"|"StudengInformation"，展开 "表"左边的"+"。

● 选择指定的表，右击，在弹出的快捷菜单上单击"设计"命令，出现如图 4.5 所示的窗口。

图 4.5 表设计窗口

● 选择要设置默认的列，在其"默认值或绑定"输入框中输入其默认值或修改已有值即可。

② 检查约束(CHECK)。使用 SQL Server Management Studio 管理检查约束的具体步骤如下。

- 打开如图 4.5 所示的窗口，在上部空白子窗口中右击，在弹出的快捷菜单中选择 "CHECK 约束"命令，单击"添加"按钮，出现如图 4.6 所示的"CHECK 约束"对话框，系统给出默认的约束名，在约束表达式窗格输入约束条件。

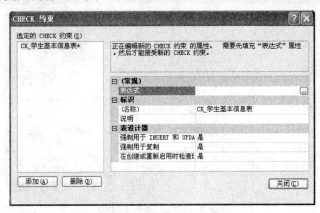

图 4.6　"CHECK 约束"对话框

- 约束条件输入完成后，单击"关闭"按钮，CHECK 约束创建完成。

如需删除已创建的 CHECK 约束，只需在如图 4.6 所示的对话框中选择要删除的约束，单击"删除"按钮即可。

③ 主键约束(PRIMARY KEY)。使用 SQL Server Management Studio 创建主键约束的具体步骤如下。

- 打开如图 4.5 所示的窗口，选择要设置为主键的字段，右击，在弹出的快捷菜单中选择"设置主键"命令，如图 4.7 所示。

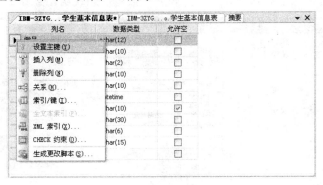

图 4.7　设置主键

- 单击"关闭"按钮，主键设置完成。

如需设置多个字段为主键，则先选择这些要设为主键的字段，右击，在弹出的快捷菜单上选择"设置主键"命令。如需取消主键的设置，只需在已设为主键的字段上右击，在弹出的快捷菜单上单击"移除主键"命令，即可取消此字段主键的设置。

④ 唯一约束(UNIQUE)。使用 SQL Server Management Studio 创建唯一约束的具体步骤如下。

- 打开如图 4.5 所示的窗口，在上部空白子窗口中右击，在弹出的快捷菜单中选择"索引/键"命令，出现如图 4.8 所示的对话框。系统给出默认的唯一性约束名，在常规项"列"对应的输入框选择要创建唯一性约束的列名及排序顺序或单击其右边的"…"按钮选择要创建的唯一性列名及排序顺序；在"是唯一的"下拉框中选择"是"。

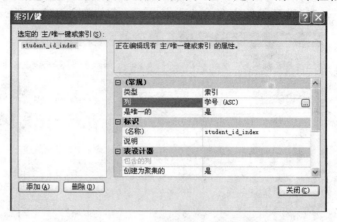

图 4.8 "索引/键"对话框

● 单击"关闭"按钮，唯一性约束创建完成。

如需删除已创建的唯一性约束，只需在如图 4.8 所示的窗口中选择要删除的唯一约束，单击"删除"按钮即可。

⑤ 外键约束(FOREIGN KEY)。以例 4-19 的内容为例，使用 SQL Server Management Studio 创建外键约束的具体步骤如下。

● 选择"StudentInformation"数据库的"学生修课表"，打开如图 4.5 所示的窗口，在上部空白子窗口中右击，在弹出的快捷菜单中选择"关系"命令，将弹出如图 4.9 所示的"外键关系"对话框。单击"添加"按钮，系统给出默认的关系名。

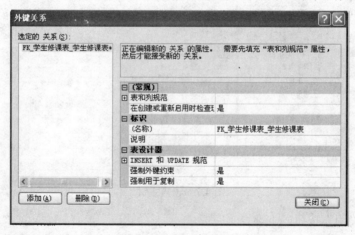

图 4.9 "外键关系"对话框

● 单击"表和列规范"左边的"+"，再单击"表和列规范"右边的"…"按钮，系统弹出如图 4.10 所示的"表和列"对话框。

● 在"表和列"窗口上选择参考主键的表名"学生基本信息表"、表中的主键以及表"学生修课表"中设置外键的列名。

● 单击"关闭"按钮，外键约束创建完成。

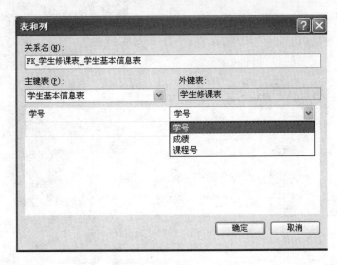

图 4.10　"表和列"对话框

2．使用标识列

(1) 标识列的定义。标识列(IDENTITY)属性，就是在表中创建一个自动编号的特殊列，并为该列设定起始值和步长，随着对表的操作，SQL Server 2005 数据库服务器会自动为新增加的行中的 IDENTITY 列设置一个唯一编号的行序号(编号自动按步长增长)。IDENTITY 列的值可以唯一地标识表中的一行，从而实现数据的完整性。

(2) 使用 T-SQL 语言定义标识列。定义标识列的 T-SQL 使用 ALTER TABLE 语句，其语法形式为

```
ALTTER TABLE table_name
    ADD column_name data_type IDENTITY(seed, increment)
```

其中主要参数含义如下。

- table_name：要添加标识列的表名。
- column_name：要添加标识列的名称。
- data_type：要添加标识列的数据类型。
- seed：标识列的起始值。
- increment：标识列的步长。

【例 4-20】　在数据库 StudentInformation 的"学生基本信息表"中添加一个标识列 Student_Number，种子值为 1，步长为 1。

```
USE StudentInformation
ALTER TABLE 学生基本信息表
    ADD Student_Number  int IDENTITY(1,1)
```

(3) 使用 SQL Server Management Studio 定义标识列。使用 SQL Server Management Studio 定义标识列的基本操作步骤如下。

- 启动 SQL Server Management Studio，在对象资源管理器窗口上依次选择"数据库"｜"StudengInformation"，展开"表"左边的"+"。选择指定的表("学生基本信息表")右击，在弹出的快捷菜单中单击"设计"命令。
- 在"学号"列前插入空白列，输入列名"Student_Number"，类型为"int"，在下方

"列属性"子窗口中将"标识规范(是标识)"选择"是",分别在"标识增量"中输入"1"、"标识种子"中输入"1",如图 4.11 所示。

● 关闭并保存该表的设计即可。

图 4.11　添加标识列

小　　结

表是存放数据库所有数据信息的一种数据库对象,也是存放数据的基本单元。分别通过 T-SQL 语言的编程语句和 SQL Server Management Studio 系统管理工具两种方式详细介绍了数据库表的设计创建、表结构的修改、表的重命名与删除实现,以及对数据库表的插入、更新和删除数据记录的功能操作。

经验丰富的数据库管理员能够设计出好的索引集,但是,即使对于不是特别复杂的数据库和工作负荷来说,这项任务也十分复杂、耗时和易于出错。了解数据库、查询和数据列的特征可以帮助开发者设计出最佳索引。本章在介绍索引概念的基础上,分别利用 T-SQL 语言的编程语句和 SQL Server Management Studio 系统管理工具两种方式说明了索引的创建及管理。

强制数据完整性可保证数据库中数据的质量,是考核开发基于 SQL Server 2005 的数据库应用系统优劣的重要标准之一。本章通过实例详解介绍了各种类型的约束、标识列等主要技术,及其如何实现数据的完整性。

习题与实训

一、填空题

1. 数据在表中是按_____和_____的组织形式排列的。

2. 创建表操作有两种方法:使用 T-SQL 语言的_____语句和 SQL Server Management

Studio 工具程序。

3．在创建表时，需要定义表中列(字段)的名称，同时还需要定义每列的_____和_____。

4．根据索引的顺序与数据表的物理顺序是否相同，可以把索引分成两种类型：_____与_____。

5．如果在表中的一个列上创建索引，则该列就称为索引列，索引列中的值称为_____。

6．数据完整性是指存放在数据库中的数据要满足应用系统的业务规则，从而保证数据库中数据的_____、_____和_____。

7．在 SQL Server 2005 关系数据库中，数据完整性分为 4 种类型：_____、_____、_____和用户自定义完整性。

8．约束定义了列中允许值的规则。约束有 6 种类型：_____、_____、_____、_____、_____、_____。

二、选择题

1．使用下列哪种 T-SQL 语句可以创建数据库表？(　　)
   A．CREATE DATABASE　　　　B．ALTER DATABASE
   C．CREATE TABLE　　　　　　D．ALTER TABLE

2．使用下列哪种 T-SQL 语句可以修改数据库表？(　　)
   A．CREATE DATABASE　　　　B．ALTER DATABASE
   C．CREATE TABLE　　　　　　D．ALTER TABLE

3．使用下列哪种 T-SQL 语句可以删除数据库表？(　　)
   A．CREATE DATABASE　　　　B．DROP DATABASE
   C．CREATE TABLE　　　　　　D．DROP TABLE

4．更新数据库记录使用的 T-SQL 语句是(　　)。
   A．INSERT　　　B．UPDATE　　C．DELETE　　D．CREATE

5．每个数据库表可以创建(　　)个聚集索引。
   A．1　　　　B．2　　　　C．3　　　　D．4

6．在创建索引之后，可以用系统存储过程(　　)重新命名表的索引。
   A．sp_rename　　　　　　B．sp_help
   C．sp_helpindex　　　　　D．sp_helptext

7．使用下列哪种 T-SQL 语句可以创建索引？(　　)
   A．CREATE DATABASE　　　B．CREATE INDEX
   C．CREATE TABLE　　　　　D．ALTER TABLE

8．下列(　　)数据完整性可以将每条数据库记录定义为表中的唯一实体。
   A．域完整性　　　　　　B．引用完整性
   C．实体完整性　　　　　D．用户自定义完整性

9．唯一约束和主键约束是(　　)数据完整性的体现。
   A．域完整性　　　　　　B．引用完整性
   C．实体完整性　　　　　D．用户自定义完整性

10. 下列( )关键字是用来创建外键约束的。

A. PRIMARY
B. UNIQUE
C. CHECK
D. FOREIGN KEY

三、实训拓展

1. 实训内容

(1) 在 SQL Server Management Studio 中创建应用数据库 BookData，并完成以下操作：

① 创建图书类别表 BookType、图书信息表 BookInfo、出版社表 Publisher、读者表 ReaderInfo 和借还表 BorrowReturn。

② 根据 BookData 数据库表的实际业务流程及表间的关系，向表添加指定的约束。

③ 向各表添加记录数据。

④ 删除所有的表。

(2) 使用 T-SQL 语句实现以下功能：

① 创建图书类别表 BookType、图书信息表 BookInfo、出版社表 Publisher、读者表 ReaderInfo 和借还表 BorrowReturn。

② 根据 BookData 数据库表的实际业务流程及表间的关系，向表添加指定的约束。

③ 向各表添加记录数据。

2. 实训提示

在使用 SQL Server Management Studio 工具完成各项操作时，记录好数据库的状态。使用 T-SQL 语句完成各种功能时，将完成功能的 SQL 语句保存到文件。

第 5 章　数据查询设计

【导读】

数据查询，就是对已经存在于数据库中的数据按特定的组合、条件或次序进行检索。数据查询功能是数据库应用最为基本而重要的功能，从而实现了应用程序或数据库管理员对数据的操纵，即从表中检索数据、向表中插入或更新数据，或是从表中删除数据等。应用程序每次与SQL Server 进行数据交互时，实质都是在执行一个查询。查询可以一次性地执行，也可以保存下来，以后多次批量执行。数据查询是数据库管理员及应用程序与 SQL Server 数据库进行交互的主要手段。

【内容概览】

- 应用 SELECT 进行简单查询
- SELECT 语句的高级查询
- 用户自定义函数在数据查询中的应用
- 数据查询优化的方法

5.1　技能一　熟练应用 SELECT 语句进行简单查询

数据查询基本的实现方式是使用 T-SQL 语言中的 SELECT 语句，该语句从 SQL Server 数据库中检索出数据，然后以一个或多个结果集的形式返回给用户。结果集是对来自 SELECT 语句数据的表格排列，由行和列组成。使用 SELECT 语句可以得到经过分类、统计、排序后的查询结果，还可以设置或显示系统信息、给局部变量赋值等。虽然 SELECT 语句的完整语法较复杂，但 SELECT 语句中的各子句是可选、独立使用的。

SELECT 语句的基本语法形式如下：

```
SELECT  [ALL | DISTINCT] column_list [ INTO new_table_name]
    FROM table_list
    [WHERE search_condition]
    [GROUP BY group_by_list]
    [HAVING search_condition]
    [ORDER BY order_list [ASC|DESC] ]
```

SELECT 语句中各子句的说明如下。

- ALL|DISTINCT：ALL 指定在结果集中可以包含重复行，ALL 是默认设置；关键字 DISTINCT 指定 SELECT 语句的检索结果不包含重复的行。
- column_list：描述结果集中出现的列(由逗号分隔的表达式的列表)。
- INTO new_table_name：指定查询的结果集存放到一个新表中，new_table_name 为指

定新表的名称。

- FROM table_list：用于指定产生检索结果集的源表的列表。这些表包括 SQL Server 服务器中的基表、SQL Server 中的视图、链接表。
- WHERE search_condition：用于指定检索的条件，定义了源表中的数据进入结果集所要满足的条件，只有满足条件的行才能出现在结果集中。
- GROUP BY group_by_list：HAVING 子句根据 group_by_list 列中的值将结果集分成组。
- HAVING search_condition：HAVING 子句是应用于结果集的附加筛选器。从逻辑上讲，HAVING 子句从中间结果集中进行筛选，这些中间结果集是由 SELECT 语句中的 FROM、WHERE 或 GROUP BY 子句创建的。HAVING 子句通常与 GROUP BY 子句一起使用，尽管 HAVING 子句前面不必有 GROUP BY 子句。
- ORDER BY order_list[ABC|DESC]：ORDER BY 子句定义结果集中的行排列的顺序。order_list 指定依据哪些列来进行排序。ASC 和 DESC 关键字用于指定结果集是按升序排序还是按降序排序。ORDER BY 是一个重要的子句，要想获得有序的查询结果，必须使用 ORDER BY 子句，因为关系理论规定表中的数据行是没有次序的。

5.1.1　任务一　改变列标题的显示

掌握 SELECT 查询语句是学习 T-SQL 语言的关键。在默认情况下执行 SELECT 语句，查询结果中显示的列标题是表的列名。那么，可在 SELECT 语句中用‘列标题’=列名或列名 AS‘列标题’来改变列标题的显示。

【例 5-1】 在数据库 StudentInformation 的"学生基本信息表"中分别查询出学号、姓名信息，并分别显示出"学生学号"、"学生姓名"的标题信息。

```
USE StudentInformation
SELECT '学生学号'=学号,'学生姓名'=姓名 FROM 学生基本信息表
SELECT 学号 AS '学生学号', 姓名 AS '学生姓名' FROM 学生基本信息表
```

其执行的结果如图 5.1 所示。

	学生学号	学生姓名
1	62008152001	刘芬芳
2	62008152002	李蒙蒙
3	62008152003	张亚会
4	62008152004	王兴川
5	62008152005	李园祥
6	62008216001	都林英
7	62008216002	张强
8	62008216003	贺体丽

图 5.1　例 5-1 的执行结果

5.1.2　任务二　使用 WHERE 子句

数据库的多数查询都不是针对表中所有行的查询，而是在数据表中选出符合条件的信息。要实现这样的查询，就要用到 WHERE 子句。SELECT 语句的 WHERE 子句支持的搜索条件 (select_conditon)包括以下几种形式。

- 比较搜索条件：=(等于)、>(大于)、<(小于)、>=(大于等于)、<=(小于等于)、<>(不等于)；
- 范围搜索条件：BETWEEN(在某个范围内)、NOT BETWEEN(不在某个范围内)；
- 列表搜索条件：IN(在某个列表中)、NOT IN(不在某个列表中)；
- 字符串匹配搜索条件：LIKE(和指定字符串匹配)、NOT LIKE(和指定字符串不匹配)；
- 空值判断搜索条件：IS NULL(为空)、IS NOT NULL(不为空)；
- 逻辑搜索条件：AND(与)、OR(或)、NOT(取反)。

1. 比较搜索条件

使用基于比较条件的 WHERE 子句对表中的数据进行查询时，系统逐行地对表中的数据进行比较，检查是否满足条件(如果满足条件，则取出该行)。使用 WHERE 子句时，若该列为字符型，需要使用单引号将字符串引起来，而且应该注意单引号内的字符串要区分大小写形式。

【例 5-2】 在数据库 StudentInformation 的"学生基本信息表"中查询出年龄 19 岁的所有学生的信息。

```
USE StudentInformation
DECLARE @dateDT DATETIME
SET @dateDT=GETDATE()
SELECT * FROM 学生基本信息表 WHERE YEAR(@dateDT)-YEAR(出生日期)=19
```

注意：在设计基于比较搜索条件的 WHERE 子句时，表达式可以包含常量、列名和函数。

2. 范围搜索条件

实现范围搜索条件的 WHERE 子句使用 BETWEEN 关键字，其语法形式为：

```
SELECT  select_list
   FROM  table_name
   WHERE  expression [NOT] BETWEEN  expression1  AND expression2
```

该形式的子句对表中某一范围内的数据进行查询,系统将逐行检索表中的数据是否在或不在 BETWEEN 关键字设定的范围内。

【例 5-3】 查询数据库 StudentInformation 中课程考试不及格(即 0~59)的学生信息。

```
USE StudentInformation
SELECT * FROM 学生修课表 WHERE 成绩 BETWEEN 0 AND 59
```

3. 列表搜索条件

实现列表搜索条件的 WHERE 子句使用 IN 关键字，其语法形式为：

```
SELECT  select_list
   FROM  table_name
   WHERE expression [NOT] IN (value_list)
```

该子句对表中的数据进行查询，系统逐行检查表中的数据是否在或不在 IN 关键字设定的列表内。如果满足条件，则取出该行。IN 关键字一般应用于字符型数据。

【例 5-4】 查询数据库 StudentInformation 中住在 2 号楼和 3 号楼的是哪些系的学生。

```
USE StudentInformation
SELECT * FROM 学生住宿表 WHERE 宿舍楼号 IN('2号','3号')
```

4. 字符串匹配搜索条件

实现字符串匹配搜索条件的 WHERE 子句将使用 LIKE 关键字，其语法形式为：

```
SELECT  select_ist
    FROM  table_name
    WHERE  expression [NOT] LIKE 'string'
```

该子句对表中的数据进行查询，逐行对表中的数据进行字符串的模糊匹配(如果满足条件，则取出该行)。在 SQL Server 2005 中，共提供了 4 个通配符。

- "%"：代表任意多个字符。
- "-" (下画线)：代表一个任意字符。
- "[ ]"：代表方括号内的任意一个字符。
- "[^]"：表示任意一个在方括号内没有的字符。

【例 5-5】 从 StudentInformation 数据库的"学生基本信息表"中分别检索出姓张的所有同学的资料；名字的第二个字是"圆"或"园"的所有同学的资料；名字的第二个不是"圆"或"园"的同学资料。

```
USE StudentInformation
SELECT * FROM 学生基本信息表 WHERE 姓名 LIKE '张%'
SELECT * FROM 学生基本信息表 WHERE 姓名 LIKE '_[圆,园]%'
SELECT * FROM 学生基本信息表 WHERE 姓名 LIKE '_[^圆,园]%'
```

注意：含通配符的字符串必须用单引号引起来，单引号中的字符都被认为是匹配符，无论是空格还是字符。

5. 空值判断搜索条件

空值用 NULL 表示，是指列的数据值未知或不可用。NULL 值与数值 0、空白字符的含义不同。可以利用空值 NULL 区分列的输入值是 0(数值列)或是空白(字符列)，还是无数据输入(NULL 可用于数值列和字符列)。

使用空值判断的 SELECT 语句的语法形式如下：

```
SELECT select_list
    FROM table_name
    WHERE column_name IS [NOT]NULL
```

可以通过输入不带引号的 NULL，或者输入"Ctrl+0"在允许空值的列中输入 NULL 值。

【例 5-6】 查询数据库 StudentInformation 数据库的"学生基本信息表"中联系电话是空值的学生的信息。

```
USE StudentInformation
SELECT * FROM 学生基本信息表 WHERE 联系电话 IS NULL
```

5.1.3 任务三 TOP 和 DISTINCT 关键字

1. TOP 关键字

使用 TOP 关键字可以返回表中前 n 行或前百分之 n 的数据。

【例 5-7】 分别从"学生基本信息表"中检索出前 5 个及表中前面 5%的学生的信息。

```
USE StudentInformation
SELECT TOP 5 * FROM 学生基本信息表
SELECT TOP 5 PERCENT * FROM 学生基本信息表
```

2. DISTINCT 关键字

有时，一个具有许多列的值不是唯一的，在进行数据检索时，可以用 DISTINCT 关键字消除重复行。使用 DISTINCT 关键字的语法如下：

```
SELECT [ALL|DISTINCT] selected_list
    FROM table_name
    WHERE search_condition
```

在可选参数 ALL 和 DISTINCT 中，如果使用 ALL，则检索出要查询的全部信息；如果使用 DISTINCT，则剔除重复信息。

【例 5-8】 从"学生基本信息表"中检索出所有姓名不重复的学生的信息。

```
USE StudentInformation
SELECT DISTINCT 姓名 FROM 学生基本信息表
```

5.1.4　任务四　使用 ORDER BY 子句进行排序

以上介绍的数据检索、查询出来的结果数据都没有经过排序，这不便于对数据结果的查看。ORDER BY 子句可对查询结果集中的行进行重新排序，其中的 ASC 和 DESC 关键字分别用于指定按升序或降序排序。如果省略 ASC 或 DESC，则系统默认为升序。可以在 ORDER BY 子句中指定多个排序列，即嵌套排序，检索结果首先按第 1 列进行排序，对第 1 列值相同的那些记录行再按照第 2 列排序，依此类推。一般要求 ORDER BY 子句写在 WHERE 子句的后面。

使用 ORDER BY 子句的语法形式如下：

```
SELECT column_list
    FROM table_name
    [ORDER BY column_name|expression[ASC|DESC]
    [,column_name|expression[ASC|DESC]…]]
```

【例 5-9】 按照学生各门课程考试的平均成绩为标准进行升序排列。

```
USE StudentInformation
SELECT 学号,AVG(成绩) AS '平均成绩' FROM 学生修课表
    GROUP BY 学号
    ORDER BY AVG(成绩)
```

以上语句中省略了 ASC 关键字，SQL Server 2005 系统默认为升序排列。

5.2　技能二　掌握应用 SELECT 语句的复杂查询

在"技能一"中介绍了基于单一表中的简单查询，而在实际工程项目中，大部分数据库的查询、检索都是在多个表之间进行的，是较为复杂的查询。

5.2.1 任务一 多表查询

数据库应用中，经常需要从两个或更多的表中检索、查询数据，这就需要使用连接查询。连接就是以指定表中的某列作为连接条件，于是可从这些表中检索出关联数据。连接操作指明了应如何使用一个表中的数据来选择另一个表中的行。

1. 使用内部连接

内部连接是将两个表中的列进行比较，将两个表中满足连接条件的行组合起来作为结果，这是最常见的表连接形式。连接条件通常采用"主键=外键"的形式。

内部连接可采用以下两种语法形式：

```
SELECT  select_list  from  table1_name1, table_name2
    WHERE  table_name1.column_name1=table_name2.column_name2

SELECT  select_list  from  table1_name1    [INNER]  JOIN  table_name2
    ON table_name1.column_name1=table_name2.column_name2
```

【例 5-10】 使用内部连接查询数据库 StudentInformation 中"学生基本信息表"、"学生修课表"所有学生各门课程考试的成绩信息。

```
USE StudentInformation
SELECT 学生基本信息表.学号,姓名,课程号,成绩 FROM 学生基本信息表 JOIN 学生修课表
ON 学生基本信息表.学号=学生修课表.学号
```

执行结果如图 5.2 所示。

	学号	姓名	课程号	成绩
1	62008221001	崔飞飞	22101	80
2	62008221001	崔飞飞	22103	81
3	62008221001	崔飞飞	22104	76
4	62008221001	崔飞飞	22106	85
5	62008221002	陈慧宇	22103	79
6	62008221002	陈慧宇	22104	82
7	62008221002	陈慧宇	22105	90
8	62008221003	郑小丽	22107	87
9	62008221003	郑小丽	22104	86

图 5.2 例 5-10 的执行结果

连接条件中用到的列不必具有相同的名称或相同的数据类型。如果两个表中的列名相同，则必须在列名前加上表名前缀加以限定。如果数据类型不相同，则必须兼容，或者是可由 SQL Server 2005 进行隐式转换的类型。如果类型不能进行隐式转换，则连接条件必须使用 CAST 函数显示转换数据类型。

2. 使用外部连接

仅当两个表中都至少有一个行符合连接条件，内部连接才返回行。内部连接消除了与另一表中的行不匹配的行。外部连接会返回 FROM 子句中提到的至少一个表或视图中的所有行，只要这些行符合 WHERE 或 HAVING 搜索条件。

外连接分为左外连接、右外连接和全外连接。左外连接对连接条件中左边的表不加限制；右外连接对连接条件中右边的表不加限制；全外连接对两个表都不加限制，两个表中的行都会

包括在结果集中。

左外连接的语法形式为：

```
SELECT select_list from table1_name1
    LEFT [OUTER] JOIN table_name2
  ON table_name1.column_name1=table_name2.column_name2
```

右外连接的语法形式为：

```
SELECT select_list from table1_name1
    RIGHT [OUTER] JOIN table_name2
  ON table_name1.column_name1=table_name2.column_name2
```

全外连接的语法形式为：

```
SELECT select_list from table1_name1
    FULL [OUTER] JOIN table_name2
  ON table_name1.column_name1=table_name2.column_name2
```

【例 5-11】 使用外部连接查询数据库 StudentInformation 中"学生修课表"、"课程表"所有学生各门课程考试的成绩信息。

```
USE StudentInformation
SELECT 学号,学生修课表.课程号,课程名,成绩 FROM 学生修课表
FULL JOIN 课程表
ON 学生修课表.课程号=课程表.课程号
```

执行结果如图 5.3 所示。

	学号	课程号	课程名	成绩
1	62008221001	22101	高等数学	80
2	62008221001	22103	专业英语	81
3	62008221001	22104	C语言	76
4	62008221001	22106	数据结构	85
5	62008221002	22103	专业英语	79
6	62008221002	22104	C语言	82
7	62008221002	22105	计算机网络	90
8	62008221003	22107	操作系统	87
9	62008221003	22104	C语言	86

图 5.3　例 5-11 的执行结果

5.2.2　任务二　使用 UNION 子句

UNION 子句的作用是把两个或多个 SELECT 语句查询的结果组合成一个结果集。这里查询的多个表不需要有关联。

UNION 子句的语法形式如下：

```
SELECT select_list1 FROM table_name1
UNION [ ALL ]
SELECT select_list2 FROM table_name2
```

使用 UNION 子句时应注意以下几方面：

- UNION 从源表中选择的所有列表必须具有相同列数、相似数据类型和相同的列序。
- 结果集列名来自第一个 SELECT 语句。
- 如果希望整个结果集以特定的顺序出现，则 UNION 中应使用 ORDER BY 子句来指定结果集的排序顺序。
- 在合并结果时，将从结果集中删除重复行。若使用 ALL，则结果集中包含所有的行。

5.2.3 任务三 使用 GROUP BY 子句

如果要在数据检索时，对表中数据按照一定条件进行分组汇总求和或求平均值，那么需要在 SELECT 语句的 GROUP BY 子句中使用聚合函数。使用 GROUP BY 子句进行数据检索可得到数据分类的汇总统计、平均值或其他统计信息。

GROUP BY 子句在 SELECT 语句中的语法形式为：

```
SELECT  select_list
FROM  table_name
WHERE  search_condition1
[GROUP BY[ALL]  expression
[HAVING  search_condition2]]
```

该语句表示从 table_name 表中选择符合 search_conditon1 条件的行，然后以 expression 的值为标准进行分组得到中间结果集，再在此中间结果集中按照 search_condition2 条件进行筛选得到最终的数据查询结果集。

其中主要参数的含义如下：

- expression：分组表达式。
- search_condition2：对分组汇总后数据进入结果集的筛选条件。

在使用 GROUP BY 子句时，需注意以下几点：

- SQL Server 为每个定义的组产生一个列值，每个组只返回一行，不返回详细信息。
- 如果包括 WHERE 子句，SQL Server 只分组汇总满足 WHERE 条件的行。
- 在包含 GROUP BY 子句的查询语句中，SELECT 子句后的所有字段列表，除聚合函数外，都应包含在 GROUP BY 子句中，否则将出错。
- 不要在含有空值的列上使用 GROUP BY 子句，因为空值将作为一个组来处理。
- 如果 GROUP BY 子句使用 ALL 关键字，WHERE 子句将不起作用。
- HAVING 子句排除不满足条件的组。

1. 省略 HAVING 子句的 GROUP BY 子句用法

使用 GROUP BY 子句进行分组查询，SQL Server 2005 把查询到的数据划分成多个组，并且为每个组返回一个结果。例如，每个学生学习了多门课程，有多个考试成绩，可以按照学号分组，汇总出每个学生的各门课程的成绩总和。GROUP BY 子句是按列或表达式分组汇总，为每组产生一个值，多与聚合函数一起使用。

【例 5-12】用 GROUP BY 子句汇总"学生修课表"中每位学生各门课程的总成绩。

```
USE StudentInformation
SELECT 学号,'总成绩'=sum(成绩) FROM 学生修课表  GROUP BY 学号
```

其执行结果如图 5.4 所示。

2. 使用 HAVING 子句的 GROUP BY 子句用法

对数据分组汇总时，可以使用 HAVING 子句对分组汇总后进入结果集的各组进行限制。

HAVING 子句的作用同 WHERE 子句相似，都是给出查询条件。所不同的是，WHERE 子句是检查每条记录是否满足条件，而 HAVING 子句针对 GROUP BY 子句。若没有 GROUP BY 子句，那么使用 HAVING 子句是没有意义的。

【例 5-13】 用 GROUP BY 子句汇总显示出"学生修课表"中各门课程总分大于等于 260 分的学生的学号及总成绩。

```
USE StudentInformation
SELECT 学号,'总成绩'=sum(成绩) FROM 学生修课表
    GROUP BY 学号 HAVING sum(成绩)>=260
```

其执行结果如图 5.5 所示。

图 5.4　例 5-12 的执行结果　　　　图 5.5　例 5-13 的执行结果

5.2.4　任务四　使用 COMPUTE 和 COMPUTE BY 子句

使用 GROUP 子句对查询出来的数据做分类求和、求平均值，只能显示统计的结果，看不到具体的数据。使用 COMPUTE 和 COMPUTE BY 既能查看明细数据，又可以看到统计的汇总结果。COMPUTE 子句通常用在 WHERE 子句之后，使用聚合函数，总计值或小计值将作为附加新行出现在检索结果中，否则出现错误信息。

COMPUTE BY 子句的语法形式如下：

```
COMPUTE row_aggregate(column_name)[,…n]  [BY expression ]
```

其中主要参数的含义如下：

- row_aggregate：对 column_name 执行聚合的函数，常用的如 AVG(数值表达式中所有值的平均值)、COUNT(选定的行数)、MAX(表达式中的最高值)、MIN(表达式中的最低值)、SUM(数值表达式中所有值的和)等。
- expression：指定的多个表达式，通常是列名。与 COMPUTE BY 子句中的列名一致，即依据 BY 之后列出的表达式的值，把结果集划分为组，并在每个组级别应用聚合函数。使用 COMPUTE BY 时，还必须使用 ORDER BY 子句。

【例 5-14】 用 COMPUTE 子句汇总出"学生修课表"中每个学生的总成绩和平均成绩。

```
USE StudentInformation
SELECT * FROM 学生修课表
ORDER BY 学号
COMPUTE SUM(成绩),AVG(成绩) BY 学号
```

其执行结果如图 5.6 所示。

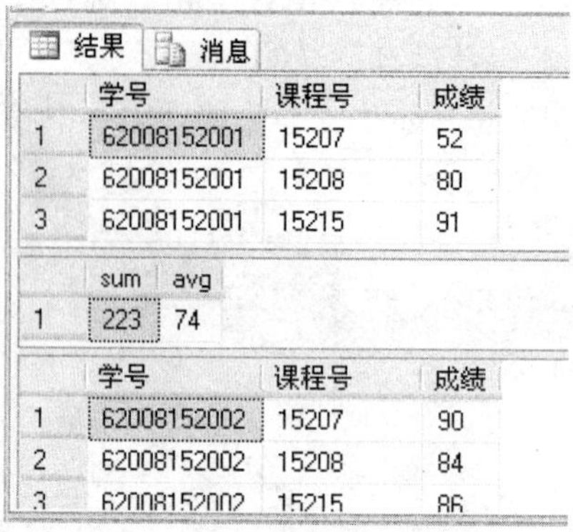

图 5.6　例 5-14 的执行结果

从例 5-14 的执行结果可以看出，COMPUTE 类似于总计，在 COMPUTE 后加上 BY 关键字，则查询的结果为带具体内容的分类统计。

注意： 在使用 COMPUTE 和 COMPUTE BY 时，COMPUTE 子句中使用的列必须是在 SELECT 后面的列选择表中出现的；SELECT INTO 不可与 COMPUTE 子句一起使用(因为 COMPUTE 子句的结果并未存储到数据库)。

5.2.5　任务五　基于查询结果创建新表

可使用 "SELECT…INTO" 语句在数据查询的基础上创建新表。"SELECT…INTO" 语句首先创建一个新表，然后用查询的结果填充这个新表。"SELECT…INTO" 语句的语法形式如下：

```
SELECT select_list INTO new_table_name FROM table_name
```

其中，new_table_name 为新创建的表的名称，它必须在当前数据库中不存在。新表的表结构由参数 select_list 定义，因此 select_list 中的每一个列中都应当有列名，如果是一个表达式，则应该为其制定别名。

【例 5-15】 在数据库 StudentInformation 中新建一个表 "信息工程系学生修课表"，主要用来存储信息工程系所有学生的课程学习成绩信息。

```
USE StudentInformation
SELECT * INTO 信息工程系学生修课表
  FROM 学生修课表
  WHERE SUBSTRING(学号,6,3)='221'
```

提示： 在数据库 StudentInformation 中定义的 "学号" 列长度为 12，其中从第 6、7、8 位表示所在系部的代码，信息工程系的代码为 "221"，因此这里使用字符串函数 SUBSTRING。

5.2.6　任务六　嵌套查询

前面已介绍的多种查询功能都是基于单层查询，而数据系统应用中多数查询、检索是先通过一个查询得到一个结果集，然后在这个结果集中进一步进行查询(甚至多层查询)才能得到最终的需求结果，这就是嵌套查询。嵌套查询是用一条 SELECT 语句作为另一条 SELECT 语句的一部分，外层的 SELECT 语句称为外部查询，内层的 SELECT 语句称为内部查询(或子查询)。子查询能够将比较复杂的查询分解为几个简单的查询。

嵌套查询的执行流程是，首先执行内部查询，查询出来的数据并不被显示出来，而是传递给外层 SELECT 语句，作为该 SELECT 语句的查询条件使用。内部子查询可以多层嵌套。子查询的 SELECT 查询总是使用圆括号括起来。包含子查询的语句通常采用以下格式中的一种：

- WHERE expression [NOT] IN (subquery)
- WHERE expression comparison_operator [ANY | ALL] (subquery)
- WHERE [NOT] EXISTS (subquery)

1. 使用 IN 或 NOT IN 关键字的子查询

通过 IN(或 NOT IN)引入的子查询结果，是包含 1 个值(单值子查询)或多个值(多值子查询)的列表。子查询返回结果之后，外部查询将利用这些结果。单值子查询是指子查询是只返回一行数据。多值子查询是指子查询返回的不是一行，而是一组行数据。前者可以用"="、IN 或 NOT IN 和其外部查询相联系，后者则必须使用 IN 或 NOT IN 和外部查询相联系。IN 表示属于的关系，即是否在所选数据集合之中。NOT IN 则表示不属于集合或不是集合的成员。

【例 5-16】　查询出信息工程系所有男生的学号、课程及相应的成绩。

```
USE StudentInformation
SELECT 学号,课程号,成绩 FROM 信息工程系学生修课表
    WHERE 学号 IN
    (SELECT 学号 FROM 学生基本信息表
        WHERE SUBSTRING(学号,6,3)='221' AND 性别='男')
```

2. 使用 ANY 或 ALL 关键字的子查询

可以用 ANY 或 ALL 关键字修改引入子查询的比较运算符。通过修改的比较运算符引入的子查询返回 1 个值或多个值的列表，并且可以包括 GROUP BY、HAVING 子句。

以 ">" 比较运算符为例，">ALL" 表示大于每一个值。换句话说，表示大于最大值，例如">ALL(1, 2, 3)"表示大于 3。">ANY"表示至少大于一个值，即大于最小值，因此">ANY(1, 2, 3)"表示大于 1。

【例 5-17】　查询信息工程系学生各门课程成绩都在 80 分以上的所有信息。

```
USE StudentInformation
SELECT 学号,课程号,成绩 FROM 信息工程系学生修课表
    WHERE 成绩>ANY
    (SELECT 成绩 FROM 学生修课表 WHERE 成绩 BETWEEN 80 AND 100 )
```

3. 使用 EXISTS 或 NOT EXISTS 关键字的子查询

EXISTS 关键字用来确定数据是否在查询列表中存在(NO EXISTS 则表示用来确定数据不在查询列表中)。与使用 IN 关键字不同的是，IN 连接的是表中的列，而 EXISTS 连接的是表，

通常不需要特别指出列名，可以直接使用"*"。由于 EXISTS 连接的是表，所以子查询中必须加入表与表之间的连接条件。

【例 5-18】 使用 EXISTS 关键字查询出信息工程系所有男生的学号、课程及相应的成绩。

```
USE StudentInformation
SELECT 学号,课程号,成绩 FROM 信息工程系学生修课表
    WHERE  EXISTS
    (SELECT * FROM 学生基本信息表
        WHERE SUBSTRING(学号,6,3)='221' AND 性别='男')
```

5.3   技能三   掌握用户自定义函数在数据查询中的应用

SQL Server 2005 不仅提供系统函数，而且允许用户创建自定义的函数。用户自定义函数是接受参数、执行操作(如复杂计算)并将操作结果以值的形式返回的子程序。返回值可以是单个标量或结果集。

SQL Server 2005 支持的用户自定义函数主要分为两类，分别是标量值型用户自定义函数和表值用户自定义函数。表值用户自定义函数又分为内联表值函数和多语句表值函数。

在 SQL Server 2005 中使用用户自定义函数有以下优点。

- 允许模块化程序设计。只需创建一次函数并将其存储在数据库中，以后便可以在程序中调用任意次。用户自定义函数可以独立于程序源代码进行修改。

- 执行速度更快。与存储过程相似，T-SQL 用户自定义函数通过缓存计划并在重复执行时重用它来降低 T-SQL 代码的编译开销。这意味着每次使用用户自定义函数时均无需重新解析和重新优化，从而缩短了执行时间。

- 减少网络流量。例如，基于某种无法用单一标量表达式表示复杂约束而过滤数据的操作，可以表示为函数。然后，此函数便可以在 WHER 子句中调用，以减少发送至客户端的数字或行数。

5.3.1   任务一   创建用户自定义函数

所谓标量，就是数据类型中的通常值，如整型值、字符串型值等。如果函数体内的 RETURNS 语句指定了一种标量数据类型，则该函数为标量函数。如果 RETURNS 语句指定的是 TABLE，则函数为表值函数。根据函数主体的定义方式，表值函数可分为内联表值函数和多语句表值函数。

标量值型用户自定义函数的函数体，被封装在以 BEGIN 语句开始、END 语句结束的范围内。在"BEGIN…END"块中定义的函数主体包含有返回值的 T-SQL 语句系列。标量值用户自定义函数返回一个简单的数值，如 int、char、decimal 等。

1. 使用 CREATE FUNCTION 语句创建用户自定义函数

(1) 标量函数。创建标量函数的语法如下：

```
CREATE FUNCTION function_name
    ( [@parameter_name [AS] parameter_data_type[,…n][=default] )
    RETURNS  return_data_type
    [WITH  function_option]
```

```
[AS] BEGIN
    function_body
    RETURN scalar_expression
    END
```

其中各参数的含义如下：

- function_name：用户自定义函数的名称，函数名称必须符合有关标识符的规则，并且命名是唯一的。
- @parameter_name：函数的参数，最多可声明 1024 个参数。执行函数时，如果未定义参数的默认值，那么用户必须提供每个已声明参数的值。
- parameter_data_type：参数的数据类型。
- default：参数的默认值。如果定义了 default 值，则无需指定此参数的值即可执行函数。当函数的参数有默认值时，调用该函数时必须指定 default 关键字才能获取默认值。
- return_data_type：标量函数返回的数据类型。
- function_option：指定函数所具有的选项，包括 ENCRYTION(指示数据库引擎对包含 CREATE FUNCTION 语句文本的目录视图列进行加密，可防止将函数作为 SQL Server 复制的一部分发布)、SCHEMABINDING(指定将函数绑定到其引用的数据库对象)。
- function_body：函数体，指定一系列的 T-SQL 语句，完成特定的功能。
- scalar_expression：指定返回的标量值。

【例 5-19】 定义一个标量值型用户自定义函数，按出生年月计算年龄，然后从"学生基本信息表"中检索出含有年龄的学生信息。

```
CREATE FUNCTION computeageFC(@birth DATETIME,@curdate DATETIME)
    RETURNS int
    BEGIN
        RETURN datediff(yyyy,@birth,@curdate)
    END
```

执行以上程序。在对象资源管理器窗口中依次展开"数据库"|"StudentInformation"|"可编程性"|"函数"|"标量函数"，可看到新创建的用户自定义函数 computeageFC。

【例 5-20】 从"学生基本信息表"中检索出含有年龄的学生信息。

```
USE StudentInformation
SELECT 学号,姓名,所在系部,dbo.computeageFC(出生日期,GETDATE())AS 年龄
    FROM 学生基本信息表
```

其执行结果如图 5.7 所示。

	学号	姓名	所在系部	年龄
1	62008152001	刘芬芳	英语系	18
2	62008152002	李蒙蒙	英语系	19
3	62008152003	张亚会	英语系	18
4	62008152004	王兴川	英语系	18
5	62008152005	李园祥	英语系	19
6	62008216001	郝林英	经济管理系	19
7	62008216002	张强	经济管理系	18
8	62008216003	贺体丽	经济管理系	17
9	62008216004	张磊	经济管理系	19

图 5.7　例 5-20 的执行结果

(2) 内联表值函数。创建内联表值函数的语法如下:

```
CREATE FUNCTION function_name
 ( [@parameter_name [AS] parameter_data_type[,…n][=default] )
   RETURNS  TABLE
   [WITH  function_option]
   [AS] BEGIN
       RETURN (select_stmt)
```

其中，"TABLE"指定表值函数的返回值为表。在内联表值函数中，TABLE 返回值是通过单个 SELECT 语句定义的内联函数惯例的返回值。select_stm 参数定义了内联表值函数的返回值的单个 SELECET 语句。

【例 5-21】 定义一个内联表值自定义函数 studentFC，用系部名称作为参数从"学生基本信息表"中检索出该系含有学号、学生姓名的学生信息。

```
CREATE FUNCTION studentFC(@department nvarchar(10))
   RETURNS TABLE
   AS
   RETURN (SELECT 学号,姓名 FROM 学生基本信息表
               WHERE 所在系部=@department)
```

在允许表达式的情况下，可在 SELECT、INSERT、UPDATE 或 DELETE 语句的 FROM 子句中调用表值函数。当调用内联表值函数时，只需给出函数名即可。

【例 5-22】 以系部名称"信息工程系"作函数 studentFC 参数，检索出含有学号、学生姓名的学生信息。

```
USE StudentInformation
SELECT * FROM studentFC('信息工程系')
```

内联表值用户自定义函数在使用过程中应遵从以下规则:
- RETURNS 子句只包含关键字 TABLE，不必定义返回变量的格式，因为是由 RETURN 子句中的 SELECT 语句的结果集的格式设置。
- function_body 不用 BEGIN 和 END 分隔。
- RETURN 子句在括号中包含单个 SELECT 语句。SELECT 语句的结果集构成函数所返回的表。
- 表值函数只接受常量或@local_variable 参数

(3) 多语句表值函数。创建多语句表值函数的语法如下:

```
CREATE FUNCTION function_name
   ( [@parameter_name [AS] parameter_data_type[,…n][=default] )
   RETURNS @return_variable TABLE table_type_definition
   [WITH  function_option]
   [AS] BEGIN
       function_body
       RETURN
       END
```

其中主要参数的含义如下。
- TABLE：指定表值函数的返回值为表。在多语句表值函数中，@return_variable 是

TABLE 变量，用于存储和汇总应作为函数值返回的行。

- table_type_definition：定义表数据类型。表声明包含列定义和列约束(或表约束)。
- function_body：函数体，由一系列 T-SQL 语句组成，这些语句将填充 TABLE 返回变量。

多语句表值用户自定义函数是以 BEGIN 语句开始、END 语句结束的函数体。在 BEGIN…END 块中定义的函数主体包含 T-SQL 语句，这些语句可生成行并将行插入将要返回的表中。

返回 TABLE 的用户定义函数还可替换返回单个结果集的存储过程。可在 T-SQL 语句的 FROM 子句中引用用户自定义函数返回的 TABLE，而返回结果集的存储过程却不能。

【例 5-23】 定义一个自定义函数，用系部名称作为参数，然后从学生基本信息中检索出含有学号、学生姓名、性别及选课的学生信息。

```
CREATE FUNCTION studentM(@department nvarchar(10))
RETURNS @returnTable TABLE
    (学号 nvarchar(12),
     姓名 nvarchar(10),
     性别 nvarchar(2),
     课程编号 nvarchar(10))
AS
  BEGIN
  INSERT @returnTable
  SELECT S.学号,姓名,性别,C.课程号
  FROM 学生基本信息表 AS S INNER JOIN 学生修课表 AS C
  ON S.学号=C.学号 and S.所在系部=@department
  RETURN
  END
```

在返回 TABLE 的多语句用户自定义函数中：

- RETURNS 子句为函数返回的表定义局部返回变量名。RETURNS 子句还定义表的格式。局部返回变量名的作用域位于函数内。
- 函数主体中的 T-SQL 语句生成行并将其插入 RETURNS 子句所定义的返回变量。
- 当执行 RETURN 语句时，插入变量的行以行函数的表格式输出形式返回。RETURN 语句不能有参数。
- 函数中返回 TABLE 的 T-SQL 语句不能直接将结果集返回用户。函数返回用户的唯一信息是由该函数返回的 TABLE。

【例 5-24】 以信息工程系为函数 studentM 的参数，检索出该系学生选修课的信息。

```
USE StudentInformation
SELECT * FROM studentM('信息工程系')
```

其执行结果如图 5.8 所示。

2. 使用 SQL Server Management Studio 创建用户自定义函数

除可以利用 T-SQL 语句编程实现用户自定义函数之外，还可以使用 SQL Server Management Studio 工具创建用户自定义函数。

	学号	姓名	性...	课程编号
1	62008221001	崔飞飞	男	22101
2	62008221001	崔飞飞	男	22103
3	62008221001	崔飞飞	男	22104
4	62008221001	崔飞飞	男	22106
5	620082210016	刘亚苗	女	22101
6	620082210016	刘亚苗	女	22104
7	620082210016	刘亚苗	女	22107
8	620082210017	胡晓娜	女	22101
9	620082210017	胡晓娜	女	22105

图 5.8　例 5-24 的执行结果

以 StudentInformation 数据库为例，在 SQL Server Management Studio 的对象资源管理器窗口中依次展开“数据库”|“StudentInformation”|“可编程性”|“函数”，显示“表值函数”、“标量值函数”等。

如果要创建标量值函数，则在其上右击，在弹出的快捷菜单中选择“新建标量值函数”命令。SQL Server 2005 会自动给出创建标量值函数的语句框架，用户只要在此基础上进行代码的完善就可以了，不仅大大提高了代码的编写速度，而且由于给出了详细的提示信息，还能有效减少代码中的语法错误。

如果要创建内联表值函数或多语句表值函数，在“表值函数”节点上右击，在弹出的快捷菜单中选择“新建内联表值函数”或“新建多语句表值函数”命令，系统同样会给出完整的程序框架，程序员只要进一步完善即可。

5.3.2　任务二　用户自定义函数的管理

1. 查看有关函数的信息

若要查看使用 T-SQL 用户自定义函数的详细信息，可以使用函数所在数据库中的 sys.sql_modules 目录视图。

【例 5-25】 查看当前数据库中用户自定义函数的定义。

```
SELECT Definition
FROM sys.sql_modules AS m JOIN sys.objects AS o
  ON m.object_id=o.object_id AND TYPE IN('FN','IF','TF')
```

其中，FN 表示标量值函数，IF 表示内联表值函数，TF 表示多语句表值函数。

例 5-25 的执行结果如图 5.9 所示。

2. 修改用户自定义函数

在数据库应用系统开发过程中，对创建的用户自定义函数进行修改是经常要做的开发工作。在修改用户自定义函数时，可使用 ALTER FUNCTION 语句，其语法形式及参数与 CREATE FUNCTION 类似，在此不再赘述。

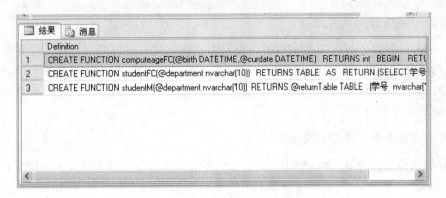

图 5.9　例 5-25 的执行结果

说明：不能用 ALTER FUNCTION 语句将标量值函数更改为表值函数。同样，也不能用 ALTER FUNCTION 语句将内联表值函数更改为多语句表值函数。

　　用户自定义函数不仅可以使用 ALTER FUNCTION 语句修改，还可以使用 SQL Server Management Studio 工具修改。以 StudentInformation 数据库为例，在 SQL Server Management Studio 的对象资源管理器窗口中，依次展开"数据库"|"StudentInformation"|"可编程性"|"函数"，显示"表值函数"、"标量值函数"等。然后，选择指定的自定义函数，在其上右击，在弹出的快捷菜单中选择"修改"命令，就打开了函数详细信息窗口，在其中完成函数的修改，保存即可。

　　3.　删除用户自定义函数

　　使用 T-SQL 语言的 DROP FUNCTION 语句可以从当前数据库中删除一个或多个用户自定义函数，其语法形式如下：

```
DROP FUNCTION function_name [,…n]
```

　　其中，function_name 参数为要删除的用户自定义函数的名称。

　　删除用户自定义函数也可在 SQL Server Management Studio 工具的对象资源管理器中，通过"删除"命令进行操作。以 StudentInformation 数据库为例，在 SQL Server Management Studio 的对象资源管理器窗口中，依次展开"数据库"|"StudentInformation"|"可编程性"|"函数"，显示"表值函数"、"标量值函数"等。然后，选择指定的自定义函数，在其上右击，在弹出的快捷菜单中选项"删除"命令，打开"删除对象"对话框，选择删除对象并单击"确定"按钮，即可从当前数据库中删除指定函数。

5.4　技能四　了解数据查询优化的方法

　　无论数据库系统的规模有多大，优化 SQL 语句、改善应用程序的执行性能、提高用户利用数据库的工作效率都是技术人员的主要工作职责之一。数据库管理员和开发人员在具体开发过程中，往往会发现数据检索、查询可以多种方式进行，但是由于查询实现方式的不同，可能会导致用户有几秒到几十分钟的等待时间差异，因此必须选择较好的数据查询方式，努力提高数据查询的效率，从而更好地发挥数据库系统的作用。

1. 提高 T-SQL 语句的可读性

使用 T-SQL 语言进行程序的编写时，要努力使代码具有良好的可读性。在并不影响语句执行效率的前提下，强调程序代码良好的可读性是优秀的 SQL Server 数据库管理、开发人员所应必备的良好编程风格。在 T-SQL 语句代码中多使用别名、括号、回车符，将查询的各个组成部分简单化或分隔开来。

2. 优化检索语句、提高查询性能

(1) 合理安排 SELECT 语句 WHERE 子句中多个条件成分的排列次序。SELECT 查询语句是数据库管理员、开发人员使用最多的语句。通常，在 SELECT 及其 WHERE 子句中，合理地安排各组成成分的排列是很重要的。条件的排列顺序怎么决定更好呢？往往要看哪个条件检索的记录最少，哪些列定义了索引。

通常，在数据库系统中，查询分析工具从后向前读取 WHERE 子句，故应当把返回表中最少记录数目的那些条件放在所有 WHERE 子句表示的条件的最后，这被称做最严格限定条件最后原则。SQL Server 2005 基本上也是这样。因为最严格的条件(也就是有最多种不同可取值，而每种可取值一旦限定后就能检索出最少的行数)被先处理后，选择出的结果子集里包含了最少的结果，这样，下一个查询条件不用再检索全部表的内容，而只需要检索由该条件选择后的那一小部分了，检索速度当然提高。

(2) 合理、恰当地应用索引。当发现一些 T-SQL 语句的执行时间特别长时，应当考虑是否要对目标表添加索引。还有，如果最严格限定条件使得返回的记录数过少(只返回几个记录是极端情况)，或者经常要使用这种最严格限定条件；如果某列经常被 GROUP BY 子句引用，那么几乎可以肯定需要增加相应的索引了，有时甚至需要复合索引。

(3) 经常提交数据。事务定义中的 COMMIT 语句执行，是要完成一个事务并将该事务对表的修改操作结果完整地写入数据库表中。在没有执行 COMMIT 语句之前，事务操作的结果并没有被写入目标表，而是放在一些系统中所谓的保留区中，也就是回退(ROLLBACK)段。只有 COMMIT 语句才使得事务 SQL 操作真正写入目标表中，然后立即清空回退段。如果使用 ROLLBACK 语句，同样也清空回退段，但是不写入目标表。如果经过很长时间才执行 COMMIT 或者 ROLLBACK，则回退段中装入的内容将越来越大，从而影响进一步的处理。可见，经常在程序中尽可能使用 COMMIT 命令对于数据库性能是有帮助的。

(4) 具有相同规律的查询使用存储过程。存储过程由一系列 T-SQL 语句组成，由数据库引擎编译执行。相对于逐条执行 T-SQL 语句，存储过程的效率要高，而且更容易维护。另外，当数据库系统的并发用户很多时，系统性能就会受到很大的负面影响(如查询执行速度变慢)。这就可以考虑成批装入技术，即一次成批地执行事务命令去访问数据库系统。

小　结

SELECT 语句是 T-SQL 语言中使用频率最高的语句，具有强大的查询功能，可以说 SELECT 是 T-SQL 语言的灵魂。SELECT 语句的作用是让数据库服务器根据客户端的要求搜索出用户需要的数据信息，并按用户规定的格式进行整理后返回给客户端。本章详细介绍了 SELECT 语句中 WHERE、OREDER BY、UNION、GROUP BY、COMPUTE 等子句的使用，同时进一步讲述了 SELECT 语句的复杂应用，即多表查询、嵌套查询。在数据库系统开发中，常常需要用户自定义函数满足业务应用。在 SQL Server 2005 中，用户自定义函数包括标量值和表值用户定义函数。使用高效的数据查询方法将对提高数据库性能起到至关重要的作用。

习题与实训

一、填空题

1. 使用 SELECT 语句可以得到经过分类、统计、排序后的查询结果，还可以设置或显示系统信息、_____等。

2. 关键字 DISTINCT 指定 SELECT 语句的检索结果_____。

3. 内部连接，是将两个表中的列进行比较，将两个表中满足连接条件的行组合起来作为结果，通常采用"_____"的形式。

4. SQL Server 2005 支持的用户自定义函数主要分为两类，分别是：_____用户自定义函数；_____用户自定义函数。

5. 表值函数根据函数主体的定义方式，可分为_____和_____。

二、选择题

1. 在 SELECT 语句中，下列哪种子句用于将查询结果存储在一个新表中？（　　）
   A. INTO　　　　　　　　B. FROM
   C. WHERE　　　　　　　D. UNION

2. 在 SELECT 语句中，下列哪种子句用于对分组统计进一步设置条件？（　　）
   A. HAVING　　　　　　　B. GROUP BY
   C. ORDER BY　　　　　　D. WHERE

3. 在 SELECT 语句中，下列哪种子句用于对搜索结果进行排序？（　　）
   A. HAVING　　　　　　　B. GROUP BY
   C. ORDER BY　　　　　　D. WHERE

4. 在 SELECT 语句中，如果想要返回的结果集中不包含相同的行，应该使用的关键字是（　　）。
   A. TOP　　　　　　　　B. AS
   C. DISTINCT　　　　　　D. JOIN

5. 在创建或修改数据库时使用下列（　　）子句可以指定文件的增长速度。
   A. TOP　　　　　　　　B. LOGON
   C. FileGRWTH　　　　　D. JOIN

6. （　　）用户自定义函数可返回一个简单的数值，如 int、char、decimal 等。
   A. 标量值　　　　　　　B. 内联表值
   C　多语句表值　　　　　D. 都可以

三、实训拓展

1. 实训内容

(1) 在示例数据库 StudentInformation 中，完成以下查询要求：

① 查看学生基本信息表中的全部信息。

② 从学生基本信息表中查看政治面貌，要求取消政治面貌相同的行。

③ 从学生修课表中查看 C 语言课程的最高分、最低分，并求该课程的平均成绩。

④ 从学生基本信息表中查看某一地区学生的信息。

⑤ 显示所有学生的学号、姓名、课程名称、成绩信息。

(2) 创建名为 Func_Stu 的函数，参数名为@StuNo，参数类型为 nvachar。要求输入某个学号，可以查看与该学号对应的学生信息，输出结果包括"学号"、"姓名"、"性别"和"出生日期"4 列。

2. 实训提示

分别使用 T-SQL 编程语句和 SQL Server Management Studio 工具两种方式，并探索同一功能可由不同查询语句实现，观察分析其执行效率如何。

第6章　视图的设计与管理

【导读】

　　视图和表形式相似，也是由多个包含列的数据行所组成的，但就本质而言，这些数据列和数据行真正地来自于视图所引用的数据表。由此得出，视图并不是真实存储数据的物理数据表，视图所对应的数据不是以一定的视图结构存储在数据库中，而是存放在视图所依赖的数据表中。对视图的操作和对数据表的操作一样，可以对其进行查询、修改和删除等。当对视图中的数据进行修改时，所依赖的相应基本表数据也要发生变化。如果基本表的数据发生变化，则数据更改也会自动地反应到视图中。

　　视图通常用来集中、简化和自定义每个用户对数据库的不同认识。允许用户通过视图访问数据，而不授予用户直接访问视图基础表的权限，来实现数据库的安全访问。视图使用户能够着重于所感兴趣的特定数据和所负责的特定任务，不必要的数据或敏感数据可以不出现在视图中。

【内容概览】

● 数据视图的创建
● 修改和删除视图
● 视图中数据的查询、插入、修改和删除
● 视图权限的应用

6.1　技能一　掌握数据视图的创建

　　在数据库中，数据表定义了数据记录的结构和排列方式，通过表可以对数据库中的数据进行检索。SQL Server 2005 提供了用户通过定义数据视图的方法，查看存储在数据库中的数据。视图是使用 SELECT 语句从一个或多个表导出的，那些用来导出视图的表称为基表(或基础表)。视图也可以由一个或多个其他视图产生。导出视图的 SELECT 语句系列作为一个对象存放在数据库中，而与视图定义相关的数据并没有在数据库中存储，所以视图也称为虚表，通过视图看到的是基于数据表的某些数据。

　　使用视图的优点主要体现在以下几个方面。

● 焦点集中、减少对象量。视图让用户能够着重于其所需要的特定数据或所负责的特定业务，如用户可以选择特定行或特定列，不需要的数据可以不出现在视图中，增强了数据的安全性。

● 从异构源组织数据。可在连接两个或多个表的复杂查询的基础上创建视图，这样可以以单个表的形式显示给用户，即分区视图。分区视图可基于来自异构源的数据，如远程服务器或来自不同数据库中的表。

- 隐藏数据的复杂性，简化操作。视图向用户隐藏了数据库设计的复杂性，如果开发者改变数据库设计，不会影响用户与数据库的交互。另外，用户可将经常使用的连接查询、嵌套查询定义为视图。这样，用户每次对特定的数据执行进一步操作时，不需指定所有条件和限定，因为用户只需查询视图，而不需提交复杂的基础查询。

在数据库中创建一个或者多个表之后，可以使用视图这种数据库对象以指定的方式查询一个或者多个表中的数据，可以像对表一样进行数据的查询、插入、更新和删除操作。视图也可用以计算的方式导出数据。由于通过视图可以只显示允许用户查看的列，所以在数据安全性方面得到了很大程度的保证。无论是视图的创建、修改、删除，还是视图数据的插入、更新、删除，都必须由具有一定权限的用户进行。大多数情况下，创建视图与删除视图等操作是由数据库开发人员来完成的。

创建视图的方法有两种：使用 T-SQL 语句创建视图；使用 SQL Server Management Studio 创建视图。下面分别介绍这两种创建视图的方法。

6.1.1 任务一 使用 T-SQL 语句创建视图

SQL Server 2005 在创建视图时，首先验证数据库中将要定义的视图对象是否存在、视图的名称是否合法等。创建视图的 T-SQL 语句 CREATE VIEW 的语法形式如下：

```
CREATE VIEW  view_name [(column_name[,…n])]
      [WITH  ENCRYPTION]
      AS  select_statement
          FROM  table_name
          WHERE  search_condition
      [WITH  CHECK OPTION]
```

其中各参数的含义如下。

- view_name：为新创建视图的名称，视图名称必须符合 SQL Server 2005 标识符的命名规则。
- column_name：为新创建视图中所包含的列名。仅在下列情况需要列名：列是从算术表达式、函数或常量派生的；两个或更多的列可能会具有相同的名称(通常是由于表连接的原因引起的)。如果未指定列名，则视图列将获得与 SELELCT 语句中列相同的名称。
- WITH ENCRYPTION：对视图的定义进行加密，保证视图的定义不被非法获得。
- select_statement：定义视图的 SELECT 语句，该语句可以使用多个表或带任意复杂程度的 SELECT 子句的其他视图创建视图。
- table_name：视图基表的名字。
- WHERE search_condition：基表数据进入视图所应满足的条件。
- WITH CHECK OPTION：迫使通过视图执行的所有数据修改语句必须符合视图定义中设置的条件。

在以上创建视图的语句中，指定了所要创建视图的名称，规定了基表数据进行视图所应满足的条件。为了能成功地生成视图，用户还必须具有使用查询语句的权限以及创建视图的权限。

在设计和实现视图之前，注意下列基本原则：

- 只能在当前数据库中创建视图。但是，如果使用分布式查询定义视图，则新视图所引用的表和视图可以存在于其他数据库甚至其他服务器中。
- 视图名称必须遵循 SQL Server 2005 标识符的命名规则，且对每个数据库应用系统都必须唯一。此外，该名称不得与该系统包含的任何表的名称相同。
- 可以基于其他视图创建视图。SQL Server 2005 允许嵌套视图， 但嵌套不得超过 32 层。根据视图的复杂性及可用内存，视图嵌套的实际限制可能低于该值。
- 不能将 AFTER 触发器与视图相关联，只有 INSTEAD OF 触发器可以与之相关联。关于触发器的概念将在后续章节中讲述。
- 定义视图的查询不能包含 COMPUTE 子句、COMPUTE BY 子句或 INTO 关键字。
- 定义视图的查询不能包含 ORDER BY 子句，除非在 SELECT 语句的选择列表中还有一个 TOP 子句。
- 定义视图的查询不能包含指定查询提示的 OPTION 子句。
- 不能创建临时视图，也不能对临时表创建视图。

说明： 默认情况下，由于行通过视图进行添加或更新，当其不再符合定义视图的查询条件时，它们即从视图范围中消失。例如，创建一个定义视图的查询，该视图从表中检索员工的薪水低于$30000 的所有行。如果员工的薪水涨到$32000，因其薪水不符合视图所设条件，查询时视图不再显示该特定员工。但是，WITH CHECK OPTION 子句强制所有数据修改语句均根据视图执行，以符合定义视图的 SELECT 语句中所设条件。如果使用该子句，则对行的修改不能导致行从视图中消失。任何可能导致行消失的修改都会被取消，并显示错误。

【例 6-1】 创建视图"V_信息工程系学生课程成绩"，显示信息工程系学生修课的成绩信息。

```
CREATE VIEW V_信息工程系学生课程成绩
AS
SELECT  *  FROM  学生修课表
   WHERE SUBSTRING(学号,6,3)='221'
```

【例 6-2】 使用 SELECT 语句查看视图"V_信息工程系学生课程成绩"返回的结果。

```
USE StudentInformation
SELECT * FROM V_信息工程系学生课程成绩
```

其执行结果如图 6.1 所示。

结果 | 消息

	学号	课程...	成绩
1	62008221001	22101	80
2	62008221001	22103	81
3	62008221001	22104	76
4	62008221001	22106	85
5	62008221002	22103	79
6	62008221002	22104	82
7	62008221002	22105	90
8	62008221003	22107	87
9	62008221003	22104	86

图 6.1 例 6-2 的执行结果

6.1.2　任务二　使用 SQL Server Management Studio 创建视图

举例说明使用 SQL Server Management Studio 创建视图的具体步骤。在数据库 StudentInformation 中创建基于"学生基本信息表"显示所有女生的信息，包含"学号"、"姓名"、"所在系部"、"性别" 4 列信息的视图。

- 启动 SQL Server Management Studio 工具。
- 依次展开"数据库"|"StudentInformation"(要创建视图所属的数据库)|"视图"子节点。
- "摘要"窗口将显示指定数据库中的"系统视图"和已经存在的用户定义视图。在其窗口空白处右击，在弹出的快捷菜单中选择"新建视图"命令，系统弹出如图 6.2 所示的"添加表"窗口，这个窗口用于为新创建的视图提供基础数据。该窗口有 4 个选项卡，即表、视图、函数和同义词，这意味着可以以表、视图及表值函数为基础数据创建新的视图。

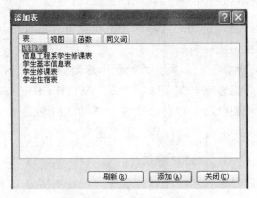

图 6.2 　"添加表"窗口

- 单击"添加"按钮，选择表"学生基本信息表"，再单击"关闭"按钮，系统呈现如图 6.3 所示的视图建立窗口。

图 6.3 　视图建立窗口

该窗口有 4 个窗格，从上向下，最上面的窗格显示用于添加创建视图所用的表；第 2 个窗格用于视图的图形化设计，"表"和"列"用于选择哪些表的哪些列进入视图，"别名"用于设置视图显示的别名，"输出"用于确定视图中的哪些列输出，"排序类型"及"排序顺序"用于确定视图中的列是升序还是降序排列及视图中列的排序顺序，"筛选器"用于确定基础数据进入视图的条件；第 3 个窗格是用于输入创建视图的 SQL 查询条件窗格；最下面的窗格为执行视图的结果。根据例题中的要求分别在"列"中选择"学号"、"姓名"、"所在系部"、"性别"，然后在"性别"对应行中的"筛选器"输入"女"。

要预览视图的结果，可在该窗口右击，在弹出的快捷菜单中选择"执行 SQL"命令，就能在最下面的视图结果窗格上显示执行视图的结果信息，如图 6.4 所示。

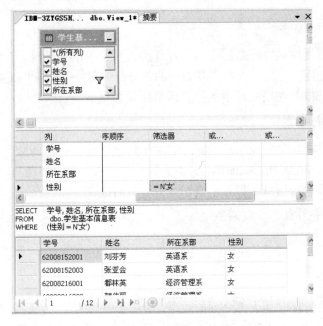

图 6.4 "视图创建与执行"结果

- 确认结果正确后，单击工具栏的"保存"按钮，保存当前的视图，输入视图的名称，单击"确定"按钮，一个视图就创建完成了。

视图是通过一个或多个基本表或其他视图用 SELECT 语句导出的"新表"，但与数据库表相比有着一些优点和不足之处。

(1) 视图的优点。

- 查询的简单性：将复杂的查询(如多表的连接查询)定义为视图，可保留用户所关心的数据内容，剔除那些不必要的冗余数据，使其数据环境更加容易控制，从而达到简化用户检索等操作的目的。
- 安全保护：数据库管理员可以在限制表用户的基础上进一步限制视图用户，可以用 GRANT 和 RECOKE 命令为各种不同的用户授予或撤销在视图上的操作权限。这样，视图用户只能查询或修改各自能见到的数据，数据库中的其他数据对他们来说是不可见的和不可修改的，从而保证数据库中数据的安全。
- 掩盖数据库的复杂性：使用视图可以把数据库的设计和用户的操作屏蔽开，当基本表发生修改时，只需要修改视图的定义，用户仍然能够通过该视图获得与数据库中表一致的数据。

(2) 视图的不足。

● 性能的降低：SQL Server 2005 必须把视图的查询转化成基本表的查询，如果这个视图是由一个复杂的多表的连接查询，会产生一定的时间开销。

● 修改的限制：当修改视图的某些行时，SQL Server 2005 必须将其转化为对基本表行的修改。对于简单视图来说，这是很方便的，但是对于比较复杂的视图，可能就是不可修改的。

数据库设计人员在定义数据库视图时，应结合具体情况，权衡视图的优点与不足，合理地定义、使用视图。

6.1.3 任务三 不同应用目的视图创建的实例

由于视图这种数据库对象在数据查询等操作方面所特有的灵活性、安全性，因而在数据库系统开发中被广泛使用。视图可以操作基表中的部分行、部分列，还可以基于多张数据库表进行数据的组合操作，以及使用系统中的聚合函数操作数据。

1. 使用基表的行子集

使用视图的常见用法是限制用户能够存取表中的某些数据行，即数据表中行的子集。

【例 6-3】 在数据库 StudentInformation 的"学生基本信息表"上创建一个视图"V_信息工程系学生"，视图的数据由信息工程系所有学生的资料组成。

```
CREATE VIEW V_信息工程系学生
AS
SELECT * FROM 学生基本信息表 WHERE 所在系部='信息工程系'
```

2. 使用基表的列子集

如果限制用户只能存取基表部分列的数据，即基表中列的子集，那么数据库设计人员就要为这些用户提供一个"专用表"，其中的数据仅仅由这些用户所需要的列数据所组成。

【例 6-4】 在数据库 StudentInformation 的"学生基本信息表"上创建一个视图"V_女学生"，视图的数据是由女学生的姓名、性别、家庭住址资料组成的，该视图的所有修改语句还必须符合 SELECT 语句设置的准则(即使用 CHECK OPTION 子句)。

```
CREATE VIEW V_女学生
AS
SELECT 姓名,性别,家庭住址 FROM 学生基本信息表 WHERE 性别='女'
WITH CHECK OPTION
```

3. 基于多张表的创建

用户可以基于多张表提取数据生成一个单独的视图。定义这种视图，用户便可以通过对该视图的简单查询实现对那些复杂多表的查询请求，否则的话，每个查询请求都是一个复杂的多表连接。

【例 6-5】 基于数据库 StudentInformation 的"课程表"、"学生修课表"生成视图"V_学生成绩"，包括"学号"、"课程号"、"课程名"和"成绩"4 列信息，并加密该视图(即使用 ENCRYPTION 子句)。

```
CREATE VIEW V_学生成绩
WITH ENCRYPTION
AS
SELECT 学号,学生修课表.课程号,课程名,成绩
    FROM 学生修课表,课程表
    WHERE 学生修课表.课程号=课程表.课程号
```

4. 创建包含聚合函数的视图

在视图定义中可以包含 GROUP BY 子句和聚合函数,从而将这些汇总数据放到一个"可见"的表中,允许用户对它们做进一步的查询。要注意,出现在 SELECT 子句中的列名,要么包含在聚合函数中,要么包含在 GROUP BY 子句中,否则 SQL Server 2005 会报错。

【例6-6】使用聚合函数 AVG 与 GROUP BY 子句以"学生修课表"为基表,创建一个视图"V_学生平均成绩",包括所有学生的学号和平均成绩信息。

```
CREATE VIEW V_学生平均成绩
AS
SELECT 学号, AVG(成绩) FROM 学生修课表  GROUP BY 学号
```

创建包含聚合函数的视图,与创建基于表的行或列子集的视图不同,该视图中的行数据与基本表中的行数据不再是一一对应,因为使用了聚合函数对一些行数据进行了汇总。因此,不能通过这种视图来修改数据。

5. 创建基于其他视图的视图

创建视图不仅可基于一张或多张表,还可以基于其他视图。

【例6-7】 基于例 6-5 的"V_学生成绩"视图,创建视图"V_优良学生成绩"视图,其中包括课程成绩在 85~100 之间的学生信息。

```
CREATE VIEW V_优良学生成绩
AS
SELECT * FROM V_学生成绩 WHERE 成绩 BETWEEN 85 AND 100
```

6.2 技能二 掌握视图的管理

6.2.1 任务一 查看视图信息

1. 使用系统存储过程

每当创建完一个新视图后,SQL Server 2005 就在系统表中定义了该视图的存储,因此可以使用系统存储过程"sp_help"(显示视图的特征信息,如名称、拥有者、创建日期等)、"sp_helptext"(显示视图在系统表中的定义脚本信息)、"sp_depends"(显示视图所依赖的数据库对象)。这些系统存储过程的语法形式如下:

```
sp_help view_name
sp_helptext view_name
sp_depends view_name
```

【例6-8】 使用系统存储过程 sp_depends 查看"V_优良学生成绩"所依赖的对象。

```
USE StudentInformation
EXEC sp_depends V_优良学生成绩
```

其执行结果如图 6.5 所示。

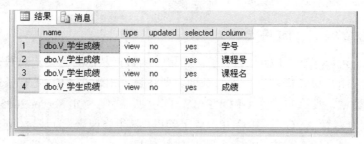

图 6.5 例 6-8 的执行结果

2. 使用 SQL Server Management Studio 查看视图

(1) 查看视图的属性。查看已有视图属性的主要操作步骤如下：

● 启动 SQL Server Management Studio 管理工具。

● 依次展开"数据库"|"StudentInformation"(视图所属的数据库)|"视图"节点。

● 在右侧的"摘要"窗口中，在视图 "V_优良学生成绩"上右击，选择快捷菜单中的"属性"命令项，系统弹出视图属性查看窗口。可通过选择"权限"项，查看视图有哪些用户对该视图具有什么样的操作权限。

(2) 查看视图执行的结果。定义完新视图后，那么就可以通过以下主要步骤查看、检验该视图的执行结果：

● 启动 SQL Server Management Studio 管理工具。

● 依次展开"数据库"|"StudentInformation"(视图所属的数据库)|"视图"节点。

● 在右侧的"摘要"窗口中，在视图 "V_优良学生成绩"上右击，选择快捷菜单中的"打开视图"命令项，即可查看到视图"V_优良学生成绩"，执行的结果如图 6.6 所示。

学号	课程号	课程名		成绩
62008221001	22106	数据结构	...	85
62008221002	22105	计算机网络	...	90
62008221003	22107	操作系统	...	87
62008221003	22104	C语言	...	86
62008221005	22108	SQL Server数据...	...	86
62008221016	22101	高等数学	...	90
62008221016	22104	C语言	...	86
62008216001	21601	会计基础	...	90
62008216001	21602	统计原理与应...	...	85
62008216002	21603	企业管理	...	85
62008216004	21602	统计原理与应...	...	93
62008216004	21603	企业管理	...	85
62008223010	22303	电工技术	...	89
62008223010	22305	食品营销	...	93
62008223011	22305	食品营销	...	87
62008223012	22303	电工技术	...	85
62008223012	22305	食品营销	...	95

图 6.6 "V_优良学生成绩"执行的结果

6.2.2　任务二　视图的修改

在数据库应用系统的开发、运行过程，随着现有业务流程的变化或新业务需求的增加，往往需要对一些已有视图的功能进行修改。例如视图所依赖的基本表结构发生了改变，用户就必须相应的修改视图的定义；用户希望通过视图能够查询到更多的信息，那么就需要定义新的视图，等等。

修改视图定义可以通过两种途径：一种是删除需要修改的已有视图，依据新功能需求重新创建；另一种是使用 ALTER VIEW 语句或是 SQL Server Management Studio 工具，在已有视图上进行完善性修改。使用后种方法修改视图的好处是，在修改实现视图定义的 T-SQL 语句的同时，可以保留该视图的使用权限，避免给视图重新分配权限。如果删除视图并重新创建，则需要数据库管理员重新分配权限。

注意：只有拥有一定权限的人员才能修改视图；在当初创建视图时若使用了 WITH ENCRYPTION 或 WITH CHECK OPTION 选项，那么修改视图时也必须使用这些选项。

修改视图既可以应用 SQL Server Management Studio 工具，也可以用 T-SQL 语言的 ALTER VIEW 语句。使用 SQL Server Management Studio 修改视图的方法很简单，选择要修改的视图，在其上右击，在弹出的快捷菜单中选择"设计"或"编辑"命令，即可进行视图的可视化修改或是 T-SQL 语句脚本修改。

可以使用 T-SQL 语言的 ALTER VIEW 语句进行视图的修改，ALTER VIEW 语句的语法与 CREATE VIEW 语句的语法类似，其主要语法格式如下。

```
ALTER VIEW [< owner>.] view_name [(column_name[,…n])]
[WITH ENCRYPTION]
AS
select_statement
        FROM  table_name
[WITH  CHECK OPTION]
```

其中主要参数的含义如下所示。

- view_name：被修改视图的名称；
- column_name：视图中包含的列名；
- WITH ENCRYPTION：对包含创建视图的 SQL 脚本进行加密。
- table_name：视图基表的名称；
- WITH CHECK OPTION：迫使通过视图进行数据修改的所有语句必须符合视图定义中设置的条件。

【例6-9】 修改在例 6-4 创建的视图"V_女学生"的定义，使其从"学生基本信息表"中查询出性别为"男"的所有学生信息。

```
ALTER VIEW V_女学生
AS
SELECT 姓名,性别,家庭住址 FROM 学生基本信息表 WHERE 性别='男'
WITH CHECK OPTION
```

6.2.3 任务三 视图的删除

如果数据库中的某些视图不再使用，为节省数据库空间及其运行效率，就可以将其删除。删除视图就是要删除实现该视图的定义及其赋予的全部权限，而原先通过视图获得的数据并不会被删除。这是为什么呢？请读者思考并予以回答。

提示：在删除视图所依赖的数据库表时，视图是不会被删除的，视图必须通过使用 SQL Server Management Studio 工具或是 DROP VIEW 语句执行删除。

使用 DROP VIEW 语句可以删除一个或多个视图，DROP VIEW 语句的语法形式如下：

```
DROP VIEW view_name [,…n]
```

以"StudentInformation"数据库中的"V_优良学生成绩"视图为例，说明使用 SQL Server Management Studio 工具删除视图的基本操作步骤如下：

- 启动 SQL Server Management Studio 管理工具。
- 依次展开"数据库"|"StudentInformation"(视图所属的数据库)|"视图"节点。
- 在右侧的"摘要"窗口中，指定视图"V_优良学生成绩"并右击，选择快捷菜单上的"删除"的命令项，系统弹出"删除对象"对话框，如果确认要删除该视图，单击对话框中的"确认"按钮即可删除对应的视图。

视图被删除后，任何基于该视图的操作将会失败。因此，在删除操作之前，最好查看一下该视图与其他数据库对象之间的依赖关系。

6.2.4 任务四 视图的重命名

视图创建后，随着对视图定义的修改，往往需要对视图重新命名。对视图重命名有两种方法：使用系统存储过程 sp_rename；使用 SQL Server Management Studio 工具。

1. 使用系统存储过程重命名视图

使用系统存储过程 sp_rename 对视图重命名的语法形式如下：

```
sp_rename  old_view_name, new_view_name
```

【例 6-10】 将例 6-9 中已经修改过的视图"V_女学生"重命名为"V_男学生"。

```
sp_rename V_女学生,V_男学生
```

2. 使用 SQL Server Management Studio 对视图重命名

使用 SQL Server Management Studio 对视图重命名的主要操作步骤如下：

- 启动 SQL Server Management Studio。
- 依次展开"数据库"|"数据库"|视图所属的数据库，再展开"视图"子节点。
- 在右侧的"摘要"窗口上，选择要重命名的视图并右击，在弹出的快捷菜单中选择"重命名"命令。
- 视图名称变为可编辑状态，输入新的视图名称并按 Enter 键即可。

6.3　技能三　掌握视图的数据应用

创建视图后重要的应用之一，就是对视图进行查询操作。对视图的查询实际上是在基表中查询数据，因为视图物理上是不存储数据的。同样，还可以通过视图修改基表的数据，修改方式与通过 UPDATE、INSERT 和 DELETE 语句操作数据表中数据的方式一样。但是对视图进行 UPDATE、INSERT 和 DELETE 操作时，会有以下限制：

- 任何修改(包括 UPDATE、INSERT 和 DELETE 语句)都只能引用一个基表的列。
- 视图中被修改的列必须直接引用表列中的基础数据，不能通过聚合函数、计算等方式派生。
- 正在修改的列不受 GROUP BY、HAVING 或 DISTINCT 子句的影响。

通过视图进行数据的插入、修改或删除操作，可以通过使用 T-SQL 语句或 SQL Server Management Studio 工具实现。

6.3.1　任务一　使用 T-SQL 语句进行视图数据的操作

使用 T-SQL 语句进行视图数据的查询、插入、修改与删除，其语法形式和对表中数据的查询、插入、修改与删除操作非常相似。

1. 从视图中查询数据

【例 6-11】 利用视图"V_男学生"查询出姓名为"魏本正"的学生信息。

```
USE StudentInformation
SELECT * FROM V_男学生 WHERE 姓名='魏本正'
```

注意：使用视图查询的 SELECT 语句中，WHERE 子句的限制条件列名要与视图的数据列名一致。

2. 向视图插入数据

【例 6-12】向视图"V_男学生"中插入一行数据：姓名、性别、家庭住址分别是"王刚"、"男"、"北京市"。

```
USE StudentInformation
INSERT INTO V_男学生(姓名,性别,家庭住址)
   VALUES('王刚', '男','北京市')
```

在执行以上语句时，系统报出如图 6.7 所示的错误。

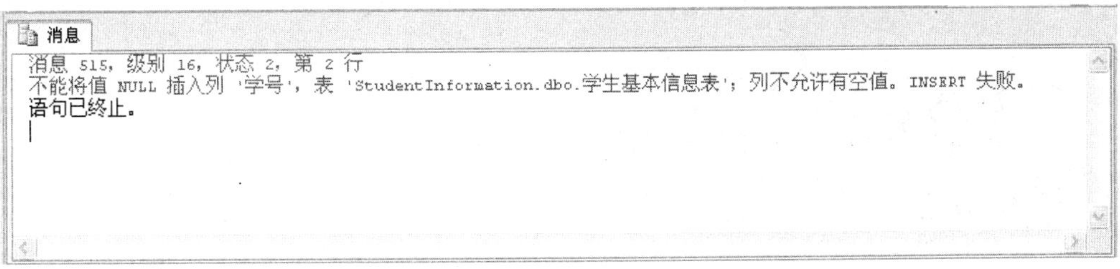

图 6.7　例 6-12 执行的错误结果

出现这条错误信息的原因是,在执行向视图"V_男学生"插入数据操作时,实质是向视图依赖的基表"学生基本信息表"中插入数据,而"学生基本信息表"中除了"姓名"、"性别"、"家庭住址"外,其他列是有不允许空值约束的,所以出现了以上错误。解决以上错误的方法是要么修改"学生基本信息表"的表结构,要么修改视图的定义。

另外,如果视图在定义时,指定"WITH CHECK OPTION"选项,而进行操作的一个或多个结果行不符合 CHECK OPTION 约束的条件,那么执行语句将终止。例如在以上例子中,向视图插入一行的性别为"女"的数据,而视图"V_男学生"在创建时 WHERE 子句检索的是"男"同学,并且使用了关键字 WITH CHECK OPTION,那么插入操作将会终止执行。

3. 修改视图的数据

【例 6-13】 将视图"V_男学生"中学生姓名为"魏本正"同学的家庭住址改为"北京市"。

```
USE StudentInformation
UPDATE V_男学生 SET 家庭住址='北京市' WHERE 姓名='魏本正'
```

4. 删除视图中的数据

【例 6-14】 删除视图"V_男学生"中姓名为"魏本正"的学生信息。

```
USE StudentInformation
DELETE  V_男学生 WHERE 姓名='魏本正'
```

6.3.2 任务二 使用 SQL Server Management Studio 进行数据操作

对视图查看、插入、修改与删除数据,可以使用 SQL Server Management Studio 工具。以数据库"StudentInformation"视图"V_信息工程系学生"为例,说明其主要操作步骤如下:

- 启动"SQL Server Management Studio"工具。
- 依次展开"数据库"|"数据库"|"StudentInformation"(视图所属的数据库),再展开"视图"子节点。
- 选择要操作的视图名称"V_信息工程系学生",右击,在弹出的快捷菜单中选择"打开视图"命令,出现如图 6.8 所示的视图查询数据显示窗口。

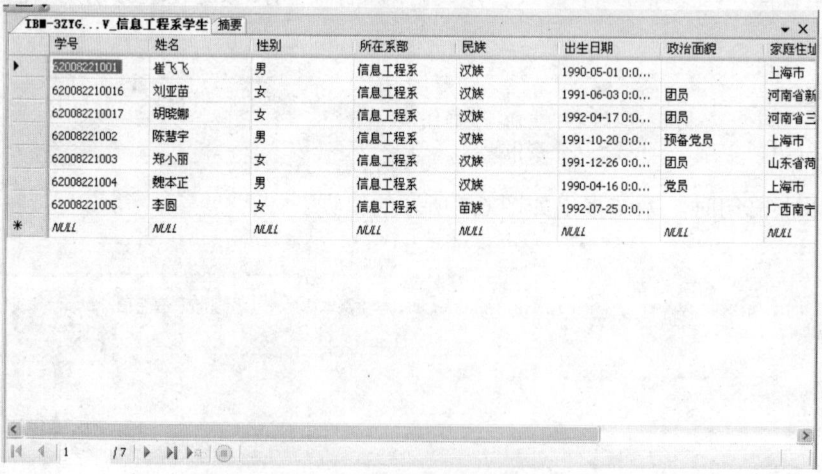

学号	姓名	性别	所在系部	民族	出生日期	政治面貌	家庭住址
620082210001	崔飞飞	男	信息工程系	汉族	1990-05-01 0:0...		上海市
620082210016	刘亚苗	女	信息工程系	汉族	1991-06-03 0:0...	团员	河南省新
620082210017	胡晓娜	女	信息工程系	汉族	1992-04-17 0:0...	团员	河南省三
620082210002	陈慧宇	男	信息工程系	汉族	1991-10-20 0:0...	预备党员	上海市
620082210003	郑小丽	女	信息工程系	汉族	1991-12-26 0:0...	团员	山东省商
620082210004	魏本正	男	信息工程系	汉族	1990-04-16 0:0...	党员	上海市
620082210005	李圆	女	信息工程系	苗族	1992-07-25 0:0...		广西南宁
NULL	NULL	NULL	NULL	NULL	NULL	NULL	NULL

图 6.8 查看"V_信息工程系学生"视图

　　插入数据，则可以直接在如图 6.8 所示窗口的最后一行进行数据的插入；修改数据，则可以直接在如图 6.8 所示的窗口中，单击要修改的数据进行修改；删除数据，则可以直接在如图 6.8 所示的窗口中，在要删除数据行的最左列右击，在弹出的快捷菜单中选择"删除"命令即可。

● 操作完成后，单击工具栏上的"执行"工具按钮确认对视图数据的修改。

提示：进行视图的数据操作时，无论是视图的创建、修改、删除，还是视图数据的查询、插入、更新、删除，都必须由具有权限的用户进行；在通过视图修改或插入数据时，必须保证未显示的具有 NOT NULL 属性的列有值，可以是默认、IDENTITY 等，否则不能向视图中插入数据行；删除基础表并不删除视图，因此建议用与基础表明显不同的名称创建视图。

6.4　技能四　熟悉视图的权限应用

　　在视图的创建以及视图中数据库数据的操作过程中，如果没有安全限制，视图的 T-SQL 定义语句就很容易被查看、修改。另外，修改视图数据的实质是修改了数据库中表的数据。因此，为了保证数据库表中数据及视图自身的安全，对视图的定义及使用必须采取一定的安全措施。

　　SQL Server 2005 加强视图的安全性主要是通过视图权限技术来实现的，即对不同的数据库用户授予不同的使用操作许可权限。数据库管理员可以针对不同的用户建立多个视图，然后对使用视图的用户授予不同的操作许可权限，必要时也可以撤销其对视图的操作许可权限。具体方法可以使用 T-SQL 语句进行视图操作许可的管理，也可以用 SQL Server Management Studio 工具进行视图操作许可权的管理。

1. 使用 T-SQL 语句进行视图操作许可权的管理

使用下列 SQL 语句进行视图操作许可权的设置。

● 授予用户 user_name 创建视图的权限：

```
GRANT  CREATE VIEW  TO  user_name
```

● 撤销用户 user_name 的创建视图权限：

```
REVOKE  CREATE VIEW  FROM  view_name
```

● 授予用户 user_name 对视图 view_name 的查询、删除权限：

```
GRANT  SELECT, DELETE  ON  view_name  TO  user_name
```

● 撤销用户 user_name 对视图 view_name 的查询、删除权限：

```
REVOKE  SELECT, DELETE  ON  view_name  FROM  user_name
```

2. 使用 SQL Server Management Studio 进行视图许可权的管理

　　使用 SQL Server Management Studio 进行视图许可的管理时，首先选择要进行许可权限管理的视图，在其上右击，在弹出的快捷菜单中选择"属性"命令，在出现的"视图属性"窗口上单击"权限"页，进入如图 6.9 所示的"权限"属性窗口，此时就可以在如图 6.9 所示的窗口上对不同用户进行视图操作许可权设置。

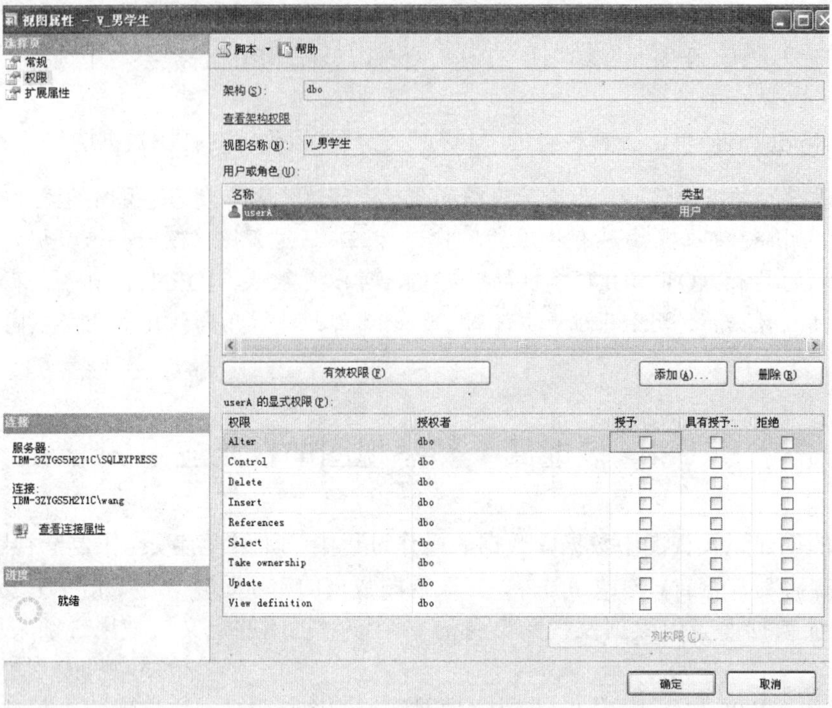

图 6.9 "权限"属性窗口

小　　结

　　视图作为一种数据库对象创建后，就可以像使用数据库表一样查询、修改、删除和更新数据。使用视图可方便用户的数据查询和处理，将分散存储在表中的数据根据业务功能将它们集中在一起使用。从用户角度看，视图屏蔽了数据库的复杂性，用户不必了解数据库的复杂表结构，就可以更改操作数据。同时，只要授予用户不同的使用视图权限，就可保证数据库操作一定的安全性。本章详细介绍了视图的创建，视图的修改、删除和重命名等管理，以及对视图数据的查询、插入、修改和删除等操作，说明了视图许可权限的应用操作实现。

习题与实训

一、填空题

　　1．在 SQL Server 2005 中，视图可以被认为是保存数据的＿＿＿＿＿，视图所对应的数据来自＿＿＿＿＿＿＿＿＿。

　　2．如果要加密视图的定义，可以在创建视图时使用＿＿＿＿＿＿关键字。

　　3．查看视图定义的 T-SQL 语句的系统存储过程是＿＿＿＿＿＿＿＿。

　　4．SQL Server 2005 中删除视图的 T-SQL 语句是＿＿＿＿＿＿＿＿＿。

　　5．授予用户创建视图权限的 T-SQL 语句是＿＿＿＿＿＿＿＿＿＿。

二、选择题

1. 下列关于视图的描述中，错误的是(　　)。
   A. 视图不是真实存在的基础表，而是一张虚表
   B. 当对通过视图查询到的数据进行修改时，相应的基表的数据也要发生变化
   C. 在创建视图时，若其中某个目标列是聚合函数，必须指明视图的全部列名
   D. 在一个语句中，一次可以修改一个以上的视图对应的基表

2. 使用 T-SQL 语句创建视图时，一般情况下不能使用的关键字是(　　)。
   A. FROM　　　　　　　　B. WHERE
   C. COMPUTE　　　　　　D. CHECK OPTION

3. 以下不属于视图特征的描述是(　　)。
   A. 数据视点集中　　　　　B. 数据物理独立
   C. 简化操作　　　　　　　D. 增强安全性

4. 下列不属于视图插入、更新数据时的限制的是(　　)。
   A. 在一个语句中，一次不能修改一个以上的视图基表
   B. 允许对视图定义中包含有 GROUP BY 子句的视图进行插入和修改
   C. 对视图中所有列的修改必须遵守视图基表中定义的各种数据约束条件
   D. 不允许对视图中的计算列进行修改

5. 数据库中的物理数据存储在下列哪种对象中？(　　)
   A. 表　　　　B. 视图　　　C. 查询　　　　D. 以上都可以

三、实训拓展

1. 实训内容

(1) 在应用数据库"StudentData"中创建视图"V_操作系统课程"，并要求包括"学号"、"课程号"、"课程名"和"成绩"列。

(2) 查看视图"V_操作系统课程"的返回结果。

(3) 使用系统存储过程查看视图"V_操作系统课程"的定义信息、所依赖表的信息。

(4) 修改视图"V_操作系统课程"的定义，在"学号"、"课程号"之间增加并显示"姓名"列。

(5) 重命名视图"V_操作系统课程"为视图"V_操作系统课程学生修课信息"。

2. 实训提示

(1) 比较使用 SQL Server Management Studio 工具和 T-SQL 语句两种方式，重点熟练掌握视图相关 T-SQL 语句的应用。

(2) 注意查询视图时列名的指定。

第7章 存储过程与触发器的开发

【导读】

使用 SQL Server 2005 开发应用程序时，T-SQL 编程语言是数据库系统中客户端应用程序和 SQL Server 数据库之间的主要编程接口，其存储和执行主要通过两种方法：将程序存储在本地，创建向 SQL Server 服务器发送数据、处理返回结果的代码；将程序作为存储过程存放在 SQL Server 服务器，创建执行存储过程，处理返回结果的代码。

使用存储过程可以完成比单条 SQL 语句更为复杂、强大的功能。由于 SQL Server 2005 数据库系统会对存储过程中的 SQL 语句进行预编译处理，这就使得其执行速度将会得到大幅度的提高。存储过程在被第一次调用执行后，保存在系统高速缓冲区中，再次执行同一个存储过程时，将从该缓冲区中执行，从而提高了其重复调用的效率。实际应用中，常将复杂的商业规则封装在存储过程中，这样在提高程序语句利用率的同时，增强了数据库应用系统的数据处理能力。

触发器是一种特殊的存储过程，它在特定语言事件发生时自动执行，可强制实现数据库应用系统的业务规则及其数据完整性、一致性。应用触发器，可在保留数据表之间已定义关系的前提下，更好地对数据表中的数据记录进行添加、更新或删除操作。

【内容概览】

- 存储过程的创建
- 查看、修改和删除存储过程
- 触发器的创建与管理

7.1 技能一 掌握存储过程的创建

SQL Server 2005 中存储过程与用户自定义函数相似，存储过程具有传递参数和执行逻辑表达式的功能，实现许多标准 SQL 语言中所不具备的复杂功能特性。学习存储过程内容将有助于在 SQL Server 中处理较为复杂的任务。

7.1.1 任务一 存储过程基础

1. 存储过程的定义

存储过程是一系列预先编辑好的、存储在 SQL Server 服务器上的 SQL 语句集合。存储过程提供了一种封装某种需要重复执行的任务的方法。一旦定义了一个存储过程，在应用程序中就可以对其调用。存储过程不仅可以包含程序控制语句及数据库查询，而且还可以接受输入参数、输出参数以及返回单个或多个结果集。可见，通过设计存储过程，可以实现功能强大的应用程序。

存储过程主要分为系统存储过程和用户自定义存储过程。

(1) 系统存储过程。系统存储过程是指在安装 SQL Server 2005 系统时，由系统自动创建的一类存储过程。系统存储过程的名称是以"sp_"为前缀，存放在系统数据库 master 中。系统存储过程主要用于从系统表中获取信息，能够为系统管理员或有权限的用户提供更新系统表。

(2) 用户自定义存储过程。用户自定义存储过程是由用户为完成某一特定功能而编写的存储过程。它主要在应用程序中使用，可完成特定的任务。对于数据库应用程序开发而言，这是最常用的存储过程。

系统存储过程是由 SQL Server 2005 提供的存储过程，以管理 SQL Server 与显示有关数据库和用户的信息。系统存储过程可从任何数据库中执行，而无需使用 master 数据库名来完全限定该存储过程的名称。建议不要创建以"sp_"为前缀的存储过程。SQL Server 2005 执行系统存储过程，始终按照下列顺序查找以"sp_"开头的存储过程：

① 在 master 数据库中查找存储过程。

② 根据所提供的限定符(数据库名称或所有者)查找该存储过程。

③ 如果未指定所有者，则使用"dbo"作为所有者查找该存储过程。

如果当前数据库中可能存在带有"sp_"前缀的、用户创建的存储过程，系统就会先检查 master 数据库(即使该存储过程已用数据库名称限定)。也就是说，如果用户创建的存储过程与系统存储过程同名，则永远不执行用户创建的存储过程。

有些 SQL Server 文献资料中，除了系统存储过程和用户自定义存储过程之外，还介绍有一种存储过程：扩展存储过程。Microsoft 发布信息称，SQL Server 2005 以后版本不再支持扩展存储过程这种技术方案，Microsoft .NET Framework 的"公共语言运行时和执行托管代码"集成提供了更为可靠和安全的方法，来替代编写扩展存储过程。因此，这里不再讲述扩展存储过程的内容。

2. 存储过程的优点

存储过程提供了一种把重复执行的任务操作封装起来的方法，允许多个用户使用相同的代码，完成相同的数据操作，支持用户提供参数，并返回结果值或修改数据值。存储过程用于实现数据库中频繁使用的查询业务规则或被其他过程使用的公共例行程序。在 SQL Server 2005 中使用存储过程与使用客户端 T-SQL 语言程序相比，具有以下优势特征。

(1) 存储过程具有处理复杂任务的能力。存储过程提供了许多标准 SQL 语言所没有的高级特征，它通过传递参数和执行逻辑表达式，能够使用十分复杂的 SQL 语句实现繁杂的业务流程。

(2) 存储过程增强了代码的重用性和共享性。每个存储过程都是为了实现特定的功能而编写的 SQL 语言模块，模块可以在系统中重复地调用，也可以被多个有访问权限的用户访问。因此，存储过程可以增加代码的重用性和共享性，加快应用系统的开发速度，减少工作量，提高开发的质量和效率。

(3) 存储过程可以加快系统运行速度。如果某一操作包含大量的 SQL 代码或多次执行，那么使用存储过程要比 SQL 代码批处理的执行速度快很多。因为存储过程是预编译的，在首次运行一个存储过程时，SQL Server 查询优化器对其进行分析、优化，并得到存储计划存储在系统表中。这样，在以后调用该存储过程时就不必再进行编译和优化，执行步骤的减少帮助了程序运行速度的提高。

(4) 存储过程可以减少网络数据通信流量。存储过程是与应用数据库一起存放在服务器中并在服务器上运行的，应用程序调用存储过程时，只有触发执行存储过程的命令和执行结束返回的结果在网络中传输。SQL Server 服务请求不需要将数据库中的数据通过网络传输到客户端进行计算，只是将计算结果通过网络完成客户端与服务器端的数据交换。因此，使用存储过程可以减少网络中的数据流量。

(5) 存储过程增强数据库系统的安全性。SQL Server 2005 存储过程的安全机制，可以保证数据库系统的安全访问。例如，用户对于某些无权访问的数据表、视图，可以授予这些用户执行存储过程的权限，通过存储过程来对这些无权访问的表或视图进行访问操作。这样，既可以保证用户能够通过存储过程操作数据库中的数据，又可以保证用户不能直接访问与存储过程相关的表，从而保证表中数据的安全性。

7.1.2 任务二 创建存储过程

使用存储过程，首先要创建存储过程。创建存储过程有两种方法，即使用 T-SQL 语句和使用 SQL Server Management Studio 工具。

创建存储过程之前，应注意一些事项：要创建存储过程必须具有 CREATE PROCEDURE 的使用权限；只能在当前数据库中创建存储过程；根据存储过程的生命周期和执行范围，存储过程有命名存储过程和临时存储过程。临时存储过程可以通过向该过程名称前添加"#"、"##"的方法进行创建。"#"表示本地临时存储过程，"##"表示全局临时存储过程。SQL Server 关闭后，这些存储过程不复存在。这里主要介绍的是常用的命名存储过程。

1. 创建存储过程的 SQL 语句语法

创建存储过程的 T-SQL 语法格式如下：

```
CREATE {PROC|PROCEDURE} [owner.] procedure_name
    [({@parameter data_type} [=default][OUTPUT])][,…n]
    [WITH procedure_option]
    AS
    sql_statement[…n]
```

其中，创建存储过程所必需的两个参数 procedure_name 和 sql_statement 是 CREATE PROCDURE 语句不可或缺的。主要参数含义如下：

- procedure_name：为新创建存储过程所指定的名称，必须遵循 SQL Server 2005 的标准命名约定，且在同一个数据库中是唯一的。
- @parameter：存储过程的输入或输出参数。
- default：参数默认值。
- procedure_option：新建存储过程的选项参数。有以下选择项：RECOMPILE(指示数据库引擎不缓存该存储过程的计划，该过程在运行时编译)；ENCRYPTION(指定将加密存储过程的定义，加密后 CREATE PROCEDURE 语句的原始文本将被转换为密码形式，该形式的代码输出到 SQL Server 2005 的任何目录视图中都不能直接显示)；FOR RECOMPILE(可用做存储过程筛选器，且只能在复制过程中执行，该选项与 RECOMPILE 不兼容即二者不能同时使用)。

- sql_statement：存储过程中实现功能的 T-SQL 语句。

2. 存储过程创建示例

一般的，在数据库系统开发中创建存储过程可参照以下步骤进行：分析功能要求，设计编写实现的 T-SQL 语句；测试这些 T-SQL 语句是否正确并能实现既定功能要求(即功能的语法测试与功能逻辑测试)；若应用程序运行得到的结果数据符合预期要求，则按照存储过程的语法创建该存储过程；执行该存储过程，验证其最终的正确性。

【例 7-1】 以数据库“StudentInformation”为例，创建存储过程，要求该存储过程返回所有学生的修课情况，包括学号、学生姓名、所学课程和成绩。

分析：按照创建存储过程的步骤，先编写完成功能的 SELECT 语句。由题可知，要查询所有学生的修课情况，包括学生学号、姓名、所学课程及成绩，其完整的 SELECT 语句如下：

```
USE StudentInformation
SELECT s.学号,s.姓名,a.课程号,a.课程名,c.成绩
    FROM 学生基本信息表 AS s INNER JOIN 学生修课表 AS c
    ON s.学号=c.学号 INNER JOIN 课程表 AS a ON c.课程号=a.课程号
```

执行以上 SELECT 语句，结果数据符合预期要求，如图 7.1 所示。

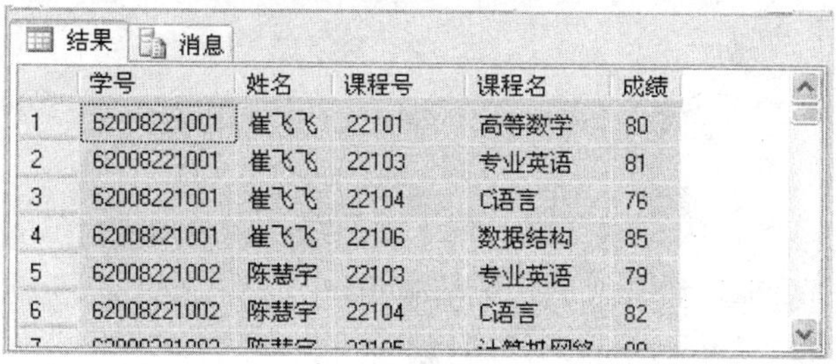

	学号	姓名	课程号	课程名	成绩
1	62008221001	崔飞飞	22101	高等数学	80
2	62008221001	崔飞飞	22103	专业英语	81
3	62008221001	崔飞飞	22104	C语言	76
4	62008221001	崔飞飞	22106	数据结构	85
5	62008221002	陈慧宇	22103	专业英语	79
6	62008221002	陈慧宇	22104	C语言	82

图 7.1　例 7-1 中 SELECT 语句的执行结果

接着创建存储过程，语句如下：

```
CREATE PROCEDURE spStuCou
AS
SELECT s.学号,s.姓名,a.课程号,a.课程名,c.成绩
    FROM 学生基本信息表 AS s INNER JOIN 学生修课表 AS c
    ON s.学号=c.学号 INNER JOIN 课程表 AS a ON c.课程号=a.课程号
```

执行以上 T-SQL 语句，即可创建存储过程“spStuCou”。如要执行该存储过程，执行如下语句：

```
EXEC spStuCou
```

在创建存储过程时，需要注意如下几点事项。

- 每个存储过程应该完成一项功能相对独立的工作任务。
- 出于安全考虑，为防止其他用户看到所编写存储过程的程序语句，创建存储过程时可以使用参数“WITH　ENCRYPTION”。
- 一般存储过程都是在服务器上创建和测试，如果需要在客户端环境运行该存储过程，那么还需要重新测试。
- 存储过程一旦创建，就存在于当前数据库中。

以上介绍的是如何创建存储过程，示例实现的存储过程较为简单，其功能只是选择数据，而后将其结果返回给客户端。用户还可以创建带各种类型参数的存储过程，存储过程通过其参数与调用程序进行通信。当程序执行这些存储过程时，可通过参数向该存储过程传递值，这些值可作为 T-SQL 编程语言中的标准变量使用；存储过程也可通过"OUTPUT"参数将值返回给调用程序。在 SQL Server 2005 系统中，一个存储过程至多允许 2100 个参数，每个参数都有名称、数据类型、方向和默认值。

带参数的存储过程更有使用价值，其功能也更加强大。接下来讨论如何创建带参数的存储过程。

7.1.3 任务三 创建使用参数的存储过程

前面举例说明的存储过程没有提供参数，对于行和列的筛选只在定义中实现，灵活性不大。而存储过程使用参数，可大大提高系统开发的灵活性。

1. 使用输入参数

存储过程使用的输入参数，是指由调用该存储过程的程序向存储过程传递进的参数。输入参数是在创建存储过程的语句中被定义的，其参数值在执行该存储过程时由调用该存储过程的语句给出。具体语法如下：

```
@parameter_name  dataype[=default]
```

其中：
- @parameter_name：为存储过程的输入参数名，必须以@符号为前缀。执行该存储过程时，应该给该输入参数提供相应的数值；
- dataype：为该输入参数的数据类型说明(可以是系统提供的数据类型，也可以是用户定义的数据类型)；
- default：如果执行存储过程时，调用程序未提供该参数值则使用 default 的值。

下面举例说明如何使用这个语法创建带输入参数的存储过程。

【例 7-2】 基于例 7-1 建立一个存储过程"spStuCouA"，其功能可以实现某一个指定学生姓名返回该学生的相关信息：学号、学生姓名、所学课程和成绩。

```
CREATE PROCEDURE spStuCouA @studentname nvarchar(10)
AS
SELECT s.学号,s.姓名,a.课程号,a.课程名,c.成绩
    FROM 学生基本信息表 AS s INNER JOIN 学生修课表 AS c
    ON s.学号=c.学号 INNER JOIN 课程表 AS a ON c.课程号=a.课程号
    WHERE s.姓名=@studentname
```

该存储过程创建之后，用户可以运行下面的语句来执行，例如以查询学生"崔飞飞"所学的课程及这些课程的任课教师姓名为例：

```
EXEC spStuCouA '崔飞飞'
```

SQL Server 2005 系统执行带输入参数的存储过程时，提供了以下两种传递参数的方式：
- 按位置传递。在执行存储过程时，直接给出参数值，当存储过程中有多个参数时，给出参数值的顺序与创建存储过程的语句中的参数顺序相一致,即参数传递的顺序就是参数定义的顺序。

● 通过参数名称传递。在执行存储过程时，使用"参数名=参数值"的形式给出参数值，这时参数可以按任意顺序给出。

2. 使用默认参数

在例 7-2 这种类型的存储过程中存在一个问题，就是如果用户不给出传递给该存储过程所需参数中的任何一个，系统都将会产生错误。解决这种问题的一种方法是建立使用默认值的参数，即使用"default"参数。在创建使用输入参数的存储过程时，开发人员必须在参数的定义之后加上等号，并在等号后面写出默认值。例如将例 7-2 中第一行代码"@studentname nvarchar(10)"替换为"@studentname nvarchar(10) = '-'"，即输入参数的默认值为"-"(减号字符)，读者可以尝试用其他字符代替。

重新创建存储过程"spStuCouA"，如果执行该存储过程时调用程序不提供任何参数，则执行返回的结果集将是空集，而不会产生错误。

【例 7-3】　在数据库"StudentInformation"建立一个存储过程，可以实现将学生信息添加到"学生基本信息表"中(即插入记录数据)。

```
CREATE PROCEDURE spAddStudent
    @id nchar(12)= NULL,
    @name nchar(10) = NULL,
    @sex nchar(2)= NULL,
    @department nchar(10)=NULL,
    @class nchar(10) = NULL,
    @birthday datetime = NULL,
    @politics nchar(10) = NULL,
    @home  nchar(30) = NULL,
    @postcode nchar(6)= NULL,
    @phonoe nchar(15)= NULL
AS
IF (@id IS NULL )OR (@name IS NULL )OR (@sex IS NULL) OR (@department IS NULL)
    OR (@class IS NULL) OR (@birthday IS NULL) OR (@home IS NULL)
    OR (@postcode IS NULL)
BEGIN
    PRINT '请重新输入该学生信息！'
    PRINT '必须提供学生的学号、姓名、性别、所在系部、民族、出生日期、家庭住址及邮政编码。'
    PRINT '(家庭地址可以为空)'
    RETURN
END
INSERT 学生基本信息表
    (学号,姓名,性别,所在系部,民族,出生日期,政治面貌,家庭住址,邮政编码,联系电话)
VALUES
    (@id, @name, @sex, @department, @class, @birthday, @politics ,@home,
@postcode, @phonoe)
    PRINT '学生'+@name+'的信息成功添加到学生基本信息中。'
```

在例 7-3 存储过程中，首先通过输入参数传入"学生基本信息表"中所需的各个字段，然后使用 IF 语句对输入参数进行检测，防止非空列输入了空值。如果出现这种情况，则给出一段提示信息，使用 RETURN 退出存储过程。最后使用 INSERT 语句把所有输入参数传递输入到表中。可以通过执行带有完整参数信息的该存储过程，完成插入新记录数据的功能。如果执行时不带任何参数或给非空列输入空值，执行后系统给出如下消息：

请重新输入该学生信息！
必须提供学生的学号、姓名、性别、所在系部、民族、出生日期、家庭住址及邮政编码。
(家庭地址可以为空)

3. 使用输出参数

通过在创建存储过程的语句中定义输出参数，可以创建带输出参数的存储过程。执行该存储过程，可以返回一个或多个值。具体语法如下：

```
@parameter_name  dataype[=default]  OUTPUT
```

其中：

- @parameter_name：存储过程的输出参数名，必须以@符号为前缀。
- dataype：输出参数的数据类型说明(可以是系统提供的数据类型，也可以是用户定义的数据类型)。
- OUTPUT：指明该参数是一个输出参数。这是一个保留字，输出参数必须位于所有输入参数之后。返回值是当存储过程执行完成时的参数的当前值。为了保存这个返回值，在调用该存储过程时 SQL 调用脚本必须使用 OUTPUT 关键字。

【例7-4】设计创建一个实现乘法计算并将运算结果作为输出参数的存储过程 spMultiplication。

```
CREATE PROCEDURE spMultiplication
    @parameter1 INT, @parameter2 INT, @result INT OUTPUT
AS
    SELECT @result = @parameter1*@parameter2
```

创建了上面的存储过程之后，下面来看看怎样使用。为了使用 spMultiplication，接受其输出参数的返回值，那么调用该存储过程的程序中也必须定义一个变量，并使用 OUTPUT 关键字指定它为调用输出参数，详细代码见例 7-5。

【例7-5】 使用存储过程 spMultiplication 计算两个数的乘积并显示。

```
DECLARE @valuel INT,@value2 INT,@valueM INT
SET @valuel=234
SET @value2=125
SET @valueM=0
EXEC spMultiplication @valuel, @value2, @valueM OUTPUT
PRINT CONVERT(CHAR(4), @valuel) + '与'+ CONVERT(CHAR(4), @value2) + '的乘积
等于：'+ CONVERT(CHAR(10), @valueM)
```

其执行结果如图 7.2 所示。

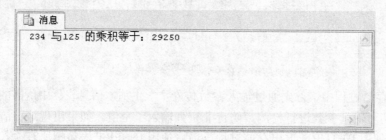

图 7.2 例 7-5 的执行结果

通过上述例题实践，可以总结得出：若存储过程使用输出参数，那么其定义的关键字

OUTPUT 是不可缺少的，否则调用将出错；若在调用含有输出参数存储过程的应用程序中忽略关键字"OUTPUT"，调用仍能执行，但输出参数的值将出现逻辑错误(即不是正确的结果)。

4. 使用返回值

存储过程可以返回一个整数类型的代码值，它用来显示存储过程的执行情况。SQL Server 2005 中每个存储过程的执行都会自动返回一个执行状态，用于告诉调用程序"执行该存储过程的状况"。调用程序可根据返回状态做出相应处理。一般在数据库系统的开发中，设计人员往往会在存储过程中使用 RETURN 语句返回表示执行程序运行状态的特定值(包括正常信息或异常信息)。

【例 7-6】 设计创建一个实现除法计算并将运算结果作为输出参数的存储过程 spDivision。

```
CREATE PROCEDURE spDivision
    @parameter1 INT, @parameter2 INT, @result INT OUTPUT
AS
    IF  @parameter2=0
        BEGIN
            PRINT '错误: 除数为'
            RETURN(1)
        END
    ELSE
        BEGIN
            SELECT @result = @parameter1 / @parameter2
            RETURN(0)
        END
```

现可以参照例 7-5 编写程序调用该存储过程，输入两个数值计算它们的商并显示程序执行状态。在选择输入参数时，建议分别输入运行除数参数为零和不为零两种情况的调用程序，以检验其返回值。

【例 7-7】 使用例 7-6 存储过程 spDivision 计算一个数除以另一个数的商，并显示调用存储过程的程序执行状态。

```
DECLARE @valuel INT,@value2 INT,@valueD INT
DECLARE @status INT
SET @valuel=234
SET @value2=2
SET @valueD=1
EXEC @status=spDivision @valuel, @value2, @valueD OUTPUT
PRINT CONVERT(CHAR(4), @valuel) + '除以'+ CONVERT(CHAR(4), @value2) + '的商
等于: '+ CONVERT(CHAR(10), @valueD)
PRINT '存储过程 spDivision 返回的状态代码值为: '+CONVERT(CHAR(1),@status)
```

其执行结果如图 7.3 所示。

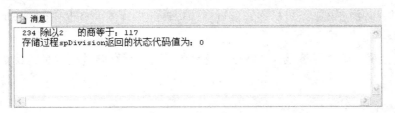

图 7.3 例 7-7 的执行结果

7.1.4 任务四 存储过程的执行

1. 存储过程的重新编译

数据库应用系统在某些情况下，如随着业务需求的变化需要改变数据库的逻辑结构(如为表新增列或者为表新增索引)。为了使应用存储过程能够根据数据库对象的改变而得到重新优化，这就要求 SQL Server 2005 在执行存储过程时执行重新编译工作(因为在重新启动 SQL Server 数据库服务器之前，存储过程访问数据表的原始查询不会被自动优化)。实现重新编译存储过程有 3 种方法。

(1) 创建存储过程时，使用创建语句 CREATE PROCEDURE 中的 RECOMPILE 重编译选项。具体语法格式如下：

```
CREATE PROCEDURE … [WITH RECOMPILE]
```

创建存储过程时在其定义中指定 WITH RECOMPILE 选项，那么 SQL Server 将不为该存储过程缓存计划，即在每次执行该存储过程时对其重新编译。当存储过程的参数值在各次执行间都有较大差异，而导致每次均需创建不同的执行计划时，可使用 WITH RECOMPILE 选项。此选项并不常用，因为每次执行存储过程时都必须对其重新编译，这样会导致存储过程的执行变慢。

【例 7-8】 在数据库"StudentInformation"中创建使用重编译选项的存储过程 spStudentCourse，用于查询某系部学生的修课成绩信息。

```
CREATE PROCEDURE spStudentCourse
    @department char(10)
    WITH RECOMPILE
AS
SELECT * FROM 学生修课表
    WHERE SUBSTRING(学号,6,3)=@department
```

(2) 在执行存储过程时重新编译。通过在执行语句 EXECUTE 中使用 WITH RECOMPILE 选项，令 SQL Server 执行一个存储过程时，重新编译该存储过程。一般当创建存储过程后数据发生显著变化时才应使用该选项。其语法如下：

```
EXECUTE procedure_name [@parameter] [ WITH RECOMPILE]
```

【例 7-9】 修改例 7-8 存储过程定义语句，去掉选项 WITH RECOMPILE，使用带重新编译选项的方法执行存储过程。

```
DECLARE @dep char(10)
EXEC spStudentCourse @dep WITH RECOMPILE
```

执行存储过程时重编译，可以在存储过程运行期间创建新的查询计划，新执行计划将存放在高速缓存中。

(3) 使用系统存储过程 sp_recompile，表示在下次执行存储过程时对其重新编译。其语法格式如下：

```
sp_recompile object_name
```

如果 object_name 是存储过程或触发器的名称，则该存储过程或触发器将在下次运行时重新编译。如果 object_name 是表或视图的名称，则所有引用该表或视图的存储过程都将在下次运行时重新编译。系统存储过程 sp_recompile 执行返回代码值为 0 表示成功，非零数字表示失败。

2．存储过程的自动执行

每次 SQL Server 2005 启动时都会执行被标记为自动执行状态的存储过程，即 SQL Server 启动 master 系统数据库后开始执行存储过程。如果有需要定期执行的操作，或者有作为后台进程运行的存储过程，并希望该存储过程在所有时间都处于运行状态，那么将存储过程标记为自动执行的方法是非常有用的。使用自动执行存储过程的另一个目的是，可以使存储过程完成系统数据库 tempdb 的系统维护任务(如创建一个全局临时表)，这样就可以实现在 SQL Server 2005 启动时重新创建 tempdb 系统数据库，始终存在一个用户特有的临时表环境。

自动执行的存储过程使用与固定服务器角色 sysadmin 成员相同的权限进行操作。该存储过程生成的所有错误消息都将写入 SQL Server 错误日志。在定义自动执行的存储过程中不要返回任何结果集，因为该存储过程是由 SQL Server 而不是某位用户执行，所以结果集将无处可去。

SQL Server 对启动存储过程的数目没有限制，但是要注意，每个启动存储过程在自动执行时都会占用一个工作线程。如果必须启动并自动执行多个存储过程又不需要并行执行时，则可以指定一个存储过程作为第一启动过程，令该过程调用其他存储过程。这样就能保证只占用一个工作线程，而不对数据库运行造成影响。

创建自动执行的存储过程，可以使用系统存储过程 sp_procoption 将现在存储过程设置为自动执行过程(sp_procoption 也可用来停止自动执行)。但是，只有 SQL Server 2005 系统管理员(如 sa)有权限利用 sp_procoption 设置、清除和控制自动执行。设置为自动执行的存储过程必须存放在 master 数据库中，不能有输入参数或输出参数。sp_procoption 的语法格式如下：

```
sp_procoption  [ @ProcName = ] 'procedure'
              ,[ @OptionName = ] 'option'
              ,[ @OptionValue = ] 'value'
```

其中主要参数的含义如下：

- [@ProcName =] 'procName'：要为其设置选项的存储过程名称；
- [@ OptionName =] 'option'：要设置的选项的名称，option 的唯一值是 startup，该值设置存储过程的自动执行状态；
- [@OptionValue =] 'value'：指示是将选项设置为开启(true 或 on)还是关闭(false 或 off)。

7.2　技能二　掌握存储过程的管理

7.2.1　任务一　查看存储过程

存储过程被创建以后，存放在创建时的当前数据库中，可通过 SQL Server 2005 提供的系统存储过程和 SQL Server Management Studio 工具查看用户存储过程的有关信息。

1．使用 T-SQL 语句查看存储过程

(1) 查看存储过程的定义。系统存储过程 sp_helptext 可查看未加密的存储过程的定义语

句。sp_helptext 功能丰富，还可用于查看用户自定义函数、触发器或视图的定义语句。其使用语法如下：

```
sp_helptext[@objname= ] 'name'
```

其中，[@objname=] 'name'是对象的名称，要查看的对象必须在当前数据库中。例如，执行"sp_helptext spStudentCourse"，可显示用户存储过程"spStudentCourse"的实现语句。

(2) 查看有关存储过程的信息。使用系统存储过程 sp_help 可查看有关存储过程的信息。具体语法形式如下：

```
sp_help procedure_name
```

其中，procedure_name 是要查看的存储过程名。执行该语句后，系统将返回指定存储过程的名称、拥有者、类型和创建时间，并且返回这个存储过程所有参数的名称、类型、宽度、精度和默认值等信息。

2. 使用 SQL Server Management Studio 查看存储过程

以应用数据库"StudentInformation"为例，使用 SQL Server Management Studio 查看存储过程的主要操作步骤如下。

● 启动 SQL Server Management Studio。
● 依次展开"数据库"|"StudentInformation"|"可编程性"|"存储过程"节点。
● 选择需要查看的存储过程并右击，然后在弹出的快捷菜单中单击"属性"命令，系统将弹出如图 7.4 所示的"存储过程属性"窗口。

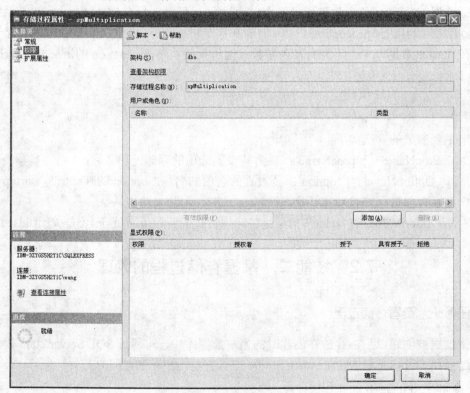

图 7.4 "存储过程属性"窗口

- 选择"选择页"下面的"常规"项，可以查看到该存储过程属于哪个数据库、创建日期、属于哪个数据库用户等信息。
- 选择"选择页"下面的"权限"项，可以为该存储过程添加用户并授予其权限。

7.2.2　任务二　修改存储过程

在实际应用开发中，为了实现用户业务需求的变化，可能需要对已经设计好的存储过程进行修改。修改存储过程多是要更改存储过程中的语句或参数，可以删除并重新创建该存储过程，也可以通过 ALTER PROCEDURE 语句修改存储过程的定义。删除并重新创建存储过程时，与该存储过程关联的所有权限都将丢失。修改存储过程，将更改过程及其参数定义，但该存储过程定义的全新被保留，并且不会影响任何相关的存储过程或触发器。

(1) 使用 T-SQL 语句修改存储过程。T-SQL 语言中提供了 ALTER PROCEDURE 语句来更改已经创建的存储过程，其语句语法格式如下：

```
ALTER {PROC|PROCEDURE} [owner.] procedure_name
    [({@parameter  data_type} [=default][OUTPUT])][,…n]
    [WITH procedure_option]
    AS
    sql_statement[…n]
```

其中主要参数含义如下。

- procedure_name：要修改存储过程的名称。
- @parameter：存储过程的输入参数或输出参数。
- default：参数默认值。
- procedure_option：存储过程的选项参数。有以下选择项。RECOMPILE(指示数据库引擎不缓存该存储过程的计划，该过程在运行时编译)；ENCRYPTION(指加密存储过程的定义，加密后存储过程语句的原始文本将被转换为密码形式，该形式的代码在 SQL Server 2005 的任何目录视图中都不能直接显示)；FOR RECOMPILE(可用做存储过程筛选器，且只能在复制过程中执行，该选项与 RECOMPILE 不兼容即二者不能同时使用)。
- sql_statement：存储过程中要实现的 T-SQL 语句。

(2) 使用 SQL Server Management Studio 修改存储过程。以应用数据库"StudentInformation"为例，使用 SQL Server Management Studio 工具修改存储过程 spMultiplication 的主要操作步骤如下。

- 启动 SQL Server Management Studio。
- 依次展开"数据库"|"StudentInformation"|"可编程性"|"存储过程"节点。
- 选择需要查看的存储过程"spMultiplication"并右击，然后在弹出的快捷菜单中单击"修改"命令，系统在详细窗口中显示该存储过程的定义语句，如图 7.5 所示。
- 进行存储过程的修改并保存。

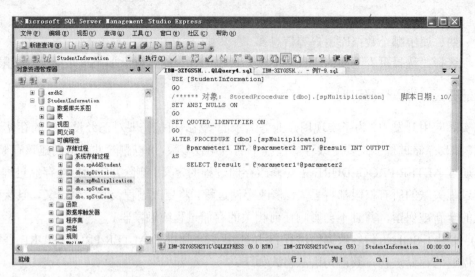

图 7.5　存储过程修改窗口

7.2.3　任务三　删除存储过程

当数据库中的存储过程不再需要时，就可以将其删除，以节省数据库空间。如果其他存储过程调用某个已被删除的存储过程，SQL Server 2005 系统会在执行调用时显示错误信息。如果重新定义了具有相同名称和参数的存储过程，替代被删除的存储过程，那么引用该存储过程的其他数据库对象仍能成功执行。

删除不再需要的存储过程可以使用 T-SQL 语句，也可以使用 SQL Server Management Studio 工具来完成。

(1) 使用 SQL 语句删除存储过程。从当前数据库中删除一个或多个存储过程的 T-SQL 语句是 DROP PROCEDURE。具体语法格式如下：

```
DROP  PROCEDUR  procedure_name[,…n]
```

其中，参数 procedure_name 是要删除的存储过程的名称；n 表示可以指定多个存储过程进行删除操作。例如，要将存储过程 spMultiplication 删除，则可以执行"DROP PROCEDURE spMultiplication"语句。

(2) 使用 SQL Server Management Studio 删除存储过程。以应用数据库"StudentInformation"为例，使用 SQL Server Management Studio 工具删除存储过程的步骤如下。

- 启动 SQL Server Management Studio。
- 依次展开"数据库" | StudentInformation | "可编程性" | "存储过程"节点。
- 选择需要删除的存储过程(如"spMultiplication")并右击，然后在弹出的快捷菜单中单击"删除"命令，在弹出的"删除对象"对话框中单击"确定"按钮，即可删除该存储过程。

7.3　技能三　熟悉触发器的应用

SQL Server 2005 提供两种主要机制来强制实现数据库系统的业务规则和数据完整性：约

束和触发器。约束已经在第 4 章有关实现数据完整性技术部分进行了详细介绍。本节将重点讲述触发器及其使用。

触发器为特殊类型的存储过程，可在执行语言事件时自动生效。很多数据库应用系统设计中，当用户插入表中一行记录时需要某种业务规则能够立即执行，以检查其合法性；当用户删除一行数据时应该立即将其他表中与该行数据相关的数据也删除掉，以保证数据的完整性；当更新某个表中的一条记录时能立即实现所有相关的数据的必要更新，以实现数据的一致性。完成以上数据库设计功能最佳的方法是使用数据库触发器。

7.3.1　任务一　触发器简介

触发器是一种实现复杂数据完整性、一致性的特殊存储过程，可在其中包含复杂的 T-SQL 语句。SQL Server 2005 包括两种常规类型的触发器：DDL 触发器和 DML 触发器。

DDL 触发器是 SQL Server 2005 的新增功能。DDL 触发器是当服务器或数据库中发生数据定义语言(DDL，Data Definition Language)事件时将被调用执行的触发器。

DML 触发器是当数据库中发生数据操作语言(DML，Data Manipulation Language)事件时将被调用执行的触发器。DML 事件包括在指定表或视图中修改数据的 INSERT 语句、UPDATE 语句或 DELETE 语句。DML 触发器可以查询其他表，还可以包含复杂的 T-SQL 语句，并将触发器和触发它的语句作为可在触发器内回滚的单个事务对待，例如，如果检测到错误(如磁盘空间不足)，则整个触发器事务即自动回滚。

1. DDL 触发器

DDL 触发器在 CREATE、ALTER、DROP 和其他 DDL 语句上操作。它们不仅用于执行管理任务(例如审核和控制数据库操作)并强制影响数据库的业务规则，而且还应用于数据库或服务器中某一类型的所有命令。

DDL 触发器多使用在以下操作背景：

- 要防止对数据库系统结构进行某些更改。
- 希望数据库中发生某种情况以响应数据库系统结构中的更改。
- 要记录数据库系统结构中的更改或事件。

触发器的作用域取决于事件。在响应当前数据库或服务器上处理的 T-SQL 事件时，DDL 触发器有可能被触发。例如，每当数据库中发生 CREATE TABLE 事件时，都会触发为响应 CREATE TABLE 事件创建的 DDL 触发器；每当服务器上发生 CREATE LOGIN 事件时，都会触发为响应 CREATE LOGIN 事件创建的 DDL 触发器。数据库范围内的 DDL 触发器都将其作为数据库对象，存储在创建它们的数据库中。服务器范围内的 DDL 触发器作为数据库对象存储在 master 系统数据库中。

2. DML 触发器

DML 触发器是在 INSERT、UPDATE 和 DELETE 语句上操作，并且表或视图中修改数据时实现强制业务规则、扩展数据完整性。对表中数据的操作有 3 种基本类型，即数据插入、修改、删除。因此，DML 触发器也分为 3 种：INSERT 触发器、UPDATE 触发器、DELETE 触发器。当向建立触发器的表中插入数据时，若该表有 INSERT 类型的触发器，INSERT 触发器就会触发执行。同样，UPDATE 触发器会因数据更新操作而触发执行，DELETE 触发器会因数据删除操作而触发执行。

DML 触发器在以下功能实现方面非常有用:

- DML 触发器可通过数据库中的相关表实现级联更改。
- DML 触发器可以防止恶意或错误的 INSERT、UPDATE 以及 DELETE 操作,并强制执行比 CHECK 约束定义的限制更为复杂的其他限制。
- 与 CHECK 约束不同,DML 触发器可以引用其他表中的列。例如,触发器可以使用插入或更新的数据,以及执行其他操作(如修改数据或显示用户定义错误信息)。
- DML 触发器可以评估数据修改前后表的状态,并根据该差异采取措施。
- 一个表中的多个同类型 DML 触发器(INSERT、UPDATE 或 DELETE)允许采取多个不同的操作来响应同一个修改语句。

根据对 DML 触发器表操作类型的不同,SQL Server 为执行的触发器创建一个或两个专用临时表:inserted 表或者 deleted 表。inserted 表和 deleted 表的结构总是与该触发器作用的表的结构相同,而且只能由创建它们的触发器引用。这些表是临时逻辑表,由系统来维护,不允许用户直接对它进行修改。触发器工作完成后,与该触发器相关的这两个表也会被删除。

(1) INSERT 触发器。当一个记录插入时,INSERT 触发器自动触发执行,触发器创建一个临时逻辑表即 inserted 表,新的记录被增加到该 inserted 表中,保存所插入记录的副本。它允许用户参考初始的 INSERT 语句中的数据,触发器可以检查 inserted 表,以确定该触发器里的操作是否应该执行和如何执行。

(2) DELETE 触发器。当删除一条记录时,DELETE 触发器自动触发执行,相应的删除触发器创建一个临时逻辑表即 deleted 表,用于保存已经从表中删除的记录。deleted 表和数据库表之间没有共同的记录。

(3) UPDATE 触发器。修改一条记录就等于删除一条旧记录,再插入一条新记录。进行数据更新也可以看成由删除一条旧记录的 DELETE 语句和插入一条新记录的 INSERT 语句组成。当在某一个触发器表的上面修改一条记录时,UPDATE 触发器自动触发执行,相应的更新触发器创建 deleted 表和 inserted 表,表中原来的记录移动到 deleted 表中,修改过的记录插入 inserted 表中。触发器可以检查 inserted 表和 deleted 表以及被修改的表,以确定是否修改了数据行和应该如何执行触发器的操作。

7.3.2 任务二 DDL 触发器的开发应用

1. 创建 DDL 触发器

创建 DDL 触发器的 T-SQL 语句语法格式如下:

```
CREATE TRIGGER trigger_name
    ON {ALL SERVER|DATABASE}
    [WITH ENCRYPTION]
    FOR { even_type|even_froup }[,…n]
    AS { sql_statement }
```

其中主要参数含义如下。

- trigger_name:新建 DDL 触发器的名称,必须遵循系统标识符规则。
- ALL SERVER:将 DDL 触发器的作用域应用于当前服务器。如果指定了此参数,则只要当前服务器中的任何位置上出现 event_type 或 event_group,就会激发该触发器。
- DATABASE:将 DDL 触发器的作用域应用于当前数据库。如果指定了此参数,则只要当前数据库中的任何位置上出现 event_type 或 event_group，就会激发该触发器。

- WITH　ENCRYPTION：对定义触发器语句的文本进行加密，使用该选项可以防止将触发器作为 SQL Server 复制的一部分进行发布。
- event_type：执行后将导致激活 DDL 触发器的 T-SQL 语言事件的名称，event_type 值可参考相关资料。
- event_group：预定义的 T-SQL 语言事件分组名称，执行任何属于 event_group 的 T-SQL 语言事件之后，都将激活 DDL 触发器。
- sql_statement：指定触发器所执行的 T-SQL 语句。

提示：服务器作用域的 DDL 触发器显示在 SQL Server Management Studio 的对象资源管理器中"服务器对象"的"触发器"下。具有数据库作用域的 DDL 触发器位于相应数据库的"可编程"的"数据库触发器"下。

【例 7-10】 创建一个 DDL 触发器"triDDL"，防止当前数据库"StudentInformation"中的表被修改或删除。

```
CREATE TRIGGER triDDL
    ON DATABASE
    FOR DROP_TABLE,ALTER_TABLE
    AS PRINT '必须使 triDDL 无效，才能删除或修改表'
        ROLLBACK
```

以上语句中的 event_typ 参数取值为"DROP_TABLE"和"ALTER_TABLE"，表示当前数据库执行表删除或修改 T-SQL 语句的事件代表值。

可以在当前数据库"StudentInformation"中检验该触发器是否起作用，执行删除或修改数据库中的任何表操作 T-SQL 语句，系统将显示提示信息"必须使 triDDL 无效，才能删除或修改表"，回滚失误，即表的修改或删除并未执行。

2. 修改 DDL 触发器

可以使用 ALTER TRIGGER 语句修改 DDL 触发器的定义，语法格式如下：

```
ALTER TRIGGER trigger_name
    ON {ALL SERVER|DATABASE}
    [WITH  ENCRYPTION]
    FOR { even_type|even_froup }[,…n]
    AS { sql_statement }
```

其中，各参数的含义与 CREATE TRIGGER 语句中的参数含义相同。

【例 7-11】 修改例 7-10 创建的触发器 triDDL，使其只在表被删除时触发。

```
ALTER TRIGGER triDDL
    ON DATABASE
    FOR DROP_TABLE
    AS PRINT '必须使 triDDL 无效，才能删除表'
        ROLLBACK
```

3. 使 DDL 触发器无效或重新生效

使 DDL 触发器无效，可以通过使用 DISABLE TRIGGER 语句，其语法格式如下：

```
DISABLE TRIGGER {trigger_name[,…]|ALL}
    ON {ALL SERVER|DATABASE}
```

其中各参数的含义如下。

- trigger_name：要禁用的触发器的名称。
- ALL：指禁用 ON 子句作用域中定义的所有触发器。
- ALL SERVER |DATABASE：将在服务器作用域或数据库作用域内执行。

要使 DDL 触发器重新有效，可以使用 ENABLE TRIGGER 语句，其语法格式如下：

```
ENABLE TRIGGER {trigger_name[,…]|ALL}
    ON {ALL SERVER|DATABASE}
```

其参数含义与"DISABLE TRIGGER"语句各参数的含义相同。

4. 删除 DDL 触发器

当不再需要某个触发器时，可将其从当前数据库中删除。删除触发器的语法格式如下：

```
DROP TRIGGER {trigger_name[,…]|ALL}
    ON {ALL SERVER|DATABASE}
```

【例 7-12】 删除当前数据库"StudentInformation"中的 DDL 触发器 triDDL。

```
DROP TRIGGER triDDL    ON DATABASE
```

删除 DDL 触发器还可以使用 SQL Server Management Studio 工具操作。要删除数据库范围的 DDL，启动 SQL Server Management Studio，在对象资源管理器中依次展开"数据库"、触发器所在的数据库、"可编程"节点，在"数据库触发器"内选中要删除的触发器，右击，在出现的"删除对象"对话框中单击"确定"按钮即可。要删除服务器范围的 DDL 触发器，可在"服务器对象"的"触发器"节点内选择要操作的对象，确认删除即可。

7.3.3 任务三 DML 触发器的开发应用

1. DML 触发器的创建

(1) 使用 T-SQL 语句创建 DML 触发器。创建 DML 触发器的语句是 CREATE TRIGGER，其语法格式如下：

```
CREATE TRIGGER trigger_name
    ON table_name
    [WITH ENCRYPTION]
    {FOR|AFTER|INSTEAD OF}
  { [INSERT][,][UPDATE] [,][DELETE]}
    AS { sql_statement}
```

其中主要参数的含义如下。

- trigger_name：要创建的触发器名称。触发器名称必须遵循标识符规则，并且在数据库中必须唯一。
- table_name：指定与所创建触发器相关联的表名，必须是数据库中已有的表。
- WITH ENCRYPTION：加密创建触发器的文本。
- AFTER：指 DML 触发器仅在触发 SQL 语句中指定的所有操作都已成功执行时才被

激活，所有的引用级联操作和约束检查也必须在激发此触发器之前成功完成。如果仅指定 FOR 关键字，则 AFTER 为默认值。

- INSTEAD OF：指 DML 触发器用于"替代"引起触发器执行的 SQL 语句。
- FOR{ [DELETE][,][INSERT][,][UPDATE]}：指定所创建的触发器将在发生哪些事件时被触发，即指定创建触发器的类型。"INSERT"表示创建插入触发器；"UPDATE"表示创建更新触发器；"DELETE"表示创建删除触发器。必须至少指定一个选项。在触发器定义中允许使用以任何顺序组合的这些关键字。如果指定的选项多于一个，以逗号分隔这些选项。
- sql-statement：指定触发器执行的 T-SQL 语句。

在创建 DML 触发器时应考虑下列问题：

- CREATE TRIGGER 语句必须是批处理中的第一个语句，该批处理中随后的其他所有语句解释为 CREATE TRIGGER 语句定义的一部分。
- 创建触发器的权限默认是数据库表的所有者，不能将该权限转给其他用户。
- 触发器为数据库对象，其名称必须遵循标识符的命名规则。
- 触发器可以引用当前数据库以外的对象，但只能在当前数据库中创建触发器。
- 虽然不能在临时表或系统表上创建触发器，但是触发器可以引用临时表。
- 在 SQL Server 2005 中也可以对视图建立触发器，只要将视图名称作为 table_name 参数用在创建语法中即可。

【例 7-13】　以数据库"StudentInformation"为例，在"学生基本信息表"上建立一个插入型触发器，该触发器向客户端显示提示信息。

```
CREATE TRIGGER retriDML
    ON 学生基本信息表
    AFTER INSERT
    AS PRINT '在学生基本信息表中添加一名学生'
```

为了检验该触发器是否起作用，执行以下代码，向"学生基本信息表"中插入一条新记录数据：

```
USE StudentInformation
INSERT INTO 学生基本信息表
    VALUES('62008221053','李银虎','男','信息工程系','壮族','1992-10-01',
    '团员','广西南宁','300010','15812345678')
```

以上语句代码执行结果就是向表中插入新记录后，显示触发器中定义的提示信息，如图 7.6 所示。

图 7.6　例 7-13 的执行结果

使用 DML 触发器在两个表之间强制实现业务规则。由于 CHECK 约束不能引用其他表中的列，表间的任何约束(在具体应用中为业务规则)都必须定义为触发器。

【例 7-14】 在数据库"StudentInformation"中，在"学生修课表"中添加学号是"62008221003"学生学习的一门课程(课程号为"223031")的成绩，那么要检查该门课程是否已在"课程表"中登记。

```
CREATE TRIGGER insertriDML
    ON 学生修课表
    AFTER INSERT
AS
    DECLARE @course nvarchar(6)
    SET @course='223031'
    IF(SELECT inserted.课程号 FROM 课程表, inserted WHERE 课程表.课程号
        =inserted.课程号)=@course
        PRINT '该课程登记'
    ELSE
        BEGIN
            PRINT '该课程没有登记'
            ROLLBACK
        END
```

以上触发器定义代码中的临时变量@course 是为举例方便，读者可以尝试给它赋予不同的值来做实验。执行以上代码后，将在"学生修课表"中创建名为"insertriDML"的触发器。为了检验其功能，再执行以下代码。

```
USE StudentInformation
INSERT INTO 学生修课表
    VALUES('62008221001','223031','90')
```

该课程(课程号为"223031")没有在"课程表"中登记。这段代码执行后结果如图 7.7 所示。

图 7.7　例 7-14 代码验证结果

【例 7-15】 在数据库"StudentInformation"的"学生基本信息表"上创建删除触发器，实现"学生基本信息表"与"学生修课表"的级联删除，即在"学生基本信息表"中删除某一学生记录时，自动在"学生修课表"删除与该学生对应的全部课程成绩记录信息。

```
CREATE TRIGGER studentdelDML
    ON 学生基本信息表
    AFTER DELETE
    AS
        DELETE FROM 学生修课表
            WHERE 学生修课表.学号 IN (SELECT deleted.学号 FROM deleted )
```

执行如下代码，删除学号为"62008216002"学生的所有记录信息。

```
USE StudentInformation
DELETE  FROM 学生基本信息表
      WHERE 学号='62008216002'
```

这时，在删除"学生基本信息表"中该学生的基本信息的同时也删除了"学生修课表"中该学生的全部修课记录，执行结果如图 7.8 所示。

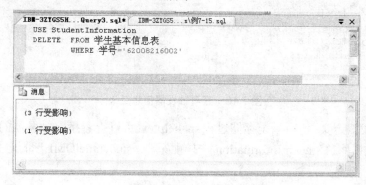

图 7.8　例 7-15 实现级联执行结果

(2) 使用 SQL Server Management Studio 创建 DML 触发器。以数据库"StudentInformation"为例，说明使用 SQL Server Management Studio 工具创建 DML 触发器的步骤如下。

● 启动 SQL Server Management Studio。

● 依次展开"数据库"|"StudentInformation"|"表"节点。

● 再展开将在其上创建触发器的表(如学生基本信息表)节点，在其"触发器"节点上右击，选择快捷菜单上的"新建触发器"命令，系统文档窗口显示"触发器创建模板"，如图 7.9 所示。

图 7.9　新建触发器窗口

● 在触发器创建模板上输入触发器创建 SQL 语句。

● 单击工具栏上的"执行"按钮，完成触发器的创建，如需保存触发器的创建定义语句，则单击工具栏上的"保存"按钮。

2. DML 触发器的管理

(1) 查看 DML 触发器信息。使用 T-SQL 语句和 SQL Server Management Studio 可以获取表中触发器的类型、触发器的名称、触发器的所有者以及触发器创建的日期。如果触发器创建或修改时没有进行加密，还可以获取触发器定义的有关信息，了解该触发器影响的基础表。

1) 使用 T-SQL 语句查看触发器信息

① 查看表中的触发器信息。使用系统存储过程 sp_helptrigger 可以查看指定表中所定义的触发器及其类型。例如，要查看"学生基本信息表"中的触发器信息，可以使用下列语句：

```
EXEC  sp_helptrigger    学生基本信息表
```

执行的结果如图 7.10 所示。

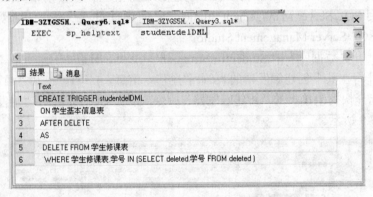

	trigger_name	trigger_owner	isupdate	isdelete	isinsert	isafter	isinsteadof	trigger_schema
1	retriDML	dbo	0	0	1	1	0	dbo
2	studentdelDML	dbo	0	1	0	1	0	dbo

图 7.10 查看触发器信息结果

② 查看触发器定义。使用系统存储过程 sp_helptext 可以查看指定触发器的定义 SQL 语句。例如，要查看数据库"StudentInformation"中触发器"studentdelDML"的定义代码，可以使用下列语句：

```
EXEC  sp_helptext   studentdelDML
```

执行的结果如图 7.11 所示。

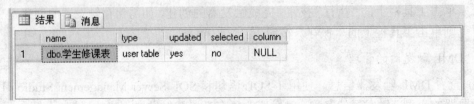

图 7.11 查看触发器定义的结果

③ 查看触发器的相关性。使用系统存储过程 sp_depends 可以查看指定触发器的相关性，了解触发器所依赖的表或视图。例如，可以使用下面的语句来查看数据库"StudentInformation"的"学生基本信息表"中触发器"studentdelDML"的相关性。

```
EXEC  sp_depends   studentdelDML
```

其显示结果如图 7.12 所示。

	name	type	updated	selected	column
1	dbo.学生修课表	user table	yes	no	NULL

图 7.12 查看触发器相关性的结果

2) 使用 SQL Server Management Studio 查看触发器依赖关系

- 启动 SQL Server Management Studio。
- 依次展开"数据库"|"StudentInformation"(指定的数据库名称)|"表"节点。
- 再展开将要查看触发器的表(如学生基本信息表)节点，在其"触发器"节点中指定触发器上右击，选择快捷菜单上的"查看依赖关系"命令。
- 查看完毕单击"确定"按钮即可。

(2) 修改 DML 触发器。在实际应用中，可能需要对触发器的定义或功能进行修改。修改触发器定义，可以删除并重建触发器，也可以重新定义已有的触发器。修改触发器所要完成的功能，则可以在不改变触发器名的情况下修改触发器内容。触发器可以重命名，一个用户只能重命名自己拥有的触发器，而数据库所有者可以重新命名该数据库任意用户的触发器。

① 使用 T-SQL 语句修改。使用 T-SQL 语句 ALTER TRIGGER 可以修改 DML 触发器，其语法与 CREATE TRIGGER 类似。具体语法形式如下：

```
ALTER TRIGGER  trigger_name
  ON table_name
  [WITH ENCRYPTION]
  {FOR|AFTER|INSTEAD OF}
  { [INSERT][,][UPDATE] [,][DELETE]}
  AS { sql_statement}
```

在以上语法形式中，各参数含义如下。

- trigger_name：要更改的触发器名称。
- able_name：指定触发器在其上执行的表或者视图名称。
- WITH ENCRYPTION：加密触发器的定义语句。
- FOR|AFTER|INSTEAD OF} {[DELETE] [,][INSERT][,][UPDATE]}：指定所更改的触发器将在发生哪些事件时被触发。如 INSERT 表示发生插入数据时触发。必须至少指定一个选项。在触发器定义中允许使用以任意顺序组合的这些关键字。如果指定的选项多于一个，需用逗号分隔。
- sql_statement：指定触发器执行的 SQL 语句。

② 使用 SQL Server Management Studio 工具修改。使用 SQL Server Management Studio 工具修改 DML 触发器，可参照以下主要步骤。

- 启动 SQL Server Management Studio。
- 依次展开"数据库"|"StudentInformation"(指定的数据库名称)|"表"节点。
- 再展开将修改指定触发器的表(如学生基本信息表)节点，在其"触发器"节点中指定的触发器上右击，选择快捷菜单上的"修改"命令，在编辑窗口修改该触发器的即可。

(3) 使 DML 触发器无效或重新生效。使 DML 触发器无效，也就是在当前数据库中，通过操作让 DML 触发器失去作用，但将来某个时候还可以再次使用。DISABLE TRIGGER 语句的语法格式如下：

```
DISABLE TRIGGER {trigger_name[,…]|ALL}
    ON object_name
```

其中各参数的含义如下。

- trigger_name：要禁用的触发器的名称。
- ALL：指禁用 ON 子句对象中定义的所有触发器。
- object_name：该触发器所依赖的数据库对象(如表、视图)名称。

要使 DML 触发器重新有效，可以使用 ENABLE TRIGGER 语句，其语法格式如下：

```
ENABLE TRIGGER {trigger_name[,…]|ALL}
    ON object_name
```

其参数含义与 DISABLE TRIGGER 语句各参数的含义相同。

(4) 删除 DML 触发器。当不再需要某个 DML 触发器时，可将其删除。当该 DML 触发器被删除时，其所基于的表和数据并不受影响。如果是删除该 DML 触发器所依赖的表，那么将自动删除其上所有的 DML 触发器。

① 使用 T-SQL 语句删除。使用 DROP TRIGGER 语句可以从当前数据库的某个表中删除一个或多个触发器。其语法格式如下：

```
DROP  TRIGGER  trigger_name [,… n]
```

其中，trigger_name 指要删除的触发器名称。

例如要删除触发器"studentdelDML"，可执行语句"DROP TRIGGER studentdelDML"。

② 使用 SQL Server Management Studio 删除。使用 SQL Server Management Studio 工具删除 DML 触发器，可参照以下主要步骤：

- 启动 SQL Server Management Studio。
- 依次展开"数据库"|"StudentInformation"(指定的数据库名称)|"表"节点。
- 再展开将要删除触发器的表(如学生基本信息表)节点，在其"触发器"节点中指定的触发器上右击，选择快捷菜单上的"删除"命令即可。

说明：如果触发器所依赖的数据表上有约束，那么这些约束在触发器执行之前进行检查，若操作与约束冲突，那么该触发器将不执行。可使用嵌套触发器执行一些有用的日常工作，如保存前一个触发器所影响行的一个备份副本。无论是 DDL 触发器，还是 DML 触发器，当触发器执行过程中启动其他触发器的操作时，这些触发器成为了嵌套触发器。触发器至多可嵌套 32 层，并且可以控制是否通过"嵌套触发器"服务器配置选项进行触发器嵌套设置(即"nested triggers")。由于触发器在事务中执行，如果在一系列嵌套触发器的任意层中发生错误，则整个事务都将取消，且所有的数据修改都将回滚。因此，可以在触发器中包含"PRINT"语句，用以显示错误发生的位置。

小　　结

存储过程与触发器是关系型数据库系统开发中常用而重要的技术。存储过程是一系列预先编辑好的、存储在 SQL Server 服务器上的 SQL 语句集合，通过使用输入、输出参数增强了程序的功能。存储过程主要分为系统存储过程和用户自定义存储过程。触发器是一种实现复杂数据完整性、一致性的特殊存储过程，可在执行语言事件时自动生效。触发器分为两大类：DDL 触发器和 DML 触发器。DML 触发器又分为 INSET 型、UPDATE 型和 DELETE 型。本章主要通过使用 T-SQL 语句和 SQL Server Management Studio 工具详细介绍了存储过程、触发器的开发应用，包括创建和查看、修改、删除等管理操作的具体步骤。

习题与实训

一、填空题

1．存储过程是一系列预先编辑好的、存储在 SQL Server 服务器上的_____。

2．触发器是一种实现复杂数据完整性、一致性的特殊_____，可在执行语言事件时自动生效。

3．触发器主要分为两大类：_____和_____。

4．存储过程主要分为_____和_____。

5．使用_____ 语句可以修改存储过程。

6．实现删除触发器的功能语句是_____。

二、选择题

1．下面关于存储过程的描述中哪些是正确的？（　　）

  A．系统存储过程和用户自定义存储过程可以具有相同的名称

  B．用户自定义存储过程不能使用输入、输出参数

  C．存储过程可以减少网络数据通信流量

  D．使用用户自定义的存储过程将减低系统的安全性

2．用于创建用户自定义存储过程的 T-SQL 语句是（　　）。

  A．CREATE DATABASE　　　　B．ALTER DATABASE

  C．CREATE PROCEDURE　　　　D．CREATE TABLE

3．DDL 触发器可基于下列（　　）语句上触发执行。

  A．CREATE　　　B．INSERT　　　C．UPDATE　　　D．DELETE

4．DML 触发器可基于下列（　　）语句上触发执行。

  A．CREATE　　　B．ALTER　　　C．DROP　　　　D．INSERT

5．用于修改存储过程的 T-SQL 语句是（　　）。

  A．ALTER TABEL　　　　　　B．ALTER DATABASE

  C．ALTER PRO　　　　　　　D．ALTER TRIGGER

6．使触发器失效的 T-SQL 语句是（　　）。

  A．ENABLE TRIGGER　　　　B．DISABLE TRIGGER

  C．DELETE TRIGGER　　　　D．DROP TRIGGER

7．DML 触发器的作用范围域是（　　）。

  A．系统　　　　B．服务器　　　C．数据库　　　D．表

三、实训拓展

1．实训内容

在示例数据库"StudentInformation"中，完成以下功能编程：

(1) 创建存储过程，实现能根据"学号"得出该名学生住在几号宿舍楼。

(2) 执行(1)中创建的存储过程，查询住宿信息。

(3) 创建 INSERT 触发器，实现在"学生修课表"中添加数据时，判断"学号"、"课程号"是否合法，如果非法则对插入操作进行回滚。

(4) 通过向"学生修课表"中添加数据添加数据记录，检验执行(3)中创建的触发器的功能是否起作用。

2. 实训提示

(1) 正确分析要完成指定功能的 T-SQL 语句。

(2) 存储过程如果需要带参数，可考虑如何使用输入、输出参数。

(3) 验证所创建触发器可能触发或不被触发的执行结果情况。

第 8 章　游标与事务的应用

【导读】

游标作为一种数据库对象，类似于 C 语言的指针。通常数据库执行的多数 SQL 语句都是同时处理集合内部的所有数据，也就是表的行集合数据。但是，有时应用系统的某些功能需要对数据集合中的某一行进行操作。如果不采用游标，那么这种功能的实现就不得不由数据库系统前台高级语言程序来承担，从而导致大量数据在网络中的传输。通过使用游标就可以在数据库服务器端有效地解决这种问题。

事务是数据库系统并发控制的基本单位。并发是指支持多个用户能够同时访问数据库。当数据库引擎所能支持的并发操作数越大时，数据库并发程度就会越高。事务作为一个逻辑工作单元，通过 SQL 事务控制语句及事务处理过程中的锁机制，可以较好地保证数据库中数据的完整性和一致性。由于数据库是用户的共享资源，为防止多个用户之间对数据进行操作产生异常，系统自动在用户操作数据时进行加锁，保证一个用户在对数据进行修改时，其他用户不能同时对相同数据进行操作。

【内容概览】

- 游标、事务的概念
- 游标的应用及其数据操作
- 事务控制语句及锁的了解

8.1　技能一　熟悉游标的应用

8.1.1　任务一　游标的概念

在 SQL Server 2005 数据库中，由 SELECT 语句检索、查询得到的数据往往包括在满足 WHERE 子句条件的所有行中，这些返回的所有行又称为结果集。用户可以把这个结果集保存到一个文件里，或生成一个新表作为其他程序的处理数据对象。应用程序特别是交互式联机应用程序，并不总是能将整个结果集作为一个单元来有效地处理，有时需要一种机制实现每次处理一行或一部分行。游标正是提供了这种处理机制。游标作为一种处理数据的方法，在查看或者处理结果集中的数据时，游标实现了在结果集中向前或者向后浏览数据的能力。可把游标理解为是一种指针，既可以指向数据结果集的当前位置，也可以指向结果集中的任意位置，允许用户对指定位置的数据进行处理，把结果集中的数据有选择地存储在数组、应用程序中。

在实际编程应用中，通过游标定位结果集的特定行、从结果集的当前位置检索一行或多行、支持对结果集中当前位置行进行数据修改等工作方式，可以总结出以下使用游标在数据操作中的重要作用：

- 允许程序对由查询语句 SELECT 返回的行集中的每一行数据执行相同或不同的操作，而不是对整个行集合执行同一个操作；
- 提供对基于游标位置的表中的行进行删除和更新的能力；
- 游标作为面向集合的数据库管理系统(RDBMS)和面向行的程序设计之间的桥梁，实现了数据处理的多样性、灵活性。

8.1.2 任务二 游标的使用步骤

游标主要用在存储过程、触发器和 T-SQL 语句脚本中。在使用游标时，可以把它理解为是一种变量，必须先声明后使用。在 SQL Server 2005 中使用游标由以下 5 个步骤组成：声明(定义)游标、打开游标、提取数据并处理(更新或删除)数据、关闭游标和释放游标。游标使用的工作流程如图 8.1 所示。

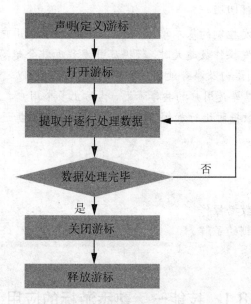

图 8.1 游标使用的工作流程

1. 声明游标

声明游标就是使用 T-SQL 语言的 DECLARE CURSOR 语句定义(或创建)一个游标，其语法格式如下：

```
DECLARE  cursor_name [INSENSITIVE][SCROLL] CURSOR
    FOR  select_statement
    [FOR {READ ONLY|UPDATE[OF column_name_list]}]
```

其中主要参数的含义如下。

- cursor_name：是新建游标的名称，遵循 SQL Server 2005 标识符的命名规范。
- INSENSITIVE：定义一个游标时将在 tempdb 数据库中创建一个临时表，用于存储由该游标提取的数据。任何通过这个游标进行的操作，都在这个临时表里进行。因此，在对该游标进行提取操作时返回的数据中不反映对基表所做的修改，并且该游标不允许修改。如果省略 INSENSITIVE，那么用户对基表进行的任何操作都将在游标中反映出来。

- SCROLL：指定所有的提取选项(NEXT、PRIOR、FIRST、LAST、ABSOLUTE、RELATIVE)均可用。如果在声明时未指定 SCROLL，则声明的游标只具有 NEXT 功能，且是唯一的功能。
- select_statement：是定义游标结果集的标准 SELECT 语句，这个 SELECT 语句必须有 FROM 字句，不允许使用关键字 COMPUTE、COMPUTE BY、FOR BROSE 和 INTO。
- READ ONLY：设置游标为只读，使用该关键字时不能通过该游标更新数据。因此在 UPDATE 或 DELETE 语句中不能引用此种游标。
- UPDATE [OF column_name_list]：定义了游标内可更新的列。如果指定 OF column_name_list 参数，则只允许修改所列出的列。如果在 UPDATE 中未指定，则默认可以更新所有的列。

注意：游标有且只有两种方式：FOR READ ONLY 或 FOR UPDATE。当游标方式指定为 FOR READ ONLY 时，游标涉及的表不能被修改；当游标方式指定为 FOR UPDATE 时，可以删除或更新游标涉及的表中的行。通常，这也是默认的方式，即不指定游标方式时为 FOR UPDATE 方式。

2．打开游标

声明游标的 DECLARE CURSOR 语句必须是在该游标的任何 OPEN 语句之前，也就是说游标只有先定义才能打开、执行其他操作。打开游标使用 OPEN 语句，其语法格式如下：

```
OPEN [GLOBAL] cursor_name
```

其中主要参数的含义如下：

- GLOBAL：指定 cursor_name 为全局游标。
- cursor_name：已声明定义的游标名称。如果全局游标和局部游标都是用 cursor_name 作为其名称，那么对其指定 GLOBAL，cursor_name 就是全局游标，否则 cursor_name 就是局部游标。

打开一个游标以后，可以使用无参函数"@@ERROR"来判断打开操作是否成功。如果这个函数的返回值为 0，则表示游标打开成功，否则打开失败。当游标打开成功之后，可以使用无参函数"@@CURSOR_ROWS"来获取当前存在的记录行数。无参函数"@@CURSOR_ROWS"的取值有：N(表示该游标所定义的数据已完全从表中读入，N 为全部的数据行)；-M(该游标所定义的数据未完全从表中读入，M 为当前游标数据子集内的数据行)；0(表示无符合条件的数据或该游标已被关闭或释放)；-1(表示该游标为动态的，数据行经常变动无法确定)。

3．从打开的游标中提取行

游标被打开后,游标当前位置位于结果集的第一行之前,此时可以从结果集中提取(FETCH)行。SQL Server 2005 将沿着结果集一行或多行向下移动游标位置，不断提取结果集中的数据，并修改和保存游标当前的位置，直到结果集中的行全部被提取。

从打开的游标中提取行的语法格式如下：

```
FETCH [NEXT|PRIOR|FIRST|LAST|ABSOLUTE{n|@nvar}|RELATIVE{n|@nvar}]
   FROM cursor_name [ INTO  fetch_target_list]
```

其中主要参数的含义如下。

- cursor_name：为已声明并被打开的游标名称。
- NEXT：NEXT 表示取结果集中的下一行数据，如果是游标的第一次提取操作则返回结果集中的第 1 行。游标移动方向缺省是 NEXT，即向下移动。
- PRIOR：表示取结果集中的前一行数据并将其作为当前行。
- FIRST：表示取结果集中的第一行数据并将其作为当前行。
- LAST：表示取结果集中的最后一行数据并将其作为当前行。
- ABSOLUTE{n|@nvar}：表示按绝对位置取数据。如果 n|@nvar 为正数，返回从游标头开始的第 n 行并将返回行作为当前行。如果 n|@nvar 为负数，返回游标尾之前的第 n 行并将返回行作为当前行。如果 n|@nvar 为 0，则没有返回行。
- RELATIVE{n|@nvar}：表示按相对位置取数据。如果 n|@nvar 为正数，返回从当其行开始的第 n 行并将返回行作为当前行。如果 n|@nvar 为负数，返回从当其行之前的第 n 行并将返回行作为当前行。如果 n|@nvar 为 0，则没有返回行。
- INTO fetch_target_list：表示允许将提取操作的列数据放在局部变量中。列表中的各个变量从左到右与游标结果集的相应列相关联。各变量的数据类型必须与相应的结果列的数据类型匹配或是结果列数据类型所支持的隐性转换。变量的数目必须与游标选择列表中的列的数目一致。

有以下两个全局变量提供了关于游标活动的信息。

- "@@FETCH_STATUS"：保存着最后 FETCH 语句执行后的状态信息。其值和含义：0(表示成功完成 FETCH 语句)；-1(表示 FETCH 语句执行有错误，或者当前游标位置已在结果集中的最后一行，结果集中不再有数据)；-2(表示提取的行不存在)。
- "@@rowcount"：保存着自游标被打开后的第一个 FETCH 语句，直到最近一次的 FETCH 语句为止，已从游标结果集中提取的行数。也就是说，它保存着任何时间点上客户端程序已经提取的总行数。一旦结果集中所有的行都被提取，那么 @@rowcount 的值就是该结果集的总行数。每个打开的游标都与特定的@@rowcount 有关，关闭游标时该@@rowcount 变量也被删除。在 FETCH 语句执行时，查看这个变量可得知从游标结果集中已提取的行数。

当游标定义为可更新的，则当定位在游标中某一行时，可使用 UPDATE 或 DELETE 语句中的 WHREE CURRENT OF cursor_name 子句执行更新或删除操作。

4. 关闭游标

在游标的使用过程中，SQL Server 服务器专为游标开辟一定的内存空间存放游标操作的数据结果集，同时游标使用也会根据具体情况对这些数据进行封锁。所以在不使用游标时，一定要关闭游标，以通知数据库服务器释放游标占用的资源。

关闭游标的语法格式如下：

```
CLOSE cursor_name
```

其中，cursor_name 是已被打开并将要被关闭的游标名称。当用户退出当前 SQL Server 会话时或从声明游标的存储过程返回时，SQL Server 数据库服务器会自动关闭已打开的游标。

5. 释放游标

释放游标是指释放所有分配给此游标的系统资源。释放游标的语法格式如下：

```
DEALLOCATE CURSOR  cursor_name
```

其中，cursor_name 是将要被 DEALLOCATE CURSOR 语句释放的游标名称。如果释放一个已被打开但未关闭的游标，SQL Server 数据库服务器在退出时会自动先关闭这个游标，然后再释放它。

关闭游标与释放游标的区别是：关闭游标并不改变游标的定义，一个游标关闭后，不需要再次声明，就可以重新打开并使用它。但一个游标释放后，就释放了与该游标有关的一切资源，也包括游标的声明，游标释放后就不能再使用游标了，如需再次使用该游标，就必须重新定义。

【例 8-1】 定义并使用游标。在数据库"StudentInformation"中将"学生基本信息表"中所有学生的姓名、家庭住址逐行显示出来。

```
USE StudentInformation
DECLARE @student_idNC nchar(10),@student_nameNC nchar(10), @home_addressNC
nchar(30)
DECLARE studentCUR SCROLL CURSOR
    FOR
    SELECT 学号,姓名,家庭住址 FROM 学生基本信息表 FOR READ ONLY
OPEN studentCUR
FETCH FROM studentCUR INTO @student_idNC,@student_nameNC, @home_addressNC
WHILE @@FETCH_STATUS=0
    BEGIN
        PRINT '学号：'+@student_idNC+'  ,  '+'姓名：'+@student_idNC+'  ,  '+'家庭
住址：'+@home_addressNC
        FETCH FROM studentCUR
    END
CLOSE studentCUR
DEALLOCATE studentCUR
```

以上示例代码是将游标和 WHILE 循环语句结合在一起，使用游标给变量赋值，通过判断循环变量@@FETCH_STATUS 的值，确定游标中数据是否取完，从而决定是否终止循环。其执行的结果如图 8.2 所示。

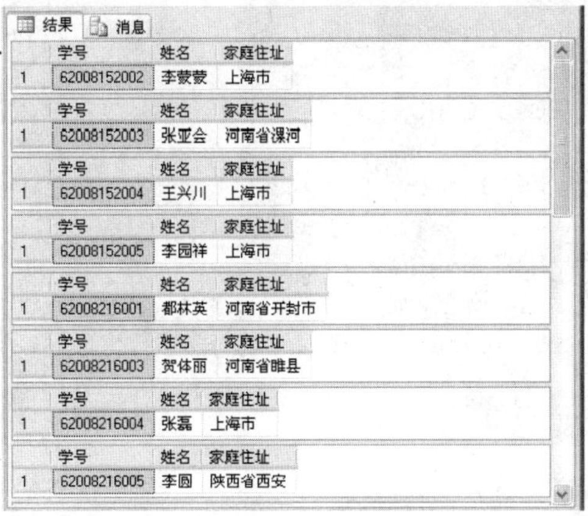

图 8.2　例 8-1 的执行结果

8.1.3 任务三 使用游标修改数据

用户可以在 UPDATE 或 DELETE 语句中使用游标来更新、删除数据表或视图中的行，但不能用来插入新行。

1. 更新数据

通过在 UPDATE 语句中使用游标可以更新数据表或视图中的行。被更新的行依赖于游标位置的当前值。在 UPDATE 语句中使用游标更新数据的语法形式如下：

```
UPDATE {table_name|view_name}
SET [{table_name.|view_name.}]column_name = { new_value}[… n]
WHERE CURRENT OF cursor_name
```

其中各参数含义如下。

● table_name|view_name：是要更新的表名或视图名，可以是该游标定义中 SELECT 语句的表名或视图名。

● column_name：要更新列的列名，可以加或不加限定。但它们必须是该游标定义中 SELECT 语句 UPDATE OF column_name_list 的子集。

● new_value：被更新列的新值，可以是一个表达式、空值或子查询。

● WHERE CURRENT OF：表示 SQL Server 只更新由游标指定位置所确定的当前行。

● cursor_name：已声明以 FOR UPDATE 方式使用并已被打开的游标名。

使用该形式语句每次只能更新当前游标位置确定的那一行。游标首次使用 OPEN 语句时游标位置定义在结果集第一行前，可以使用 FETCH 语句把游标位置定位在要被更新的数据行处。用 UPDATE…WHERE CURRENT OF 语句更新表中的行时，由于不会移动游标位置，因此被更新的行可以再次被修改，直到下一个 FETCH 语句的执行。UPDATE…WHERE CURRENT OF 语句可以更新被连接的多表，但只能更新其中一个表的行，即所有被更新的列都来自于同一个表。

【例 8-2】 在数据库"StudentInformation"中"学生基本信息表"上定义一个游标，将游标中绝对位置为 5 的学生的家庭住址更改为"浙江省杭州市"。

```
USE StudentInformation
DECLARE @student_idNC nchar(10),@student_nameNC nchar(10), @home_addressNC nchar(30)
DECLARE studentCUR SCROLL CURSOR
    FOR
    SELECT 学号,姓名,家庭住址 FROM 学生基本信息表 FOR UPDATE OF 家庭住址
OPEN studentCUR
FETCH ABSOLUTE 5 FROM studentCUR
UPDATE 学生基本信息表 SET 家庭住址='浙江省杭州市' WHERE CURRENT OF studentCUR
FETCH ABSOLUTE 5 FROM studentCUR
CLOSE studentCUR
DEALLOCATE studentCUR
```

以上代码的执行结果如图 8.3 所示。

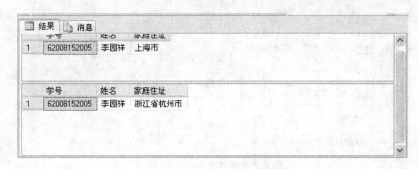

图 8.3　例 8-2 的执行结果

2．删除数据

用户可通过在 DELETE 语句中使用游标来删除数据表或视图中的行。被删除的行依赖于游标位置的当前值。删除数据的语法形式如下：

```
DELETE  [FROM ] [[database.]{table_name|view_name}
    WHERE  CURRENT  OF  curor_name
```

其中主要参数的含义如下。

● table_name|view_name：为要从其中删除行的表名或视图名，可以加或不加限定。但它必须是定义该游标 SELECT 语句中的表名或视图名。

● curor_name：为已声明并被打开的游标名。

● WHERE CURRENT OF：表示 SQL Server 只删除由当前游标位置确定的当前行。

使用游标的 DELETE 语句每次只能删除当前游标位置确定的那一行。游标首次使用 OPEN 语句时，OPEN 语句将游标位置定位在结果集第一行之前，可以用 FETCH 语句把游标位置定位在要被删除的行处。在 DELETE 语句中使用的游标必须事先声明为 FOR UPDATE 方式，而且声明游标的 SELECT 语句中不能含有连接操作或涉及多表视图，否则，即使声明了 FOR UPDATE 方式，也不能删除其中的行。对使用游标删除行的表，要求有一个唯一索引。使用游标的 DELETE 语句删除一行后，将游标位置向前移动一行。

【例 8-3】 在数据库"StudentInformation"中 "学生基本信息表"上定义一个游标，删除游标中绝对位置为 5 的学生信息。

```
USE StudentInformation
DECLARE @student_idNC nchar(10),@student_nameNC nchar(10), @home_addressNC
nchar(30)
DECLARE studentCUR SCROLL CURSOR
    FOR
    SELECT 学号,姓名,家庭住址 FROM 学生基本信息表 FOR UPDATE OF 家庭住址
OPEN studentCUR
FETCH ABSOLUTE 5 FROM studentCUR
DELETE  FROM 学生基本信息表 WHERE CURRENT OF studentCUR
FETCH ABSOLUTE 5 FROM studentCUR
CLOSE studentCUR
DEALLOCATE studentCUR
```

以上代码的执行结果如图 8.4 所示。

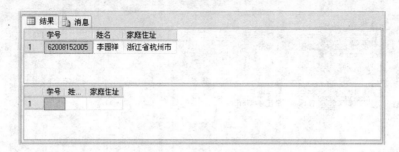

图 8.4　例 8-3 的执行结果

8.2　技能二　理解事务的应用

8.2.1　任务一　事务的概念

在复杂的关系型数据库系统中，由于多用户并发存取数据库同一数据，可能会产生数据的不一致性问题。那么，正确地使用数据库事务技术，就可以有效地控制此类问题发生甚至能避免此类问题的发生。所谓事务(Transaction)，是作为单个逻辑工作单元执行的一个操作序列，这些操作序列要么被执行，要么都不被执行。因此事务可以被看做是一个不可分割的工作单元。如果组成事务的任何一条语句执行时出错，则必须取消或回滚该事务，即撤销事务已做的所有动作，数据库系统返回到事务开始前的那一刻状态。事务是并发控制的基本单元，是数据库维护数据一致性的单位。在每个事务结束时，都能较好地保持数据一致性。

例如，在银行业务系统中从一个账户扣款到另外一个账户的转账业务事务。假设 A 账户原有 500 元，B 账户原有 200 元，现在要从 A 账户转给 B 账户 100 元。这个活动包括两个操作：

操作 1：A 账户-100；此操作成功后，A 账户有 400 元。

操作 2：B 账户+100；此操作成功后，B 账户有 300 元。

这两个操作过程必须作为一个完整的工作单元。如果不作为一个完整的工作单元将会发生严重的后果，现实生活中是不允许这种事情发生的。这就是引入事务技术的原因。对于这个转账事务，当操作 1 成功，而操作 2 失败，必须撤销操作 1 的执行，使数据恢复到事务发生前的状态。这就是事务的完整性：要么全成功，要么全不做。

一个逻辑工作单元必须有 4 个属性，即原子性、一致性、隔离性和持久性，只有这样才能成为一个事务。因此，事务具有 4 个属性(简称为 ACID 特性)：原子性(Atomicity)、一致性(Consistency)、隔离性(Isolation)和永久性(Durability)。

- 原子性：原子性是指事务中对数据库的操作要么全都被执行，要么全都不被执行。
- 一致性：数据库中的数据状态在事务执行前和执行结束时，都必须保持一致，即数据库所有的内部结构都必须是正确的。如果数据库系统运行过程中发生故障，有些事务尚未完成就被迫中断，系统将事务中对数据库的所有已完成操作全部撤销，回滚到事务开始时的一致状态。
- 隔离性：隔离性是指一个事务所做的修改必须能够与其他事务所做的修改隔离起来。在数据库并发处理过程中，一个事务看到的数据状态必须为另一个事务处理前或处理后的数据，不能为另一事务执行过程中的中间数据状态。
- 永久性：永久性是指事务正常结束，对数据库所做的修改应是永久地保存。

8.2.2 任务二 事务的管理

事务执行的开始与结束可以由用户显式地控制。在 SQL 语言中,事务通常是以"BEGIN TRANSACTION"开始,以"COMMIT"或"ROLLBACK"结束。"COMMIT"表示提交事务的所有操作,即将事务中所有数据库的更新存储到物理数据库中,然后事务正常结束。"ROLLBACK"表示回滚,即在事务运行的过程中出现某种故障,事务不能继续执行,系统将事务中对数据库所有已完成的操作全部撤销,返回到该事务开始时状态。

在 SQL Server 2005 中,对事务的管理工作内容包括:事务控制语句(控制事务执行的一系列将作为独立单元的操作语句);锁机制(防止正被一个事务修改的数据被其他用户访问而造成数据"不一致");事务日志(使事务具有恢复性)。

每个 SQL Server 2005 数据库都有事务日志,用于记录所有事务以及每个事务对数据库所做的修改。事务日志是数据库的重要组件,如果系统出现故障,则可能需要使用事务日志将数据库恢复到一致状态。删除或移动事务日志以前,必须完全了解此操作带来的后果。

事务日志是作为数据库中的单独的文件或一组文件实现的。日志缓存与数据页的缓冲区高速缓存是分开管理的,因此可在数据库引擎中生成简单、快速和功能强大的代码。事务日志可以在几个文件上实现。通过设置日志的 SFILEGROWTH 值可以将这些文件定义为自动扩展,这样可降低事务日志内空间不足的可能性,同时减小管理开销。事务日志可支持以下操作。

● 恢复个别事务。
● 在 SQL Server 2005 启动时恢复所有未完成的事务。
● 将还原的数据库、文件、文件组或页前滚至故障点。
● 支持事务复制。
● 支持备份服务器解决方案。

在 SQL Server 2005 中,对事务的管理是通过事务控制语句和几个全局变量结合起来实现的。

1. 事务控制语句

事务控制语句主要包括定义事务的开始、提交事务或回滚事务。

(1) BEGIN TRANSACTION 语句。

BEGIN TRANSACTION 语句标记一个显示事务的起始点,即定义事务的开始。其语法格式为

```
BEGIN {TRAN| TRANSACTION}
   [{transaction_name|@tan_name_variable}]
   [WITH MARK['description']
```

其中主要参数的含义如下。

● transaction_name:事务的名称;
● @tan_name_variable:是用户定义的、含有有效事务名称的变量,该变量必须是字符型数据;
● WITH MARK:指定在日志中标记事务;
● description:是描述该标记的字符串。

(2) COMMIT TRANSACTION 语句。

COMMIT TRANSACTION 语句标志一个成功的隐式事务或显示事务的结束。其语法格式为

```
COMMIT {TRAN| TRANSACTION}
    [{transaction_name|@tan_name_variable}]
```

仅当被事务引用的所有数据的逻辑都正确时，T-SQL 程序员才应发出 COMMIT TRANSACTION。在嵌套事务中使用时，内部事务的提交并不释放资源或使其修改成为永久修改。只有提交了外部事务时，数据修改才具有永久性，而且资源才会释放。

(3) ROLLBACK TRANSACTION 语句。

ROLLBACK TRANSACTION 语句是将显示事务或隐式事务回滚到事务的起点或事务内的某个保存点。其语法格式为：

```
ROLLBACK {TRAN| TRANSACTION}
    [transaction_name|@tan_name_variable|savepoint_name|@savepoint_variable]
```

其中，transaction_name|@tan_name_variable 参数的含义与 BEGIN TRANSACTION 语句的一样。savepoint_name 参数是 SAVE TRANSACTION 语句中设置的保存点，当条件回滚值影响事务的一部分时，可使用 savepoint_name 参数。@savepoint_variable 是用户定义的、包含有效保存点名称的变量，其必须是字符型数据。

ROLLBACK TRANSACTION 语句清除自事务的起点或到某个保存点所做的所有数据修改，并释放由事务控制的资源。当嵌套事务时，该语句将所有事务回滚到最外面的 BEGIN TRANSACTION 语句。

(4) SAVE TRANSACTION 语句。

SAVE TRANSACTION 语句在事务内设置保存点。其语法格式如下：

```
SAVE {TRAN| TRANSACTION}
    {|savepoint_name|@savepoint_variable}
```

用户可以在事务内设置保存点。保存点定义了在按条件取消某个事务的一部分后，该事务可以返回的一个位置。如果将事务回滚到保存点，则根据需要必须完成其他剩余 T-SQL 语句和 COMMIT TRANSACTION 语句的执行。若要取消整个事务，必须用 ROLLBACK TRANSACTION transaction_name 语句实现。

2. 两个可用于事务管理的全局变量

两个可用于事务管理的全局变量是@@error 及@@rowcount。

● @@error：返回执行上一个 T-SQL 语句的错误号。如果前一个 T-SQL 语句执行没有错误，则返回 0。如果前一个语句发生错误，则返回错误号。由于@@error 在每一条语句执行后被清除并且重置，因此应在语句验证后立即查看它，或将其保存到一个局部变量中以备以后查看。

● @@rowcount：返回受上一语句影响的行数。

下面的代码形式给出了事务控制语句使用方法的基本框架。

```
BEGIN  TRANSACTION
SAVE   TRANSACTION save_point
IF  @error < > 0
```

```
        ROLLBACK  TRANSACTION  save_point
COMMIT    TRANSACTION
```

注意：SQL Server 2005 为了保证最基本的数据安全，规定有几种 T-SQL 语句不能出现在事务管理中，它们分别是：CREATE DATABASE、ALTER　DATABASE、DROP DATABASE、RESTORE　DATABASE、BACKUP　LOG、RESTORE LOG、UPDATE STATISTICS 和 RECONFIGURE 等。

【例 8-4】　在数据库"StudentInformation"中，使用事务向"学生基本信息表"中插入数据。

```
USE StudentInformation
BEGIN TRANSACTION insertdataTR
INSERT INTO 学生基本信息表
    VALUES ('62008152020','王飞','男','英语系','汉族','1990-02-13','团员','山东省菏泽','545001','15912345678')
SAVE TRANSACTION point1
INSERT INTO 学生基本信息表
    VALUES ('62008152021','李盼','女','英语系','汉族','','团员','陕西省西安','586020','13912345678')
IF @@error<>0
    ROLLBACK TRANSACTION point1
COMMIT TRANSACTION
```

本例中定义的事务名为 insertdataTR。该事务执行后，首先向"学生基本信息表"中插入一条学生的个人信息记录；插入成功后，设置事务保存点 point1；再插入一条记录，该记录"出生日期"字段是空值，但是该列在定义时不允许为空，这样插入将失败；@@erreor 变量的值不等于 0，回滚事务至 point1 处。该事务执行完毕后，只完成了第 1 条插入语句的功能。

8.2.3　任务三　事务处理中的锁

1．锁的概念

锁是 SQL Server 2005 系统用来同步多个用户同时对一个数据块的访问的一种安全机制。使用锁可以防止其他事务访问指定资源，实现并发控制的主要方法，使多个用户并发操作数据库中同一数据而不会发生数据不一致的现象。

通过锁机制，可以防止数据脏读、不可重复读和幻觉读。

● 脏读：指当一个事务正在访问数据，并且对数据进行了修改，而这种修改还没有提交到数据库中。这时，另外一个事务也要访问该数据，然后使用了这个数据。由于这个数据是还没有提交的数据，那么另外一个事务读到的这个数据就是脏数据，针对这个脏数据所做的操作就是不正确的。

● 不可重复读：指在一个事务内，多次读同一个数据。在这个事务还没有结束时，另外一个事务也访问这个数据。那么，在第一事务中的两次读数据之间，由于第二个事务对该数据的修改，使得第一个事务两次读到的数据是不一样的。这样就发生了在同一个事务内，两次读到的数据不一样的问题，称为不可重复读。

● 幻觉读：指事务不是独立执行时发生的一种现象。例如第一个事务对一个表中的数据进行了修改，这种修改涉及表中的全部数据行。同时，第二个事务也修改这个表中的数据，这种修改是向该表插入一行新数据。那么，就会发生操作第一个事务的用户发现表中还存在没有修改的数据行，就好像发生幻觉一样。

在事务获取数据当前依赖关系之前,必须保护好自己处理的数据不受其他事务对同一数据进行修改的影响。事务通过请求锁定数据块的方法达到此目的。当事务修改某个数据块时,其将持有保护所做修改的锁直到事务结束。一个事务持有的所有锁都在事务完成(无论是提交还是回滚)时释放。

2. 锁的模式

锁有多种工作模式,如共享或独占。锁模式定义了事务对数据所拥有的依赖关系级别。如果某个事务已获得特定数据的锁,则其他事务就不能获得会与该锁模式发生冲突的锁。如果事务请求的锁模式与已授予同一数据块的锁发生冲突,则数据库服务器将暂停该事务请求直到第一个锁释放。

SQL Server 2005 使用不同的锁模式锁定数据资源,这些锁模式确定了并发事务访问资源的方式。下面介绍 3 种常用的锁模式:

● 共享锁:允许并行事务读取同一种资源。资源上存在共享锁时,任何其他事务都不能修改数据。当读取数据的事务读完数据之后,立即释放锁占用的资源。一般地,当使用 SELECT 语句访问数据时,系统自动对所访问的数据使用共享锁锁定数据。

● 排他锁:用于数据修改操作,确保不会同时对同一资源进行多重更新。使用排他锁时,任何事务都无法修改数据。在使用 INSERT、UPDATE 和 DELETE 语句时,系统自动在所修改的事务上放置排他锁。在同一时间内,排他锁值允许一个事务访问资源,其他事务则不能在具有排他锁的资源上进行访问。在有排他锁的资源上不能设置共享锁,只有当产生排他锁的事务结束之后,资源才能被其他事务使用。

● 更新锁:用于更新的资源中,可以防止常见的死锁(如果两个以上的事务获得共享锁且都要把资源上的共享锁转换为排他锁时会发生冲突而死锁)。更新锁用来准备对指定资源施加排他锁,允许其他事务读,但是不允许再施加排他锁或更新锁。更新操作可以分解为一个有更新意图的读和一个写操作,因此先设置更新锁,再转换为排他锁。

SQL Server 2005 中,通常使用系统存储过程"sp_lock"显示持有锁的信息。例如,在数据库"StudentInformation"中查看当前关于锁的一些信息,使用"EXEC sp_lock"语句,其执行结果图 8.5 所示。

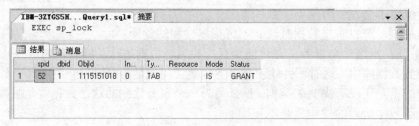

图 8.5　查看当前锁的信息

小　结

游标作为一种处理数据的方法,实现了在结果集中向前或者向后灵活定位、检索数据的能力,不仅可以指向数据结果集的当前位置,也可以指向结果集中的任意位置,允许用户对指定位置的数据进行处理,并将结果有选择地存储在数组、应用程序中。

关系数据库管理系统是通过事务日志和锁机制来保证事务的 ACID 特性的。当事务中的某个操作失败时,系统自动利用事务日志进行回滚。当事务中所有操作成功时,事务对数据的修改将永久写入数据库。加锁是为了隔离事务间的相互干扰,实际就是将被操作的数据保护起来。

习题与实训

一、填空题

1. 声明游标就是使用 T-SQL 语言的 "_____" 语句定义(或创建)一个游标。

2. 在 SQL Server 2005 中使用游标由以下 5 个步骤组成:声明(定义)游标、_____、提取数据并处理(更新或删除)数据、_____和释放游标。

3. 事务具有 4 个属性(简称为 ACID 特性):_____、_____、_____和_____。

4. 事务控制语句主要包括定义_____、_____或_____。

5. 在 SQL Server 2005 的锁模式中,_____用于只读数据,并且允许多个并发事务读取所锁定的资源,但禁止其他事务对锁定资源的修改操作。

二、选择题

1. 下列不可能在游标使用过程中使用的关键字是( )。
   A. OPEN   B. CLOSE   C. DEALLOCATE   D. DROP

2. 一个事务提交后,如果系统出现故障,则事务对数据的修改将( )。
   A. 无效   B. 有效   C. 事务保存点前有效   D. 以上都不是

3. @@FETCH_STATUS 返回的值为 0,说明( )。
   A. 成功   B. 失败   C. 被提取行步存在   D. 发生冲突

4. 事务中对数据库的操作要么全都被执行,要么全都不被执行,这属于事务的( )属性。
   A. 原子性   B. 一致性   C. 隔离性   D. 永久性

5. 以下与事务控制无关的关键字是( )。
   A. ROLLBACK   B. COMMIT   C. DECLARE   D. BEGIN

三、实训拓展

1. 实训内容

在示例数据库 "StudentInformation" 中,完成以下指定操作:
(1) 使用游标查看 "学生基本信息表" 中是少数民族的学生的个人信息。
(2) 使用游标检索 "学生基本信息表" 中每个姓 "王" 的学生的信息。
(3) 使用游标查询 "学生基本信息表" 中是团员的学生,并按学号升序进行排序。
(4) 使用事务定义及提交命令在数据库中创建一个 "综合表"(学号、姓名、性别、民族),并插入 3 行数据。观察提交之前和之后的浏览与回滚情况。

2. 实训提示

将完成指定任务的 T-SQL 语句保存到文件中。

第9章 SQL Server 2005 高级功能应用

【导读】

SQL Server 2005 作为复杂的关系型数据库管理系统，支持多种企业级服务与管理，能够依据对企业联机事务处理(OLTP)、高度复杂的数据分析，实现数据仓储系统与不同级别 Web 站点的支持。SQL Server 2005 较以前版本大幅增强了 XML 数据访问的功能。在分析服务中，可方便地创建复杂的联机分析处理和数据挖掘解决方案。其报表服务功能能够生成从多种关系数据源和多维数据源提取内容的企业报表，并可发布便于查看的多种格式业务报表。

【内容概览】

- XML 及其应用
- SQL Server 分析服务(Analysis Services)
- SQL Server 报表服务(Reporting Services)

9.1 技能一 掌握 XML 应用

XML 是 Internet 信息交换标准，允许用户以独立于平台的方式发布数据，从而加强数据的互操作性，并为基于互联网的电子商务提供了很大帮助。XML 还可以从 Web 页面的文档信息中分离出数据，提供一种在应用程序和数据库之间定义和交换数据的标准方式。

9.1.1 任务一 XML 概述

XML 是可扩展置标语言(eXtensible Markup Language)的缩写，是 W3C 国际组织于 1998 年 2 月发布的标准。制定 XML 标准，是为了定义一种互联网上交换数据的标准，允许用户根据其规则，制定各种置标语言。HTML 侧重于如何表现信息，而 XML 侧重于如何描述结构化的信息。

XML 主要由以下 3 个要素组成：

- 文档类型声明(DTD，Document Type Declaration)，即 XML 大纲(XML Schema)，规定了 XML 文件的逻辑结构，包括 XML 文件中的元素、元素属性以及元素和元素之间的关系。
- 级联样式单(CSS，Cascading Style Sheets)，即可扩展样式语言(XSL，eXtensible Stylesheet Language)，用于规定 XML 文档呈现样式的语言，使得数据与其表现形式相互独立。
- 可扩展链接语言(XLink，eXtensible Links Language)，可进一步扩展目前 Web 上已有的简单链接。

1. 典型的 XML 文档

【例 9-1】 编写一个简单的 XML 文档"例 9-1.xml"如下：

```
<?xml version="1.0" standalone="yes"?>
<?xml-stylesheet type="text/css" href="li9-1.css"?>
<DIS>
Hello XML!</DIS>
```

注意：XML 文件的扩展名应为".xml"，XML 语句是区分大小写的。

第一行是 XML 声明，XML 声明有 version 和 standalone 两个属性。属性是由等号分开的"名称-数值"对。version 属性用以指明所用的版本，standalone 属性用以表明是否需要从外部导入文件。

2. 为 XML 文档编写样式单

XML 允许用户创建任何所需的标记。由于用户在创建标记上有完全的自由，因此通用的浏览器无法预期用户标记的意义，也无法为显示这些标记而提供一定的规则(如上例中的 DIS 元素)。因此，用户必须为 XML 文档编写样式单，告诉浏览器如何显示特定的标记。可选用 CSS 或 XSL 来编写样式单。

【例 9-2】 编写一个简单的样式单"li9-1.css"，指定 DIS 元素的内容以 20 磅的粗体显示为块级的元素：

```
DIS {display:block;font:20;font-size:20pt;font-weight:bold;}
```

在 Microsoft Visual Studio 2005 中，选择"文件"菜单中的"新建"|"文件"命令，出现如图 9.1 所示的对话框。

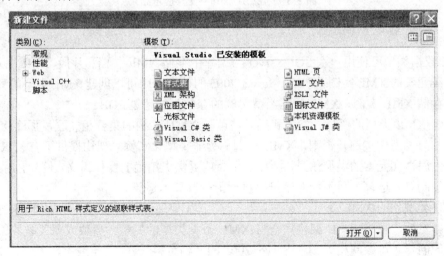

图 9.1　新建"样式表"对话框

在该对话框中，选择左边"类别"中的"常规"项，再在右边"模板"列表中选择"样式表"项，单击"打开"按钮，则出现扩展名为".css"的代码编辑窗口，输入代码，如图 9.2 所示。

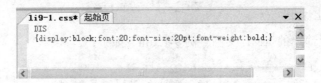

图 9.2　li9-1.css 文件

3. 将样式单文件附件到 XML 文档中

在编写好 XML 文档和用于该文档的 CSS 样式单后，还需要告诉浏览器将样式单作用到该 XML 文件上。

在 XML 文档中包含<?xml-stylesheet?>处理指令，用来指定所要使用的样式单。在<?xml-stylesheet?>处理指令中有 type 和 href 两个属性。type 属性表明所用的样式语言，href 属性指定一个可以找到样式单的 URL 路径。例 9-1 中的<?xml-stylesheet?>指明施加 XML 文档的样式单使用 CSS 样式单语言，文件名为"li9-1.css"。在浏览器应用程序(如 IE)中打开"例 9-1.xml"文件，显示如图 9.3 所示的结果，DIS 元素之间的内容是以 20 磅的粗体显示。

图 9.3　"例 9-1.xml"文件显示结果

9.1.2　任务二　XML 数据类型

XML 数据类型可使用户在 SQL Server 数据库中存储 XML 文档和片段。XML 片段是指缺少单个顶级元素的 XML 实例。在 SQL Server 2005 的数据库中可以创建 XML 类型的列和变量，并在其中存储 XML 实例。XML 数据类型实例的存储不能超过 2GB。

在创建 XML 类型的变量、参数和列时，可与 XML 架构的集合相关联，那么 XML 类型的实例就称为类型化实例。否则，XML 实例称为非类型化实例。架构提供了有关 XML 数据类型实例中属性和元素的类型信息，类型信息为值提供更精确的操作语义。例如，对十进制数值执行十进制算术运算，而不能对字符串执行十进制算术运算。

在创建类型化的 XML 变量、参数或列之前，首先要通过创建 XML 架构集合来注册 XML 架构集合。然后，再将 XML 架构集合与 XML 数据类型的变量、参数或列关联。关于 XML 架构集合的创建，可参阅相关 SQL Server 2005 的文档资料。

1. XML 类型变量

XML 数据类型是 SQL Server 2005 中内置的数据类型，如其他内置类型：int 和 char 等。

使用 DECLARE 语句声明 XML 类型的变量，语法形式为：

```
DECLARE  @variable_name  XML
```

声明类型化的 XML 类型变量，可以通过制定 XML 架构集合来实现，其语法形式为：

```
DECLARE @variable_name XML(xmlschemacollection_name)
```

其中，参数 xmlschemacollection_name 是 XML 架构集合名称，由两部分组成：架构名；
XML 架构集合名。

例如，定义 XML 类型的变量并将架构(Production)的架构集合(ProductSchemaCollection)
与其关联。

```
DECLARE @aXML XML(Production.ProductSchemaCollection)
```

注意： 要成功执行该语句，示例中指定的架构集合(ProductSchemaCollection)必须已经导入当
前数据库。

SQL Server 2005 提供 XML 相关方法用于处理 XML 类型的变量，如表 9-1 所示。

表 9-1　XML 类型数据的方法说明表

方 法 名 称	说 明
query()方法	对 XML 实例进行查询
value()方法	对 XML 实例检索 SQL 类型的值
exist()方法	确定查询是否返回非空结果
modify()方法	指定 XML DML 语句以执行更新
nodes()方法	将 XML 拆分成多行以将 XML 文档的组成部分发送到行中

【例 9-3】 定义 XML 类型变量@docXML，将 XML 实例分配给它，使用 query()方法对 XML
实例进行查询。

```
DECLARE @docXML xml
SET @docXML='<Root>
            <ProductDescription ProductID="1" ProductName="Bickle">
            <Characters>
                <War> 1 year parts and labor</War>
                <Main>3 year parts and labor maintenance is available</Main>
            </Characters>
            </ProductDescription>
            </Root>'
SELECT @docXML.query('/Root/ProductDescription/Characters')
```

以上语句的执行检索、查询元素/Root/ ProductDescription/ Characters 的内容，如图 9.4 所示。

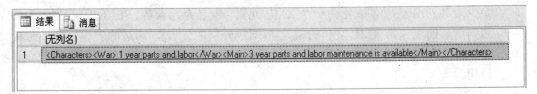

图 9.4　例 9-3 的执行结果

2. XML 类型列

在数据库中创建表时，可以定义具有 XML 类型的列。

【例 9-4】 在当前数据库中创建 tableA 表，其中包含两个列：co1，类型为 int；co2，类型为 xml。并插入一条记录。

```
CREATE TABLE tableA(co1 int primary key,co2 xml)
INSERT    INTO    tableA    VALUES(1,'<ProductDescription    ProductID="001"
ProductName="Car"/>')
```

使用语句"SELECT * FROM tableA"查看表中的记录信息，结果如图 9.5 所示。

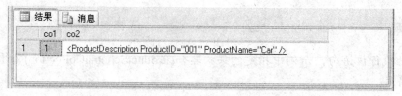

图 9.5 执行查询的结果

9.1.3 任务三 构造数据库 XML 类型数据

在以前章节中，查询 SQL Server 数据库得到的数据都是以记录结果集的形式显示。还可以通过执行查询语句，使结果以 XML 文档的形式返回给用户。

1. 使用 FOR XML 子句

在 SELECT 查询语句中指定 FOR XML 子句，可将查询结果作为 XML 形式来检索。

FOR XML 子句的语法格式如下：

```
FOR  XML {
        { RAW['element_name']|AUTO}
            [common_directives[,ELEMENTS[XSINIL|ABSENT]]]
        |EXPLICIT[<common_directives>]
        |PATH[('element_name')]
            [common_directives[,ELEMENTS[XSINIL|ABSENT]]]

<common_directives>::=[TYPE][,ROOT[('root_name')]]
```

其中主要参数的含义如下。

- RAW['element_name']：该模式将查询返回的每条记录作为 XML 文档的一个元素，其名称为 row。每条记录的所有不为空的列作为元素的属性，列名即为属性名。element_name 可以作为 XML 文档中由每条记录生成的行元素名称。

- AUTO：以嵌套的 XML 树形式返回查询结果。FROM 子句中的每个表(SELECT 列表至少为其列出一列)都表示为一个 XML 元素，表名为元素名。SELECT 的列表中最左边列所属的表作为 XML 文档的根元素(即最外层的元素)，后边的表作为其子元素。

- EXPLICIT：显示定义产生 XML 树的形状。使用该参数，需要编写复杂的嵌套显示语句。

- PATH：提供一种简单的方式来表示具有复杂属性的元素嵌套。默认情况下，PATH 模式为结果集中的每条记录生成一个 row 元素。还可以"element_name"指定元素名称。

- ELEMENTS：如果选择此项，则列作为子元素返回。否则，列将映射到 XML 属性。

该项只在 RAW、AUTO 和 PATH 模式中支持。当 ELEMENTS 与 ABSENT 一起使用时，不会为 NULL 值创建任何元素。

- TYPE：指定查询以 XML 类型返回结果。
- ROOT：指定在 XML 文档中添加单个顶级元素。默认值为"root"。

【例 9-5】　在数据库"StudentInformation"中，查询前 5 位学生的详细信息，以 RAW 模式生成 XML 结果。

```
USE StudentInformation
SELECT TOP 5 * FROM 学生基本信息表 FOR XML RAW
```

其执行结果如图 9.6 所示。

图 9.6　例 9-5 的执行结果

在例 9-5 执行结果窗口中，单击其超链接，将显示 XML 文档的结果，如图 9.7 所示。

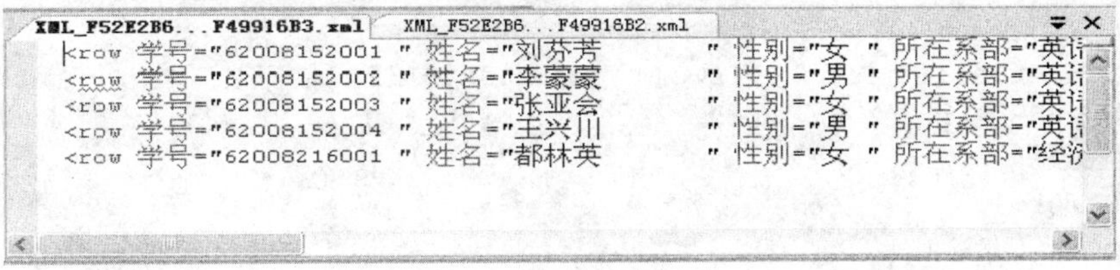

图 9.7　例 9-5 XML 文档的结果

2. 使用 OPENXML 语句将 XML 文档转换为表

使用 OPENXML 语句可以把 XML 文档显示成一个表，并且像访问行集合一样检索 XML 数据。它是通过提供以内部形式表示的 XML 文档的行集视图来实现的。

OPENXML 语句可以在 SELECT 或 SELECT INTO 语句中使用，其语法格式如下：

```
OPENXML (idoc int[in],rowpattern nvarchar[in],[flags byte[in]])
[WITH (schemadeclaration|tablename)]
```

其中主要参数的含义如下。

- idoc：XML 文档的内部表示形式的文档句柄(同通过 sp_xml_preparedocument 系统存储过程创建 XML 文档的内部表示形式)。
- rowpattern：用来表示要作为行处理的节点。
- flags：指明 XML 数据和记录集的映射关系，其取值分别为 0、1、2、8。
- schemadeclaration：窗体的架构定义。
- tablename：如果表已经定义好，并且不需要提供列，那么只需给出表名。

使用 OPENXML 语句实现对 XML 文档的查询，必须先使用 sp_xml_preparedocument 系统存储过程分析该 XML 文档，并向其返回一个文档句柄。已分析文档以文档对象模型树的形式说明 XML 文档中各节点。OPENXML 语句将该文档的句柄作为参数执行，从而提供一个行集视图。当使用完毕后，还必须使用系统存储过程 sp_xml_removedocument 从内存中删除 XML

文档的内部形式来释放内存资源。

系统存储过程 sp_xml_preparedocument 与 sp_xml_removedocument 的语法格式如下：

```
sp_xml_preparedocument hdoc  OUTPUT[,xmltext]

sp_xml_removedocument    hdoc
```

其中主要参数的含义如下。

- hdoc：文档的句柄。
- xmltext：原 XML 文档，MSXML 分析器分析该文档。

【例 9-6】 在此示例中，首先将 XML 文档保存在字符型变量中；用 sp_xml_preparedocument 系统存储过程将该文档解析为文档对象树，保存树的句柄；使用 OPENXML 语句将该文档的对象树转换为表的形式，表的结构在 WITH 子句中给出，并对此表进行查询；最后使用系统存储过程 sp_xml_removedocument 释放 XML 文档对象树。

```
DECLARE @DocHandle int
DECLARE @XmlDocument nvarchar(1000)
SET @XmlDocument = N'<ROOT>
<Customer CustomerID="VINET" ContactName="Paul Henriot">
    <Order OrderID="10248" CustomerID="VINET" EmployeeID="5"
         OrderDate="1996-07-04T00:00:00">
      <OrderDetail ProductID="11" Quantity="12"/>
      <OrderDetail ProductID="42" Quantity="10"/>
    </Order>
</Customer>
<Customer CustomerID="LILAS" ContactName="Carlos Gonzlez">
    <Order OrderID="10283" CustomerID="LILAS" EmployeeID="3"
         OrderDate="1996-08-16T00:00:00">
      <OrderDetail ProductID="72" Quantity="3"/>
    </Order>
</Customer>
</ROOT>'
-- Create an internal representation of the XML document.
EXEC sp_xml_preparedocument @DocHandle OUTPUT, @XmlDocument
-- Execute a SELECT statement using OPENXML rowset provider.
SELECT *
FROM OPENXML (@DocHandle, '/ROOT/Customer',1)
    WITH (CustomerID varchar(10),
         ContactName varchar(20))
EXEC sp_xml_removedocument @DocHandle
```

以上代码的执行结果如图 9.8 所示。

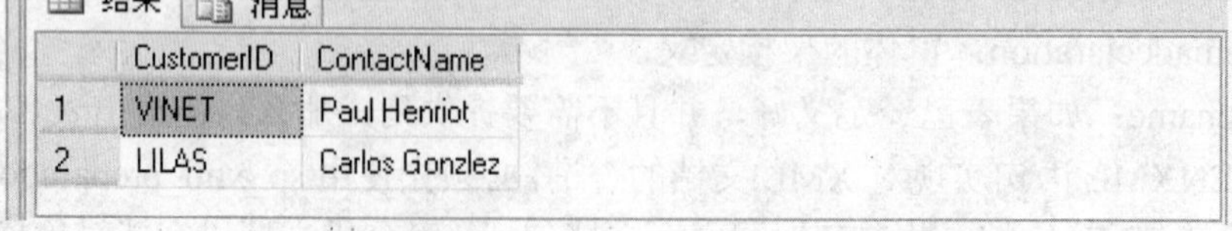

	CustomerID	ContactName
1	VINET	Paul Henriot
2	LILAS	Carlos Gonzlez

图 9.8 例 9-6 的执行结果

9.2　技能二　了解 SQL Server 2005 报表服务

为了在当今竞争激烈的市场上获胜，企业需要将信息扩展到企业外部，并与客户、合作伙伴和供应商开展实时的完美协作。SQL Server 报表服务就是企业将宝贵的数据转换为被分享的信息，进而以较低的总拥有成本制定富有洞察力的、及时的决策。

9.2.1　任务一　报表服务概述

SQL Server 2005 报表服务(Reporting Services)是一个完整的基于服务器的平台，可以用于建立、管理、发布传统的基于纸张的报表或者交互的、基于 Web 的报表。作为 Microsoft 商务智能框架的一部分——SQL Server 报表服务和 Microsoft Windows Server 的数据管理功能，与大众熟悉的 Office System 应用系统相结合，实现信息的实时传递，以支持日常运作和推动决策制定。

SQL Server 报表服务实现了在 Internet 信息服务(IIS)支持的中间层服务器，通过该服务器可以在现有的 Web 服务器基础架构上建立报告环境，用户生成的报表可以从现有的数据库服务器中获取任何类型的源数据，其条件是数据源类型必须具有.NET Framework 托管的数据访问接口、OLE DB 范围接口或 ODBC 数据源。基于 Web 的功能和传统报表功能相结合，创建交互式报表、表格报表或自由格式报表，以根据计划的时间间隔检索数据或在用户打开报表时按需检索数据；生成矩阵报表，可以汇总数据以便进行高级审核，同时在明细报表中提供详细的支持信息；使用参数化报表基于运行时的值来筛选数据；可以桌面格式或基于 Web 的格式呈现数据。

SQL Server 报表服务主要由一套工具(用来创建、管理和查看报表)、报表服务器组件(用于承载和处理各种格式的报表)和 API(开发人员可在自定义程序中集成或扩展数据报表处理)组成。

9.2.2　任务二　配置报表服务

使用"Reporting Services 配置工具"配置 SQL Server 2005 Reporting Services。在 SQL Server 2005 的安装过程中，如果使用"仅文件"安装选项安装报表服务器，必须使用此工具配置服务器，否则服务器将不可使用。如果使用默认配置安装选项安装报表服务器，可以使用此工具来验证或修改在安装过程中指定的设置。

"Reporting Services 配置工具"可以用来配置本地或远程报表服务器实例。用户必须对承载要配置的报表服务器的计算机具有本地系统管理员的权限。

1. 启动 Reporting Services 配置

选择"开始"|"程序"|"Microsoft SQL Server 2005"|"配置工具"|"Reporting Services 配置"，出现如图 9.9 所示对话框。

指定机器名和实例名后，单击"连接"按钮。

2. 创建和配置虚拟目录

报表服务器和报表管理器都是通过 URL 访问的 ASP .NET 应用程序。报表服务器 URL 提供对报表服务器的访问。报表管理器 URL 用于启动报表的管理器界面，可以为虚拟目录选择默认网站或其他网站。

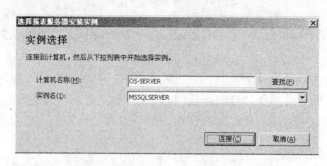

图9.9 "选择报表服务器安装实例"对话框

3. 创建和配置报表服务器数据库

报表服务器是一个无状态服务器，需要将SQL Server数据库用于内部存储。可以选择现有的数据库。可以使用"Reporting Services配置工具"来创建和配置与报表服务器数据库的连接。

4. 初始化

明确报表服务器是否初始化，是报表服务器管理中一个必不可少的步骤。

9.2.3 任务三 测试验证报表服务

为了检查SQL Server 2005报表服务安装、配置是否正常，需要通过以下几项工作内容来测试验证。

1. 验证报表服务器已安装并正常运行

运行"Reporting Services配置工具"，连接到已安装的报表服务器实例。检查每个设置的状态指示器图标是否是"已配置"，如图9.10所示。

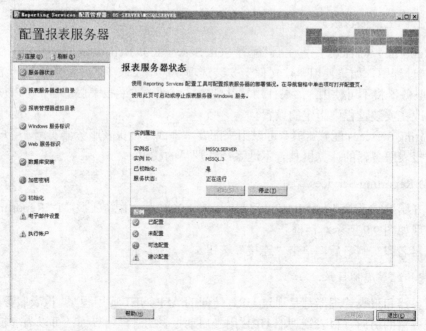

图9.10 Reporting Services配置工具

查看系统服务的相关信息，进行验证 Reporting Services 服务是否正常启动。选择"开始"|"控制面板"|"管理工具"|"服务"，出现服务列表，查找"SQL Server Reporting Services(MSSQLSERVER)"，该服务的状态应为"已启动"，如图 9.11 所示。

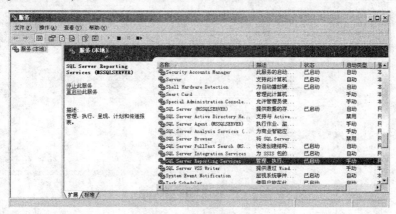

图 9.11　"服务"窗口

2．验证报表服务器的 URL

在浏览器的地址栏中输入报表服务器的 URL。该地址在安装过程中由报表服务器指定的服务器名称和虚拟目录组成。默认情况下，报表服务器虚拟目录的名称为"ReportServer"。在地址栏中可输入"http://服务器计算机名/reportserver"。如果报表服务器已正确安装并设置了 URL，在浏览器中将显示报表服务器的版本号，如图 9.12 所示。

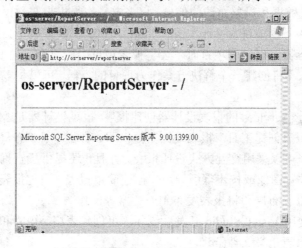

图 9.12　报表服务器的界面

3．验证报表管理器的 URL

在浏览器的地址栏中输入报表管理器的 URL。该地址在安装过程中由报表管理器指定的服务器名称和虚拟目录组成。默认情况下，报表管理器虚拟目录的名称为"Reports"。在地址栏中可输入"http://服务器计算机名/reports"，如图 9.13 所示。

注意：要能正确显示报表管理器中默认虚拟目录中的内容，在 Reporting Services 配置工具中，要将"报表管理器虚拟目录"配置项里的"应用默认设置"选项选中。

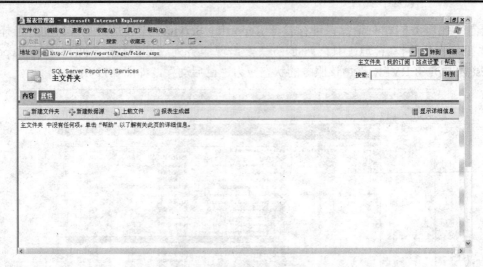

图 9.13　报表管理器的界面

9.2.4　任务四　报表设计与创建

报表设计过程通常分为两个部分，首先定义数据，然后在页面上排列各个报表项。在 SQL Server 报表服务中，数据定义过程包括指定数据源和定义查询。然后可以使用数据区域(如表、矩阵、列表和图表)在报表上显示数据，并向报表布局添加其他报表项(如图形元素)。所有报表项都是通过其属性确定在报表上如何显示的。

创建报表使用报表设计器或其他工具，实际是在创建报表定义。报表定义包括有关报表的数据源、数据结构以及数据和对象布局的信息。报表定义作为报表定义语言文件存储在报表服务器项目中，而报表服务器项目包括在 Visual Studio 2005 解决方案中。报表项目的作用是充当报表定义和资源的容器。在部署项目时，会将报表项目中的每个文件发布到报表服务器上。在第一次创建项目时，还将创建一个解决方案作为项目的容器，可以将多个项目添加到一个解决方案中。

可以使用 Reporting Services 的报表设计器创建报表。报表设计器是 Microsoft Visual Studio 环境提供的一个全面报表创建工具。报表设计器提供了"数据"、"布局"和"预览"等选项卡窗口，使用这些窗口可以采用交互方式设计报表。并且，还提供了查询生成器、表达式编辑器和向导，帮助用户放置图像或按步骤引导用户创建简单报表。通过报表设计器，可以方便地完成设计报表、预览报表布局和将报表发布到服务器等操作。

- 设计报表：使用 Visual Studio 开发系统环境可创建表格、矩阵和自由格式报表。报表基于创建的报表定义文件(.rdl)。
- 预览布局：在将报表发布到报表服务器之前，可在本地测试预览，以确保用户所看到的报表和运行报表时的预期效果相同。
- 发布到服务器：发布报表是将报表定义文件复制到报表服务器数据库，这样就可以脱离 Visual Studio 对报表进行应用了。

以下介绍创建和修改报表的主要操作步骤。

(1) 选择"开始"|"所有程序"|Microsoft SQL Server 2005|SQL Server Business Intelligence Development Studio，打开 Microsoft Visual Studio 2005 开发环境。

(2) 选择"文件"|"新建"|"项目"，在"新建项目"对话框中的"项目类型"窗格选

择"商业智能项目",在"模板"窗格选择"报表服务器项目"。指定项目名称、项目保存的位置,如图 9.14 所示。单击"确定"按钮,创建报表项目。

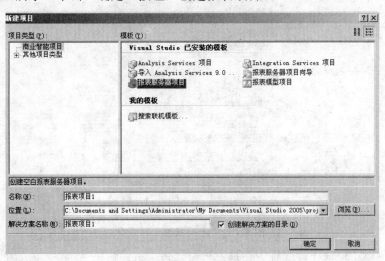

图 9.14 "新建项目"对话框

(3) 在"解决方案资源管理器"中,选择"报表"节点,右击,在弹出的快捷菜单中选择"添加"|"新建项"命令。弹出"添加新项"对话框,在"模板"中选择"报表",单击"添加"按钮。

(4) 如图 9.15 所示,系统打开包括"数据"、"布局"和"预览"选项卡的报表设计器组件。

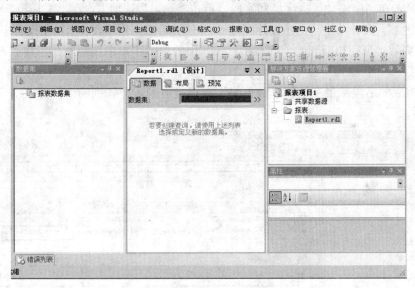

图 9.15 报表设计器组件窗口

(5) 在"数据"选项卡中,单击"数据集"下拉列表,选择"新建数据集"选项,打开"数据源"对话框。"名称"文本框中可以修改数据源名称。单击"编辑"按钮,打开"连接属性"对话框,用来设置连接参数。如图 9.16 所示,选择指定的服务器;选择登录到服务器的身份验证模式;选择连接的数据库(例如 SQL Server 2005 的示例数据库 AdventureWorks)。单击"测试连接"按钮测试连接属性的正确性。

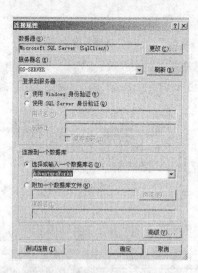

图 9.16 "连接属性"对话框

(6) 单击"确定"按钮返回到"数据源"对话框，再次单击"确定"按钮返回报表设计器界面，所选数据库名出现在"数据集"下拉列表里。接下来就可以编写 T-SQL 代码，从数据库中检索数据。例如，输入语句"SELECT * FROM humanresources.department"查询公司部门数据信息。

注意： 为实现成功连接、检索数据，事先应保证 SQL Server Reporting Services 服务已启动。

(7) 在报表布局中添加数据区域和字段。单击"布局"选项卡，在"工具箱"单击"表"，再单击设计区域，报表设计器将在设计区域添加一个具有 3 列的表。若要在报表中显示多于或少于 3 列的内容，可在相应列的顶部右击，在弹出的快捷菜单中选择"在左侧插入列"、"在右侧插入列"或"删除列"命令。

(8) 将相应的字段从最左边的"数据集"窗口拖放到表中各列的中间行(详细信息)中，如图 9.17 所示。

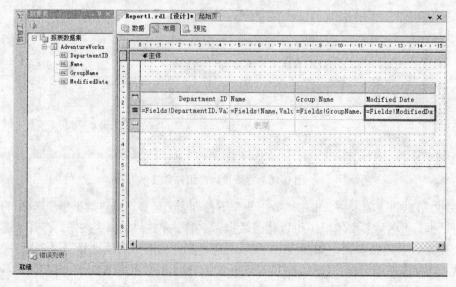

图 9.17 在表中添加列字段

(9) 单击"预览"选项卡，报表设计器将运行此报表，并将结果显示在预览视图中，如图 9.18 所示。

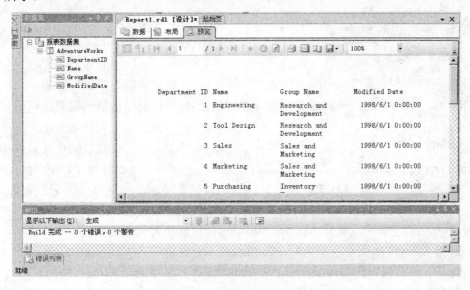

图 9.18 示例报表的预览结果

可对报表及其列、行进行属性(外观、布局)的设计，使报表看起来更加美观。

(10) 保存报表的设计内容，完成报表的创建。

SQL Server 2005 提供了两种工具，即报表管理器、SQL Server Management Studio，进行创建、删除、修改等管理同一报表服务器文件夹层次结构中的项。报表管理器可以管理基于 Web 的单个报表服务器实例，SQL Server Management Studio 可管理一个或多个服务器实例。

9.3 技能三 了解 SQL Server 2005 分析服务

应用 SQL Server 2005 的分析服务功能，可较方便地创建复杂的联机分析处理和数据挖掘方案。分析服务工具提供了设计、创建和管理来自数据仓库的多维数据集合和数据挖掘模型的功能，还提供了对联机分析处理数据与挖掘数据的客户端访问。

9.3.1 任务一 分析服务概述

SQL Server 2005 分析服务(SSAS，SQL Server Analysis Services)通过服务器和客户端技术的组合提供联机分析处理(OLAP)和数据挖掘功能，并通过使用专用的开发和管理环境以及为设计、创建、部署和维护商业智能应用程序而完善定义的对象模型进一步增强这些功能。

联机分析处理(OLAP)允许以一种称为多维数据集的多维结构访问来自商业数据源(如数据仓库)的、经过聚合和组织整理的数据。SQL Server 2005 Analysis Services (SSAS)提供 OLAP 工具和功能，可用于设计、部署和维护多维数据集及其他支持对象。

Analysis Services 通过允许开发人员在一个或多个物理数据源中定义一个称为统一维度模型(UDM)的数据模型。那么，基于 OLAP、报表及自定义 BI 应用程序的所有最终用户查询，都可通过该数据模型访问基础数据源中的数据。Analysis Services 提供了一组丰富的数据挖掘算法, 应用开发人员可使用这组算法挖掘其数据, 以查找特定的模式和走向。这些数据挖掘算法可用于通过 UDM 或直接基于物理数据存储区对数据进行分析。

9.3.2 任务二 分析服务的应用

1. 分析服务解决方案

分析服务解决方案是将多个项目作为一个单元处理, 将构成商业解决方案的一个或多个相关项目组合在一起。因此, 分析服务解决方案可包括多个项目(项目是一组文件和相关的元数据), 一个项目又可包含多个项(如脚本、文件等)。

创建分析服务商业解决方案主要使用 SQL Server 2005 中的商业智能开发工具 Business Intelligence Development Studio。创建新的解决方案时, Business Intelligence Development Studio 将在解决方案资源管理器中添加解决方案文件夹, 并生成.sln(包括有关解决方案配置信息)和.suo 文件(包含有关使用解决方案时的首选项信息)。

下面将介绍创建解决方案及 Analysis Services 项目的主要操作步骤。

(1) 选择 "开始" | "所有程序" |Microsoft SQL Server 2005|SQL Server Business Intelligence Development Studio, 打开 Microsoft Visual Studio 2005 开发环境。

(2) 选择 "文件" | "新建" | "项目", 在新建项目对话框中的 "项目类型" 窗格选择 "Visual Studio 解决方案", 在 "模板" 窗格选择 "空白解决方案"。指定解决方案名称、解决方案保存的位置, 单击 "确定" 按钮, 即创建了一个空白解决方案。

(3) 在 "解决方案资源管理器" 中新建方案上右击, 在弹出的快捷菜单中选择 "新建项目" 命令, 如图 9.19 所示, 在 "模板" 窗口中选择 Analysis Services 项目, 指定项目名称、项目保存位置。

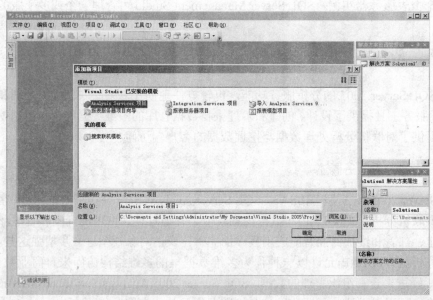

图 9.19 添加 "Analysis Services 项目" 对话框

2. 分析服务数据库

分析服务数据库是包括了分析服务对象(数据源、数据源视图、多维数据集、维度、挖掘结构、角色和程序集)的一种容器，也是客户端应用程序操作的内容。

通过使用 SQL Server Management Studio 工具在分析服务实例上创建分析服务数据库，主要操作步骤如下：

(1) 选择"开始"|"所有程序"|Microsoft SQL Server 2005|SQL Server Management Studio，打开 SQL Server Management Studio 工具。

(2) 在"对象资源管理器"的"连接"选项中选择"Analysis Services"服务器进行连接操作。

注意：要连接成功，事先应确保"SQL Server Analysis Services"服务已启动。

(3) 在"数据库"节点上右击，选择"新建数据库"，打开"新建数据库"窗口，如图 9.20 所示，输入数据库名称(例如 analysisDB)，选择模拟类型(是允许用户指定 Analysis Services 在试图到某个数据源进行处理时使用的安全方式)。

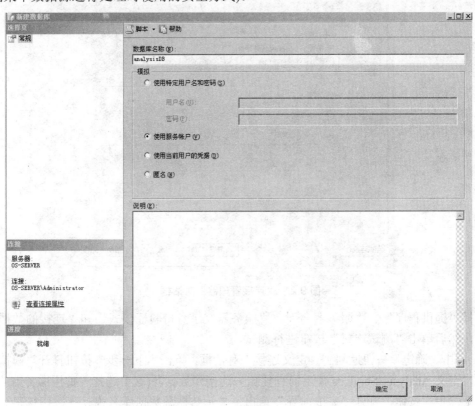

图 9.20　"新建数据库"窗口

3. 联机分析处理

联机分析处理(OLAP，On-Line Analysis Processing)，允许以一种称为多维数据集的多维结构访问来自商业数据源(如数据仓库)的、经过聚合和组织整理的数据。SQL Server 2005 Analysis Services (SSAS)提供 OLAP 工具和功能，可用于设计、部署和维护多维数据集及其他支持对象。

在分析服务中，多维数据集是用户在 OLAP 解决方案中与之交互的对象。它提供了一种简单易用的商业智能数据查询机制，其结构采用层次化组织并沿维度(用于将多维数据集汇总的数据层次化结构)聚合。分析服务支持多种不同的数据集，如销售多维数据集、库存多维数据集和客户信息多维数据集。

以下介绍创建数据源、数据源视图、维度、多维数据集等分析服务对象的主要操作过程。

(1) 创建数据源。

① 在"Microsoft Visual Studio 2005"环境新建 Analysis Services 项目的"解决方案资源管理器"窗口中，选择"数据源"并右击，执行"新建数据源"命令，打开"欢迎使用数据源向导"界面。

② 单击"下一步"按钮进入"选择如何定义连接"对话框，用来设置如何定义连接字符串。选择"基于现有连接或新连接创建数据源"，然后单击"新建"按钮，打开"连接管理器"对话框，如图 9.21 所示。

图 9.21 "连接管理器"对话框

选择"提供程序"、"服务器名"、"服务器登录身份验证模式"和"连接的数据库名"等内容，然后单击"测试连接"按钮进行测试。

③ 单击"确定"按钮返回到"定义连接"对话框，单击"下一步"按钮打开"模拟信息"对话框，定义 Analysis Services 使用何种凭据来连接到数据源(这里选择"使用服务账户")。单击"下一步"按钮，打开"完成向导"窗口，显示数据源数据库名称、连接字符串等信息，单击"完成"按钮即可。

(2) 定义数据源视图。

① 选择"解决方案管理器"中的"数据源视图"，右击，选择"新建数据源视图"命令，打开欢迎向导界面，单击"下一步"按钮。

② 打开"选择数据源"对话框，如图 9.22 所示，前面创建的数据源(Adventure Works)显示在"关系数据源"窗口，数据源属性显示在右边窗口中。

③ 单击"下一步"按钮打开"选择表和视图"对话框，如图 9.23 所示，从"可用对象"列表中选择表或视图。

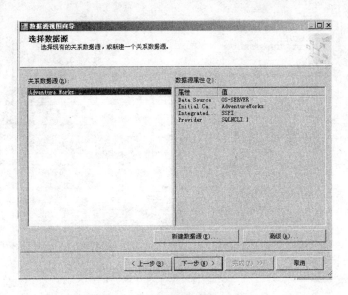

图 9.22 "选择数据源"对话框

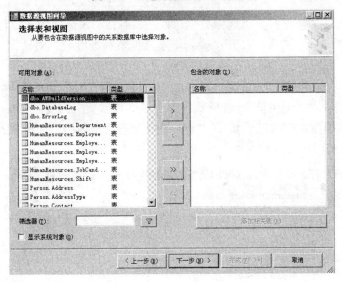

图 9.23 "选择表和视图"对话框

④ 选择完成后，单击"下一步"按钮，打开"完成向导"窗口，显示选择相关信息，单击"完成"按钮即可完成创建新的数据源视图。

(3) 定义和部署多维数据集。

在 Analysis Services 对象中定义了一个数据源视图后，就可以定义一个初始的多维数据集了。可以先定义与任何多维数据集都无关的维度，然后再定义使用这些维度的一个或多个多维数据集。

① 选择"解决方案管理器"中的"多维数据集"，右击，选择"新建多维数据集"命令，打开欢迎向导界面，单击"下一步"按钮。

② 在"选择生成方法"对话框中，选择"使用数据源生成多维数据集"和"自动生成"选项，如图 9.24 所示。

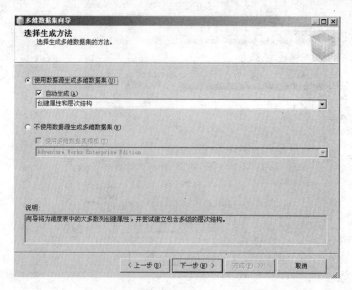

图 9.24 "选择生成方法"对话框

③ 单击"下一步"按钮打开"选择数据源视图"对话框,选择数据源视图(这里遵从以前的选择)。单击"下一步"按钮,打开"检测事实数据表和维度表"对话框,多维数据集向导将扫描各表之间的关系,以识别事实数据表和维度。

④ 依次单击"下一步"按钮选择"时间段"(如果选择"时间维度表",根据所选列列创建时间维度层次结构)、"度量值"(选择要包含在多维数据集中的度量值)、"检测层次结构"(扫描维度,检测数据集的层次结构)。在"查看新建维度"窗口中,如图 9.25 所示,显示向导检测到的各个维度的层次结构和属性。

图 9.25 "查看新建维度"窗口

⑤ 单击"下一步"按钮,打开"完成向导"窗口,命名多维数据集并查看其结构,然后单击"完成"按钮保存多维数据集。

4. 数据挖掘

数据挖掘就是从大型数据库中提取有效、可信、可行信息的过程，在此过程中形成数据挖掘模型(派生数据中存在的模式和趋势)，作为对复杂业务进行科学、合理决策的依据。

SQL Server 2005 Analysis Services 提供了用于数据挖掘的工具，借助这些工具标识数据中的规则和模式，从而确定出现问题的原因并预测将来将要出现的问题。在 Analysis Services 中创建数据挖掘解决方案时，首先要创建描述业务问题的模型，然后通过生成数据的数学模型的算法运行数据，此过程称为"定型模型"。然后依据该算法直观地浏览挖掘模型或创建预测查询。Analysis Services 可以使用来自关系数据库和 OLAP 数据库的数据集，并包括可用来调查数据的各种算法。

使用数据挖掘过程主要过程如下：

(1) 创建 Analysis Services 项目。如要创建数据挖掘解决方案，必须首先创建一个新的 Analysis Services 项目，然后为该项目添加并配置数据源和数据源视图。数据源定义连接到挖掘模型所基于的数据源时使用的连接字符串和身份验证信息。数据源视图提供数据源的摘要信息，可以使用该摘要信息修改数据结构使其与项目的关系更密切。

(2) 向 Analysis Services 项目中添加挖掘结构。创建完 Analysis Services 项目之后，可以添加挖掘结构以及基于每个结构的一个或多个挖掘模型。挖掘结构(包括表和列)派生自该项目中的现有数据源视图或 OLAP 多维数据集。添加新的挖掘结构将启动数据挖掘向导，可以使用该向导定义结构并指定创建基于该结构的初始模型时使用的算法和定型数据。可以使用数据挖掘设计器的"挖掘结构"选项卡修改现有的挖掘结构，包括添加列和嵌套表。

(3) 使用数据挖掘模型。在使用定义的挖掘模型之前，必须对它们进行处理，以使 Analysis Services 可将定型数据传递给算法来填充模型。Analysis Services 提供了多个用于处理挖掘模型对象的选项，其中包括控制处理哪些对象以及如何处理这些对象的功能。Analysis Services 在数据挖掘设计器的"挖掘模型查看器"选项卡中为每一种挖掘模型类型都提供了查看器，可以使用这些查看器浏览挖掘模型。Analysis Services 还在设计器的"挖掘准确性图表"选项卡中提供了一些工具，可以使用这些工具直接比较挖掘模型并选择最适合自身用途的挖掘模型。这些工具包括提升图、利润图和分类矩阵。

(4) 创建预测。大多数数据挖掘项目的主要目标是使用挖掘模型来创建预测。浏览并比较了挖掘模型之后，可以使用数种工具之一来创建预测。Analysis Services 提供了一种称为数据挖掘扩展插件(DMX)的查询语言，该语言是创建预测的基础。为了帮助用户生成 DMX 预测查询，SQL Server 在 SQL Server Management Studio 和 Business Intelligence Development Studio 中提供了查询生成器，并在 Management Studio 中提供了用于查询编辑器的 DMX 模板。在 BI Development Studio 中，用户可以从数据挖掘设计器的"挖掘模型预测"选项卡中访问查询生成器。

小　　结

XML 是一种简单的数据存储语言，使用一系列简单的标记描述数据，而这些标记可用方便的方式建立。虽然 XML 占用的空间比二进制数据要占用更多的空间，但 XML 极其简单易于掌握和使用。SQL Server 2005 为 XML 数据处理提供了广泛的支持。

SQL Server 2005 报表服务(Reporting Services)功能可以针对查询数据集定义报表布局、数据组织形式等，形成报表模型，发布给相应的应用环境。SQL Server 2005 分析服务(Analysis Services)功能可在多个物理数据源中创建统一维度的数据模型，使用户可以快捷有效地进行查询，实现联机分析处理和对数据仓库的数据挖掘。

习题与实训

一、填空题

1. HTML 侧重于如何表现信息，而 XML 侧重于_____。
2. XML 主要由以下 3 个要素组成：_____、_____、_____。
3. 使用_____可以把 XML 文档显示成一个表，并且像访问行集合一样检索 XML 数据。
4. SQL Server 2005 报表服务(Reporting Services)是一个完整的基于服务器的平台，可以用于_____传统的基于纸张的报表或者交互的、基于 Web 的报表。
5. SQL Server 2005 分析服务(SSAS，SQL Server Analysis Services)通过服务器和客户端技术的组合提供联机分析处理(OLAP)和_____功能。

二、选择题

1. XML 类型变量的(　　)方法可以实现对 XML 实例的查询。
   A. query()　　　　B. value()　　　　C. exist()　　　　D. modify()
2. FOR XML 子句中(　　)参数能实现以嵌套的 XML 树形式返回查询结果。
   A. RAW　　　　B. AUTO　　　　C. EXPLICI　　　　D. PATH
3. SQL Server 报表服务默认情况下，报表服务器虚拟目录的名称为(　　)。
   A. Reports　　　　　　　　　　　B. Reporting
   C. ReportServer　　　　　　　　　D. ReportingServices
4. 创建分析服务商业解决方案主要使用 SQL Server 2005 中的(　　)工具。
   A. Management Studio　　　　　　B. Reporting Services
   C. Analysis Services　　　　　　　D. Business Intelligence Development Studio

三、实训拓展

1. 实训内容

(1) 在数据库 StudentInformation 的"学生基本信息表"中分别使用 AUTO 模式、RAW 模式查询前 15 名学生的信息。

(2) 使用 SQL Server Reporting Services，创建报表，显示"学生基本信息表"中学生的"学号"、"姓名"、"性别"和"出生日期"列内容。

(3) 使用 SQL Server Analysis Services，基于数据库 StudentInformation 进行分析处理操作。

2. 实训提示

SQL Server Reporting Services 报表服务、SQL Server Analysis Services 分析服务作为 SQL Server 2005 的高级服务功能，一般在 Windows Server 操作系统的企业版本中使用。

第10章 SQL Server 2005 系统安全与维护

【导读】

数据库的安全是指保护数据库系统，防止因非法使用造成数据泄露、更改或破坏。数据库的安全与计算机系统的安全以及操作系统、网络系统的安全是紧密联系、相互支持的。对于数据库系统开发、数据库系统管理人员来讲，设计、保护数据不受内部和外部侵害是一项极其重要的工作，那么这需要深入理解 SQL Server 2005 的安全控制策略。

计算机系统及其上运行的数据库系统，由于硬件故障、软件错误、操作失误甚至恶意攻击，而造成运行事务的非正常中断，影响数据库中数据的正确性，以至于数据库遭到破坏，使其中的数据全部或部分丢失。因此，数据库系统所具备的数据备份、恢复功能成为衡量系统性能优劣的重要指标之一。

【内容概览】

- 理解 SQL Server 2005 的登录验证模式
- 掌握数据库用户管理
- 掌握数据库角色管理
- 掌握权限管理
- 掌握数据库备份
- 掌握数据库恢复

SQL Server 2005 的安全机制分为 3 层结构，分别为 SQL Server 服务器安全管理、数据库安全管理和数据库对象访问权限管理。SQL Server 服务器的安全管理是通过验证来实现的。用户在使用、管理 SQL Server 服务器之前，必须拥有登录该服务器的登录账户名和密码，并经过服务器登录验证合法后才能进入 SQL Server 服务器。数据库安全控制是通过安全用户账户-数据库用户的授权操作实现的。数据对象的访问权限(即具体操作功能)，决定了数据库用户对数据库中的表、视图、存储过程等对象的引用及使用操作语句的许可权限。

10.1 技能一 理解 SQL Server 2005 的登录验证模式

10.1.1 任务一 SQL Server 2005 验证模式

要全面了解 SQL Server 2005 的安全管理机制，首先需要理解 SQL Server 2005 的安全登录验证模式。身份验证是指当用户访问系统时，系统对该用户的账户名和密码确认的过程，包括确认账户名是否有效、能访问哪些数据库对象及在其上进行哪些操作。SQL Server 2005 有两种登录身份验证模式：Windows 身份验证和 SQL Server 身份验证。

1. Windows 身份验证模式

Windows 身份验证模式是指 SQL Server 服务器通过使用 Windows 网络用户的安全性来控制用户对 SQL Server 服务器的登录访问，也就是登录到 SQL Server 系统的用户身份由 Windows 操作系统来进行验证，允许用户登录到 SQL Server 服务器上时不必再提供一个单独的登录账号名和密码，从而实现 SQL Server 服务器与 Windows 操作系统登录的安全集成。

Windows 身份验证模式下，登录用户实际是 Windows 操作系统的用户账户，由 Windows 的用户账户管理机制管理用户账户。Windows 有功能强大的工具进行用户账户管理，如安全验证、密码加密、审核、密码过期、最短密码长度以及在多次登录请求失败后锁定账户等管理策略，数据库管理员的工作重心就可以转移到数据库管理。在 Windows 操作系统中，用户一般是某个组账户的成员，当用户进行连接时，SQL Server 将读取有关该用户在组中的成员属性等信息。如果对已连接用户的访问权限进行更改，那么当用户重新连接到 SQL Server 实例或登录到 Windows 操作系统时，这些更改才会生效。

如果登录用户是在 Windows 域网络环境下创建的用户，那么用户的网络安全特性在用户网络登录时建立，并通过 Windows 域控制器的活动目录数据库进行验证。通过使用网络用户安全特性控制登录访问，以实现与 Windows 操作系统的登录安全集成。

2. SQL Server 身份验证模式

SQL Server 身份验证模式是指用户登录 SQL Server 系统时，其身份验证由 Windows 和 SQL Server 共同进行。SQL Server 身份验证模式也称为混合验证模式。

在 SQL Server 身份验证模式下，使用 Windows 用户账户连接的用户可以使用信任连接。当用户使用指定的登录名和密码进行非信任连接时，SQL Server 检测输入的登录名和密码是否与系统 syslogins 表中记录的登录名和密码相匹配，自行进行身份验证。如果不存在该用户的登录账户，则身份验证失败，用户将会收到错误信息。用户只有提供正确的登录名和密码，才能通过 SQL Server 验证。

提供 SQL Server 身份验证是为了考虑非 Windows 客户兼容及向后兼容，早期 SQL Server 的应用程序可能要求使用 SQL Server 登录和密码。当 SQL Server 实例在 Windows 98/Windows 2000 Professional 上运行时，由于 Windows 98/Windows 2000 Professional 不支持 Windows 身份验证模式，必须使用混合模式。非 Windows 用户也必须使用 SQL Server 身份验证。

说明：使用 Windows 身份验证模式，比 SQL Server 身份验证模式更为安全。Windows 身份验证使用 Kerberos 安全协议，根据强密码的复杂性验证提供密码策略强制实施，提供账户锁定支持，并支持密码过期。如果选择 Windows 身份验证，则安装程序将创建默认情况下禁用的 sa 账户。若要使用 SQL Server 身份验证模式并在安装程序完成后激活 sa 账户，在安装过程中当选择 SQL Server 身份验证模式身份验证时，输入并确认系统管理员(sa)密码的强度，因为设置强密码对于确保系统的安全性至关重要，所以切勿设置空密码或弱 sa 密码。

3. 设置验证模式

可以使用 SQL Server Management Studio 工具来设置验证模式，但设置验证模式的工作只能由系统管理员来完成。

使用 SQL Server Management Studio 时，设置或改变验证模式的步骤如下。

- 启动 SQL Server Management Studio 工具。
- 单击"视图"|"已注册的服务器"命令,打开"已注册的服务器"对话框,展开 SQL Server 服务器组,在要设置验证模式的服务器上右击,然后从弹出的快捷菜单上选择"属性"命令,出现如图 10.1 所示的"编辑服务器注册属性"对话框。

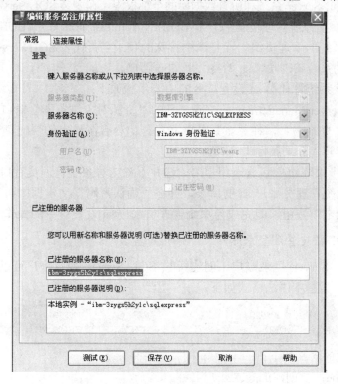

图 10.1　"编辑服务器注册属性"对话框

- 在"常规"选项卡中,"服务器名称"栏按"<服务器名>\<实例名>"格式选择要注册的服务器实例(也可以浏览查找)。"身份验证"栏在连接到 SQL Server 实例时,可以使用两种身份验证模式:Windows 身份验证(Windows 身份验证模式允许用户通过 Microsoft Windows 用户账户进行连接);SQL Server 身份验证(当用户用指定的登录名和密码进行非信任连接时,SQL Server 通过检查是否已设置 SQL Server 登录账户,以及指定的密码是否与以前记录的密码相匹配,进行自我身份验证。如果未设置 SQL Server 登录账户,身份验证则会失败,并且用户会收到一条错误消息)。

注意:请尽可能使用 Windows 身份验证。

- 设置完成后,单击"测试"按钮以确定设置是否正确。
- 单击"保存"按钮,关闭对话框。

10.1.2　任务二　SQL Server 登录账户管理

登录账户是基于服务器级使用的用户名称。在 Windows 验证模式下,可以将 Windows 操作系统使用的组成员账户或域用户账户作为登录账户;在 SQL Server 身份验证模式(混合验证模式)下,除了可创建 Windows 操作系统使用的组成员账户或域用户账户作为登录账户外,还可以由系统管理员完成创建登录账户。

1. 系统管理员登录账户

SQL Server 2005 有两个默认的系统管理员登录账户：sa 和 BUILTIN\Administrators。这两个登录账户具有 SQL Server 系统和所有数据库的全部权限。在安装 SQL Server 2005 之后，自动创建的登录标识符只有系统管理员 sa 账户和 BUILIN\Administrators 账户。BUILTIN\Administrators 是 Windows 操作系统的管理员组。sa 是一个特殊的登录名，代表 SQL Server 身份验证模式机制下 SQL Server 的系统管理员，sa 始终关联 dbo 用户。

为 SQL Server 系统管理员 sa 设置口令的主要步骤如下：

● 在 SQL Server Management Studio 工具的"资源对象浏览器"窗口中，依次展开"安全性"|"登录名"，在"sa"用户上右击，然后在弹出的快捷菜单中选择"属性"命令，打开"登录属性"窗口。

● 在"密码"文本框中包含一组星号，这并不意味着系统管理员有口令，在其中输入要分配给系统管理员账户 sa 的口令，并在"确认密码"文本框中再次输入"密码"。

● 单击"确定"按钮，即完成为系统管理员账户 sa 设置口令的操作。

2. 使用 T-SQL 语句管理登录账户

(1) 创建 SQL Server 登录账户。创建新的 SQL Server 登录账户可以使用 T-SQL 语句 CREATE LOGIN，其基本语法格式如下：

```
CREATE LOGIN login_name
      {WITH PASSWORD='password'[MUST_CHANGE]}|FROM WINDOWS
```

其中主要参数的含义如下：

● login_name：要创建的登录账户名称。

● PASSWORD = 'password'：指定正在创建登录账户的密码(仅适用于 SQL Server 登录名)，此值应使用强密码。建议强密码：长度至少有 8 个字符；密码中组合使用字母、数字和符号字符；字典中查不到；避免使用命令名、人名、用户名、计算机名；定期更改；与以前的密码明显不同。

● MUST_CHANGE：SQL Server 将在首次使用新登录名时提示用户输入新密码(仅适用于 SQL Server 登录)。

● FROM WINDOWS：指定将登录账户映射到 Windows 用户名。如果从 Windows 域用户账户映射 login_name，则 login_name 必须用方括号([ ])括起来。

【例 10-1】 创建一个登录账户，用户名为"Mary"，密码为"<enStrPass1>"。

```
CREATE LOGIN Mary WITH PASSWORD = '<enStrPass1>'
```

(2) 查看 SQL Server 登录账户。查看 SQL Server 登录账户，可以使用系统存储过程 sp_helplogins。

(3) 删除登录账户。在 SQL Server 2005 数据库系统中，由于登录账户需要和数据库用户相关联、对应，因此删除登录账户时需要在数据库中做较为复杂的检查，以确保不会在数据库中留下孤立用户(孤立用户是指一个用户没有任何的登录名与其映射)。在删除登录账户时，SQL Server 必须确认这个登录账户没有关联的用户存在于数据库系统中。如果存在数据库用户和被删除的登录账户名关联，SQL Server 将返回提示信息，指出数据库中哪个用户与被删除的登录账户相关联。此时，必须先用 DROP USER 语句将每个数据库中该登录账户关联的用户对象清除，然后才能删除登录账户。

删除登录账户可使用 T-SQL 语句 DROP LOGIN，其语法格式如下：

```
DROP LOGIN login_name
```

其中，login_name 是指要删除的登录账户名。注意：不能删除正在登录的账户。

【例 10-2】　删除例 10-1 中创建的登录账户"Mary"。

```
DROP LOGIN Mary
```

3. 使用 SQL Server Management Studio 管理 SQL Server 登录账户

(1) 使用 SQL Server Management Studio 将已经存在的 Windows 用户增加到 SQL Server。使用 SQL Server Management Studio 可以将 Windows 操作系统的用户或者组映射成 SQL Server 登录名，并且每个登录账户名都可以在指定的数据库中创建数据库用户名。这样可实现 Windows 操作系统组成员用户直接访问服务器上的数据库。而这些用户的权限可以再授权指定。

使用 SQL Server Management Studio 将已经存在的 Windows 组或用户增加到 SQL Server 中的操作步骤如下。

● 启动 SQL Server Management Studio，依次展开"服务器"|"安全性"|"登录名"。

● 选择 Windows 组或用户(如 BUILTIN\Administrators 组)，右击，在弹出的快捷菜单中单击"属性"命令，出现如图 10.2 所示的"登录属性"窗口。在"默认数据库"下拉列表，可选择该用户组或用户访问的默认数据库。

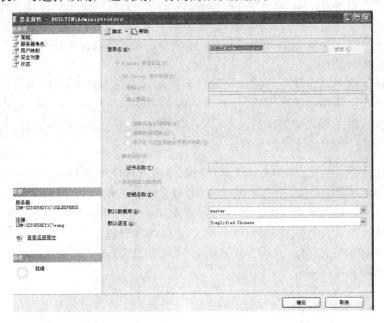

图 10.2 "登录属性"窗口

● 单击"确定"按钮，即可完成 Windows 组或用户名映射到 SQL Server 登录账户的操作。

(2) 用 SQL Server Management Studio 创建、查看及删除 SQL Server 登录账户。

① 创建登录账号。使用 SQL Server Management Studio 创建 SQL Server 登录账户的操作

过程是：启动 SQL Server Management Studio，依次展开"服务器"|"安全性"，在"登录名"上右击，在弹出的快捷菜单上选择"新建登录名"命令，打开"登录名-新建"窗口。输入登录名，选择一种身份验证模式(如 Windows 验证模式)，然后指定该账户默认登录的数据库和默认语言(系统新建登录名时默认数据库设置为 master，建议改成实际使用的数据库)；如选择 SQL Server 验证模式，则需要输入登录账户名称、密码及确认密码。单击"服务器角色"选项卡，可以查看或更改登录名在固定服务器角色中的成员身份；单击"用户映射"选项卡，以查看或修改 SQL 登录名到数据库用户的映射，并可选择其在该数据库中运行允许担任的数据库角色。

② 查看及删除登录账户。可以使用 SQL Server Management Studio 查看已存在登录账户的详细信息，删除 SQL Server 系统不再需要的登录账户。其具体操作过程为：启动 SQL Server Management Studio，依次展开"服务器"|"安全性"|"登录名"节点，在指定的登录账户上右击，在弹出的快捷菜单中选择"属性"命令，打开"登录属性"窗口，即可查看该登录账户的信息，也可删除该登录账户。

10.2　技能二　掌握数据库用户管理

SQL Server 登录账户、数据库用户是 SQL Server 2005 数据库系统两个不同的对象。SQL Server 登录账户是连接、访问 SQL Server 服务器的通行证(其信息存放在 master 数据库的 syslogins 表中)。

数据库用户是基于数据库，访问数据库的凭证。数据库应用系统的使用者不能通过 SQL Server 登录账户访问 SQL Server 服务器中的数据资源。要访问指定数据库，还必须事先在该数据库内创建数据库用户，并与 SQL Server 服务器登录账户相关联(即建立映射关系)。数据库用户的定义信息存放于所依赖数据库的 sysusers 表中，这个表包含了该数据库所有用户对象及其相对应的登录账户的标识。

数据库系统的用户通过使用合法登录账户名和密码连接 SQL Server 服务器，然后以其所映射的数据库用户访问指定的数据库。SQL Server 将在该数据库的 sysusers 表中查找该用户对象是否存在这种映射关系，如果没有，系统将该登录名映射为 Guest 用户(如果当前数据库禁用 Guest 用户，用户将无法访问数据库)。

提示：大多数情况下，SQL Server 登录账户和数据库用户使用相同的名称。如果 SQL Server 采用 Windows 身份验证，并使用 Windows 操作系统管理员或管理员组成员登录 SQL Server，SQL Server 将自动地映射为数据库的所有者 dbo 用户(dbo 用户是数据库唯一的所有者，是数据库管理员角色成员。dbo 用户拥有该数据库中的全部权限，并确定提供给其他用户的访问权限和功能)。如果 SQL Server 采用 SQL Server 身份验证，登录账户 sa 对应数据库所有者用户 dbo。

10.2.1　任务一　使用 T-SQL 语句管理数据库用户

1．创建数据库用户

创建数据库用户可使用 CREATE USER 语句，其基本语法形式如下：

```
CREAT USER user_name [{FOR LOGIN login_name}|WITH LOGIN]
```

其中主要参数的含义如下。

- user_name：在数据库中要创建的用户名。
- LOGIN login_name：指定要创建数据库用户的 SQL Server 登录名。login_name 必须是服务器中有效的登录名。当此 SQL Server 登录名进入数据库时，它将获取正在创建的数据库用户的名称和 ID。
- WITHOUT LOGIN：指定不应将所创建数据库用户映射到现有登录名，是作为 Guest 连接到数据库。

【例 10-3】 在 SQL Server 验证模式下登录账户为"wang"，为数据库 StudentInformation 创建一个同名的数据库用户。

```
USE StudentInformation
CREATE USER wang FOR LOGIN wang
```

2. 查看数据库用户

在当前数据库，执行 EXEC sp_helpuser 语句，即可显示该数据库中的有效用户信息。

3. 删除数据库用户

当某个登录账户不再需要访问应用数据库而删除该登录账户时，需要将数据库内的映射用户名删除。删除用户可使用 T-SQL 语句 DROP USER，其语法格式如下：

```
DROP USER user_name
```

其中，user_name 为当前数据库中要删除用户的名称。

注意：不能从数据库中删除拥有数据库对象的用户。如要删除用户，必须先删除或转移数据库对象的所有权，才能删除拥有这些对象的数据库用户。不能删除数据库中的 Guest 用户，但可在 master 或 tempdb 之外的任何数据库中执行"REVOKE CONNECT FROM GUEST"来撤销 Guest 用户的 CONNECT 权限，从而禁用 Guest 用户。

【例 10-4】 使用"DROP USER"将数据库 StudentInformation 中的"wang"删除。

```
DROP USER  wang
```

10.2.2　任务二　使用 SQL Server Management Studio 管理数据库用户

在 SQL Server 2005 的 SQL Server Management Studio 中，创建、查看、删除数据库用户的主要操作步骤如下。

启动 SQL Server Management Studio，依次展开"服务器"|"数据库"，选择指定的数据库，展开其"用户"，可从右边的"摘要"窗口中看到该数据库的现有用户信息。在"用户"节点上右击，在弹出的快捷菜单中选择"新建数据库用户"命令，打开"数据库用户-新建"窗口，在其中输入要创建的数据库用户的名字，然后在"登录名"文本框中输入相对应的登录名(或单击"浏览"按钮，在系统中选择相应的登录名)，单击"确定"按钮，将新创建的数据库用户保存到数据库中。删除数据库用户时，在"用户"节点中选择要删除用户，右击，在弹出的快捷菜单中选择"删除"命令即可。

10.3 技能三 掌握数据库角色管理

在 SQL Server 2005 中,可以把某些数据库用户设置某一角色,可以把角色理解为 Windows 操作系统的组,这些用户称为该角色的成员。当对角色进行权限设置时,其成员自动继承该角色的权限。这样,只要对角色进行权限管理,就可以实现对属于该角色的所有成员的权限管理,大大减少了管理员的工作量。SQL Server 2005 有两种类型角色:服务器角色和数据库角色。服务器角色是服务器级对象,包含 SQL Server 登录名,也称为固定服务器角色;数据库角色是数据库级的对象,只包含数据库用户名。

10.3.1 任务一 固定服务器角色

固定服务器角色是 SQL Server 系统内置的角色。安装完 SQL Server 2005 后,系统自动创建了以下 8 个固定的服务器角色,具体名称及功能描述如表 10-1 所示。

表 10-1 固定服务器角色及其功能

角 色 名 称	功 能 描 述
bullkadmin	实现大容量数据的插入操作,可执行 BULK INSERT 语句
dbcreator	数据库创建者,执行数据库的创建和修改
diskadmin	磁盘管理员,执行磁盘文件管理
processadmin	进程管理员,负责 SQL Server 系统进程管理
setupadmin	安装程序管理员,实现安装、复制管理功能
serveradmin	服务器管理员,主要完成服务器设置的配置
securityadmin	安全管理员,负责系统的安全管理,管理和审核服务器登录账户
sysadmin	系统管理员,能够不受限制执行操作

固定服务器角色的操作主要是用系统存储过程完成的。

1. 查看固定服务器角色

使用系统存储过程 sp_helpsrvrole 查看固定服务器角色,其语法格式为:

```
sp_helpsrvrole [role_name ]
```

其中,role_name 为固定服务器的名称(见表 10-1),返回值 0(成功)或 1(失败)。

2. 在固定服务器角色中添加或删除登录账户

使用存储过程或 SQL Server Management Studio 可将登录账户添加到指定服务器角色,或从固定服务器角色中删除登录账户。具体语法格式如下:

```
sp_addsrvrolemember   login_name, role_name

sp_dropsrvrolemember  login_name, role_name
```

其中,login_name 为要添加或删除的登录名称,role_name 为指定的固定服务器名称。

【例 10-5】 将登录名"wang"添加到服务器 sysadmin 角色中,然后再从服务器 sysadmin 角色中删除。

```
EXEC sp_addsrvrolemember wang,sysadmin
EXEC sp_dropsrvrolemember wang,sysadmin
```

添加或删除的结果还可以通过使用系统存储过程 EXEC sp_helpsrvrolemember sysadmin 查看。

使用 SQL Server Management Studio 为服务器角色添加、删除登录账户成员的主要操作步骤为：启动 SQL Server Management Studio，依次展开"服务器"|"安全性"|"服务器角色"，右边的"摘要"窗口将显示系统的 8 个固定服务器角色。选择要添加登录到的服务器角色(如 sysadmin)，右击并选择执行"属性"命令，打开如图 10.3 所示的"服务器角色属性"窗口；如果添加登录账户，单击"添加"按钮，出现"选择登录名"窗口，在其中单击"浏览"按钮选择相应的登录账户，并单击"确定"按钮将它们加入到角色中；如果删除登录账户，则选择指定账户名，单击"删除"按钮。最后单击"确定"按钮完成登录账户的服务器角色添加或删除，退出"服务器角色属性"窗口。

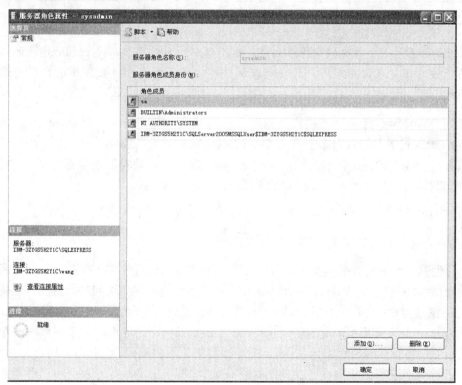

图 10.3　"服务器角色属性"窗口

10.3.2　任务二　数据库角色

在 SQL Server 数据库服务器上可以创建多个数据库。数据库角色是数据库级对象，分为固定数据库角色和用户自定义数据库角色。

1. 固定数据库角色及其功能

在 SQL Server 数据库服务器上，创建数据库时系统将自动创建如表 10-2 所示的 10 个固定数据库角色，它们的信息存储在 sysusers 系统表中。

表 10-2　固定数据库角色及其功能

角 色 名 称	功 能 描 述
public	维护默认的许可
db_owner	执行数据库中的任何操作
db_accessadmin	可添加、删除数据库用户和角色
db_ddladmin	增加、修改或删除数据库对象
db_securityadmin	执行语句和对象权限管理
db_backupoperator	备份和恢复数据库
db_datereader	检索任意表中的数据
db_datawriter	增加、修改或删除表中的数据
db_denydatareader	不能检索任意表中的数据
db_denydatawriter	不能修改任意表中的数据

说明：public 角色是一个特殊的数据库角色，数据库中的每位用户都是 public 角色的成员，该角色负责维护数据库中用户的全部默认许可，不能由用户将数据库用户指定为 public 角色。

在使用 Windows 身份验证模式登录时，推荐使用 SQL Server Management Studio 将 Windows 组加入到指定的数据库中，并为 Windows 组成员提供数据库用户名。在这里，用户被定义成某种数据库角色。利用这种方法，数据库管理员可以减轻创建时的工作量。要浏览数据库的固定数据库角色，可执行如下格式的系统存储过程：

```
sp_helprole role_name
```

2. 用户自定义数据库角色

(1) 创建用户自定义数据库角色。用户自定义数据库角色有两种：标准角色和应用程序角色。使用应用程序角色，可以只允许通过特定应用程序连接的用户访问特定数据。连接应用程序角色的工作过程是：用户执行客户端程序；客户端应用程序作为用户连接到 SQL Server；然后应用程序用一个只有其才知道的密码执行 sp_setapprole 存储过程；如果应用程序角色名称和密码都有效，将激活应用程序角色；此时，连接将失去用户权限，而获得应用程序角色权限，通过应用程序角色获得的权限在连接期间始终有效。标准自定义数据库角色将已经存在的数据库用户作为它的成员。这里介绍的用户自定义角色为标准用户角色。

创建自定义数据库角色和许多其他任务一样，SQL Server 中有两种方法完成增加角色的工作：可以使用 Transact-SQL 语句或 SQL Server Management Studio。

创建自定义数据库角色时，使用的是 T-SQL 语句 CREATE ROLE，其具体语法格式如下：

```
CREATE ROLE role_name [ AUTHORIZATION owner_name ]
```

其中：

- role_name：是新增的数据库角色。
- AUTHORIZATION owner_name：是新增数据库角色的属主。

【例 10-6】　在数据库 StudentInformation 中增加名为 "roleNU" 的自定义数据库角色。

```
USE StudentInformation
CREATE ROLE roleNU
```

使用 SQL Server Management Studio 创建自定义数据库角色时,具体创建的步骤如下:启动 SQL Server Management Studio;依次展开"服务器"|"指定的数据库"|"安全性"|"角色",在其上右击;在随后出现的快捷菜单上选择"新建"|"新建数据库角色",打开"数据库角色-新建"的对话框,在"角色名称"文本框中输入角色名,"所有者"文本框中输入系统已有用户名,或单击"浏览"按钮,在系统弹出的"选择数据库用户或角色"窗口所有可用数据库用户、数据库角色的列表中选择角色的成员身份;单击"添加"按钮向该角色中添加成员;单击"确定"按钮,保存创建信息。

(2) 删除自定义数据库角色。用户自定义数据库角色不再使用,就可以从数据库中删除。从数据库中删除"角色"和从数据库中删除用户的操作非常相似。但是,与固定服务器角色一样,固定数据库角色不能删除。

删除自定义数据库角色可使用 T-SQL 语句 DROP ROLE,其语法格式如下:

```
DROP ROLE  role_name
```

使用 SQL Server Management Studio 删除自定义数据库角色,具体操作步骤如下:启动 SQL Server Management Studio;依次展开需要操作的服务器和数据库,选择"安全性"|"角色"|"数据库角色",在要删除的自定义数据库角色上右击,在弹出的快捷菜单中选择"删除"命令;确认"删除"操作(如该角色无成员,那么将被删除;如该角色有成员,系统将给出错误提示,将角色中的成员删除后,即可将数据库角色删除)。

(3) 为数据库角色添加、删除成员。可以使用系统存储过程 sp_addrolemembe、sp_droprolemembe 或 SQL Server Management Studio 为数据库角色添加和删除成员。

系统存储过程 sp_addrolemember、sp_droprolemember 的具体语法如下:

```
sp_addrolemember  role_name, account_name
```

```
sp_droprolemember  role_name, account_name
```

其中,

- role_name:当前要添加或删除的数据库角色名。
- account_name:数据库已存在的用户名。

这两个系统存储过程返回值有 0(成功)或 1(失败)。

【例 10-7】在数据库 StudentInformation 中,使用系统存储过程 sp_addrolemember、sp_droprolemember 将数据库用户"userA"作为成员添加到数据库角色"roleNU"中,再将其从数据库角色"roleNU"中删除。

```
USE StudentInformation
EXEC sp_addrolemember roleNU,userA
EXEC sp_droprolemember roleNU,userA
```

使用 SQL Server Management Studio 为数据库角色添加和删除成员的具体步骤如下:启动 SQL Server Management Studio;依次展开需要操作的服务器和数据库;选择 "安全性"|"角色"|"数据库角色",右边的窗格出现该数据库的所有角色列表,选择指定角色的"属性";在 "数据库角色属性"对话窗口,如要为该数据库角色添加成员,单击"添加"按钮,出现

"选择数据库用户或角色"窗口，选择已有数据库用户；如要删除该数据库角色的某个成员，可单击该成员，再单击"删除"按钮即可。

10.4 技能四 掌握权限管理

10.4.1 任务一 权限的种类

SQL Server 2005 使用权限技术来加强系统的安全性。通常权限分为 3 种类型：对象权限、语句权限和隐含权限(也称为默认权限)。

1. 对象权限

对象权限是用于控制用户对数据库对象执行某些操作的权限。数据库对象类型包括数据库、表、视图、存储过程、函数等。对象权限主要是针对数据库对象设置，由数据库对象的所有者授予或撤销。

对象权限适用的数据库对象和 T-SQL 语句在表 10-3 中列出。

表 10-3 对象权限适用的对象和语句

T-SQL 语句	数据库对象
SELECT	表、视图、表和视图中的列
UPDATE	表、视图、表中的列
INSERT	表、视图
DELETE	表、视图
EXECUTE	存储过程

2. 语句权限

语句权限是用于控制数据库操作或创建数据库中的对象操作的权限，只能由 sa 或 dbo 授予或撤销。语句权限授予的对象一般为数据库角色或数据库用户。语句权限适用的 T-SQL 语句和功能如表 10-4 所示。

表 10-4 语句权限适用的语句和权限说明

T-SQL 语句	数据库对象
CREATE DATABASE	创建数据库
CREATE PROCEDURE	创建存储过程
CREATE TABLE	创建表
CREATE VIEW	创建视图
BACKUP DATABASE	备份数据库
BACKUP LOG	备份日志文件

3. 隐含权限

隐含权限，又称为默认权限，是系统预定义而不需要授权的权限，包括固定服务器角色成员、固定数据库角色成员、数据库所有者(dbo)和数据库对象所有者所拥有的的权限。

例如，sysadmin 固定服务器角色成员可在服务器范围内做任何操作，dbo 可对数据库做任何操作，对此不需要赋予权限操作。

10.4.2　任务二　权限管理操作

1. 使用 T-SQL 语句管理权限

使用 T-SQL 语句主要管理语句权限和对象权限的授予、拒绝(禁止)以及撤销。

(1) 授予权限语句。授予权限语句使用 T-SQL 语句 GRANT，其基本语法格式如下：

```
GRANT <permission> ON <object> To
```

其中主要参数含义如下。

- permission：可以是对应对象的任何有效权限组合。
- object：被授权对象，可以是表、视图、表或视图中的列、存储过程等。
- user：被授权的一个或多个用户。

【例 10-8】 在当前数据库 StudentInformation 中，将创建表的权限赋予用户"userA"。

```
USE StudentInformation
GRANT CREATE TABLE   To userA
```

执行结果可以通过数据库 StudentInformation 的属性"权限"查看，如图 10.4 所示。

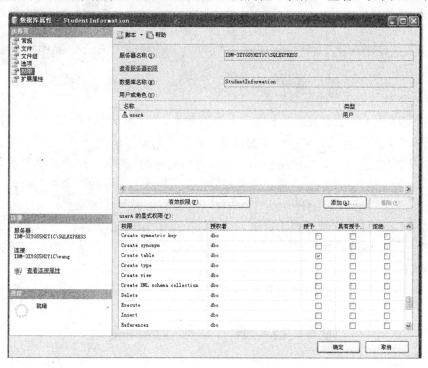

图 10.4　"数据库属性"窗口

【例 10-9】 在当前数据库 StudentInformation 中，授予角色 public 对"学生住宿表"的 SELECT 权限，授予用户 userA 对"学生基本信息表"的 INSERT 权限。

```
USE StudentInformation
GRANT SELECT  ON 学生宿舍表 To public
GRANT INSERT ON 学生基本信息表 TO userA
```

(2) 拒绝(禁止)权限语句。拒绝(禁止)权限主要使用 T-SQL 语句 DENY，其基本语法格式如下：

```
DENY <permission> ON <object> To <user>
```

其中主要参数含义与 GRANT 语句相同。

【例 10-10】 在当前数据库 StudentInformation 中，禁止用户 userA 创建表的权限和对"学生基本信息表"执行 INSERT 语句权限。

```
USE StudentInformation
DENY CREATE TABLE To userA
DENY INSERT ON 学生基本信息表 TO userA
```

使用 DENY 语句限制用户或角色的某些权限，不仅删除了以前授予用户或角色的某些权限，而且还禁止这些用户或角色从其他角色继承被禁止的权限。

(3) 撤销权限语句。撤销权限主要使用 T-SQL 语句 REVOKE，其基本语法格式如下：

```
REVOKE <permission> ON <object> To <user>
```

其中主要参数含义与 GRANT 语句相同。

撤销权限语句的作用是删除用户或角色的指定权限，但是撤销权限仅仅是删除用户或角色拥有的某些权限，并不禁止这些用户或角色从其他角色继承已被撤销的权限。

10.4.3 任务三 使用 SQL Server Management Studio 设置权限的授予、撤销和禁止状态

● 启动 SQL Server Management Studio，分别展开"服务器"|"数据库"。
● 依次展开要设置权限的数据库、表。
● 在"表"节点中，选择要操作的表，打开其"表属性"对话框，单击"权限"选项卡，可以看到对该表具有某种权限的该数据库用户的权限情况。
● 单击"添加"按钮，系统将弹出"选择用户或角色"对话框，单击"浏览"按钮选择要准备设置"授予"、"具有授予权限"及"拒绝"许可的数据库用户。对该用户进行 Select、Insert、References、Delete、Update 许可权限的设置。可以将各类权限设置为"授予"、"具有授予权限""允许"或"拒绝"，或者不进行任何设置。选中"拒绝"将覆盖其他所有的设置。如果未进行任何设置，将从其他组成成员身份中继承权限。
● 单击"确定"按钮，完成许可的设置。

10.5 技能五 掌握数据库备份

SQL Server 2005 是一种高效的网络数据库管理系统，系统维护工作是数据库正常运行的保障。在建立和使用数据库系统的过程中，会不断地向系统存储、更新各种重要的数据，其中包括为系统创建的各种数据库对象。在使用计算机系统时，最不愿意发生的事情就是在没有最近备份的情况下遭遇数据丢失或破坏，不论这些数据是数据库中的数据还是编程代码或其他文件。一旦数据库遭到破坏，就需要花很大的工作量来进行恢复。而随着时间的推移，存储数据量的逐步增加，数据被破坏或丢失后重新修复的可能性就越小。正确、及时地进行数据备份能

减少数据丢失后恢复数据库的工作量。所以，为了避免数据在遭破坏或丢失后无法恢复，必须对数据库进行备份。

10.5.1　任务一　数据库备份的类型

数据库备份是指制作数据库结构、对象及内容的复制(包括数据库表、视图、索引、约束条件，以及数据库文件的路径、大小、增长方式等信息)。与备份对应的是还原。数据库备份与还原可在系统发生故障时修复数据，保护数据库中的关键数据免遭破坏。SQL Server 2005数据库系统支持以下多种数据备份类型。

1. 完整备份

完整备份是指备份整个数据库，包括事务日志部分。完整备份代表备份操作完成时刻的数据库。往往通过完整备份中的事务日志，可以使数据库恢复到备份完成时的状态。由于完整备份数据库内容众多，因而需要的时间也更多。创建完整备份是频率较低的重要操作，通常会安排该操作定期发生。

2. 完整差异备份

完整差异备份仅记录自上次完整备份后更改过的数据。完整差异备份数据量比完整备份更小，操作时间更块，可以简化频繁的备份操作的同时，减小数据丢失的风险。完整差异备份基于以前的完整备份，因此该类型备份又称为基准备份，即仅备份自基准备份后更改过的数据。如果一个数据库的某个部分修改的频率高于其他部分，则完整差异备份尤其有用。在这种情况下，完整差异备份可以使用户经常备份数据，而开销低于完整备份。

经过一段时间后，随着数据库的更新，包含在差异备份中的数据量会增加，这使得创建和还原备份的速度变慢。因此，必须重新创建一个完整备份，为另一个系列的差异备份提供新的差异基准。

3. 部分备份

部分备份和部分差异备份是 SQL Server 2005 中的新增功能。这些备份的设计目的在于：为在简单恢复模式下对包含一些只读文件组的数据库的备份工作提供更多的灵活性。但是，所有恢复模式都支持这些备份。

部分备份与完整数据库备份类似，但是部分备份不包含所有文件组。部分备份包含主文件组、每个读/写文件组以及任何指定(可选)的只读文件中的所有数据。只读数据库的部分备份仅包含主文件组。当数据库包含自上次完整备份后一直为只读的一个或多个只读文件组时，部分备份很有用。

4. 部分差异备份

部分差异备份仅包含自同一组文件组的最新部分备份以来发生了修改的数据区。部分差异备份只与部分备份一起使用。部分差异备份仅记录自上一次部分备份(称为差异"基准")以来文件组中发生更改的数据区。如果部分备份所包含的数据只有一部分发生了变化，则部分差异备份将小于差异基准而且创建速度更快。对于大型数据库，采用差异备份便于进行数据的频繁备份，从而降低数据丢失的风险。但是，从部分差异备份进行还原必然要比从部分备份进行还原需要更多的步骤和时间。而且还原过程也更为复杂，因为其中涉及两个备份文件。

5. 文件备份

文件备份是一个或多个文件或文件组中所有数据的完整备份。在完整恢复模式下，一整套完整文件备份与跨所有文件备份的足够日志备份合起来等同于完整数据库备份。使用文件备份能够只还原损坏的文件，而不用还原数据库的其余部分，从而加快了恢复速度。例如，如果数据库由位于不同磁盘上的若干个文件组成，在其中一个磁盘发生故障时，只需还原故障磁盘上的文件。

相对于数据库备份，文件备份具有如下优点：

- 能够更快地从隔离的媒体故障中恢复，迅速还原损坏的文件。
- 与完整数据库备份相比，文件备份增加了计划和媒体处理的灵活性。文件或文件组备份的更高灵活性对于包含具有不同更新特征数据的大型数据库很有用。

与完整数据库备份相比，文件备份的主要缺点是管理较复杂。如果某个损坏的文件未备份，那么媒体故障可能会导致无法恢复整个数据库。因此，必须维护一组完整的文件备份，对于完整/大容量日志恢复模式，还必须维护一个或多个日志备份，这些日志备份至少涵盖第一个完整文件备份和最后一个完整备份之间的时间间隔。维护和跟踪这些完整备份是一种耗时的任务，所需空间可能会超过完整数据库备份的所需空间。

6. 文件差异备份

文件差异备份是基于上次完整文件备份的修改而做的备份。文件差异备份的前提是已经进行了完整文件备份，只捕获自上一次文件备份以来更改的数据。在 SQL Server 2005 中，由于数据库引擎可以跟踪自上一次备份文件以来进行的更改，而不需要扫描文件，因此文件差异备份的速度更快。

在简单恢复模式下，仅为只读文件组启用了文件差异备份。在完整恢复模式下，允许对具有差异基准的任何文件组进行文件差异备份。在使用文件差异备份时，由于降低了必须还原的事务日志量，因而可以极大地缩短恢复时间。

对于以下情况，可以考虑使用文件差异备份：

- 文件组中有些文件的备份频率低于其他文件的备份频率。
- 文件很大而且数据不常更新，或者反复更新相同数据。

注意：不能同时对同一数据块进行数据库差异备份和文件差异备份。

7. 事务日志备份

事务日志备份针对所有数据库的事务日志记录，仅用于完整恢复模式或大容量日志恢复模式。使用事务日志备份，可以将数据库恢复到故障点或特定的时间点。

一般情况下，事务日志备份比完整备份使用的资源少。因此，可以比完整备份更频繁地创建事务日志备份，从而减少数据丢失的风险。

10.5.2　任务二　执行备份

1. 备份前的准备

为了保证数据库数据及其文件安全、完整地备份，应该在具体执行备份操作之前，根据系统的环境和实际需要制订一个切实可行的备份计划，确保数据库的安全。备份计划主要考虑以下几个方面：

- 确定备份的频率。确定备份频率主要是考虑数据库系统恢复时的工作量，数据系统执行事务的规模等因素。
- 确定备份的内容。确定数据库中的哪些数据需要备份。
- 确定备份的介质。确定备份数据是存放到硬盘还是磁带等存储介质。创建备份前需要初始化备份媒体。初始化磁带后，磁带上以前的信息将无法恢复；初始化磁盘媒体只涉及备份操作指定的备份设备文件，磁盘上的其他文件不受影响。
- 确定备份的方式。确定备份操作执行何种类型的备份，这很大程度上与将来的数据恢复方式有关。
- 确定备份操作者。一般只有下列角色的成员才可以备份数据库：服务器角色 sysadmin、数据库角色 db-owner 和 db-backupoperator。
- 是否使用备份服务器。如果使用备份服务器，出现故障时，系统能迅速地得到恢复。
- 确定备份存储的期限和存放地点。备份的数据应该存放在安全的位置并保存适当的期限。

2. 备份设备

SQL Server 2005 服务器上所有备份和还原操作的完整历史记录都存储在 msdb 数据库中，系统使用 msdb 的备份记录来识别所指定的备份媒体上的数据库备份和所有事务日志备份，创建还原计划。备份或还原操作中使用的磁盘驱动器或磁带机称为"备份设备"。在创建备份时，必须选择要将数据写入的备份设备。SQL Server 2005 可以将数据库和文件备份到磁盘或磁带设备上。

(1) 磁盘与磁带。

磁盘备份设备是硬盘或其他磁盘存储媒体的文件，与常规操作系统文件一样。可以在服务器的本地磁盘或共享网络资源的远程磁盘上定义磁盘备份设备。磁盘设备的大小可根据数据需要设置。如果备份到与源数据库相同的一个物理磁盘上，就会有一定的风险(如磁盘出现故障，备份数据也将无法使用)。

使用磁带设备，磁带备份设备必须物理连接到运行 SQL Server 实例的计算机上，且正常运行。SQL Server 2005 不支持远程磁带备份设备。

(2) 物理、逻辑备份设备。

SQL Server 系统备份操作使用物理设备名称或逻辑设备名称标识备份设备。物理备份设备是操作系统用来标识备份设备的名称(如 F:\Backup\fulldata.bak)。逻辑备份设备是用户定义的别名，用来标识物理备份设备。逻辑设备名称永久性地保存在 SQL Server 的系统表中。使用逻辑备份设备的优点是，引用它比引用物理设备名称简单。

(3) 创建备份设备。

可以使用 T-SQL 语句来创建备份设备，也可以在 SQL Server Management Studio 中创建备份设备。

使用 T-SQL 的系统存储过程 sp_addumpdevice 将备份设备添加到 SQL Server 2005 数据库系统中，其语法形式如下：

```
sp_addumpdevice 'device_type','logical_name','physical_name'
```

其中主要参数的含义如下：

- device_type：备份设备的类型。有两种取值：disk 表示以硬盘文件作为备份设备，tape 为磁盘设备。
- logical_name：备份设备的逻辑名，用于 SQL Server 管理备份设备。
- physical_name：备份设备的物理名称。物理名称必须遵照操作系统文件名称的规则或者是 Windows 指派给本地磁带设备的物理名称，例如："\\ .\Tape0" 作为计算机上的第一个磁带设备的名称。

sp_addumpdevice 系统存储过程执行结果返回值 0(成功)或 1(失败)。

【例 10-11】 在当前 SQL Server 服务器上，分别创建一个本地磁盘、网络磁盘和磁带备份设备。

```
USE  StudentInformation
EXEC  sp_addumpdevice 'disk','DB_StudentInformation','C:\dump\Student
Information. back'
EXEC sp_addumpdevice 'disk','NB_StudentInformation', '\\BackSrv\SQLBak\Student
Information.bak'
EXEC  sp_addumpdevice 'tape','TB_StudentInformation','\\.\tape0'
```

使用 SQL Server Management Studio 创建备份设备的主要操作步骤如下。

- 启动 SQL Server Management Studio。
- 在"对象资源管理器"窗口中，展开"服务器对象"文件夹，在"备份设备"上右击并选择"新建备份设备"命令，打开"备份设备"窗口。在"设备名称"框中输入该备份的名字，这是备份设备的逻辑名；在"目标"区域输入磁盘备份设备所使用的文件名，这是一个完整的路径和文件名，如果是网路备份设备，应该是文件通用名字约定的位置。如果系统安装有磁带设备此选项才可用，在"磁带"单选按钮右边的列表中查看或选择设备的目标磁带。
- 单击"确定"按钮，完成建立备份设备的操作。

(4) 管理备份设备。备份设备创建完成，可以使用 T-SQL 语句和 SQL Server Management Studio 工具进行查看备份设备信息或者删除备份设备等管理操作。

SQL Server 2005 中可以使用查询系统目录视图 sys.backup_devices 查看备份设计信息，代码如下：

```
SELECT * from sys.backup_devices
```

执行结果如图 10.5 所示。

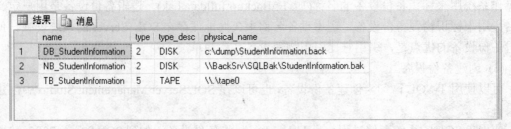

图 10.5 查询备份设备执行结果

如果不再需要备份设备，可以使用系统存储过程 sp_dropdevice 删除，其具体语法如下：

```
sp_dropdevice  device_logicalname,[ DELFILE]
```

其中，device_logicalname 是数据库备份设备的逻辑名称；如果将其指定 DELFILE，那么就会删除物理备份设备磁盘文件。

使用 SQL Server Management Studio 查看、删除备份设备的步骤如下。

● 启动 SQL Server Management Studio 工具；
● 在"对象资源管理器"对话框中展开"服务器对象"文件夹，单击"备份设备"节点，右边"摘要"窗口将显示当前服务器上所有的备份设备，如果要删除某个不再使用的备份设备，选中该设备，右击并执行快捷菜单中的"删除"命令即可。

3．使用 T-SQL 语句进行备份操作

使用 T-SQL 语句进行备份时，需要使用 BACKUP DATABASE 语句和 BACKUP LOGO 语句备份数据库、事务日志、一个或多个文件组。进行不同的备份，其 BACKUP DATABASE 语句的语法形式有所不同。

（1）备份整个数据库的主要语法格式如下：

```
BACKUP DATABASE  Database_name
TO <backup_device>['…n]
[WITH
    [DESCRIPTION='text']
    [[,]DIFFERENTIAL]
    [[,]FORMAT|NOFORMAT]
    [[,]INIT|NOINIT]]
    [[,]NAME=backup_setname
]
```

（2）备份指定的文件或文件组的主要语法格式如下：

```
BACKUP DATABASE Database_name
{FILE= file_name |
FILEGROUP= filegroup_name
} [,…n]
TO <backup_device>[,…n]
[WITH
    [DESCRIPTION='text']
    [[,]DIFFERENTIAL]
    [[,]FORMAT|NOFORMAT]
    [[,]INIT|NOINIT]]
    [[,]NAME=backup_setname
]
```

（3）备份事务日志的主要语法格式如下：

```
BACKUP LOG Database_name
TO <backup_device>[,…n]
[WITH
    [DESCRIPTION='text']
    [[,]FORMAT|NOFORMAT]
    [[,]INIT|NOINIT]]
    [[,]NAME=backup_setname
    [[,]NO_TRUNCATE
    [[,]{NORECOVERY|STANDBY=standby_filename}
]
```

在以上 3 个语法形式中：

- database_name：备份事务日志、部分数据库或完整数据库时所用的源数据库。
- backup_device>：指定备份操作时要使用的逻辑或物理备份设备。
- FILE= file_name：指定一个或多个包含在数据库备份中的文件名。
- FILEGROUP =filegroup_name：指定一个或多个包含在数据库备份中的文件组名，文件或文件名备份必须至少包括 FILE 或 FILEGROUP 子句之一。
- DESCRIPTION：指定说明备份集的自由格式文本，该字符串最长可以有 255 个字符。
- DIFFERENTIAL：指定数据库备份或文件备份应该只包含上次完整备份后更改的数据库或文件部分。差异备份一般会比完整备份占用更少的空间。
- FORMAT：指定创建新的媒体集。FORMAT 将使备份操作在用于备份操作的所有媒体卷上写入新的媒体标头，卷的现有内容将变为无效，因为覆盖了任何现有的媒体标头和备份集。
- NOFORMAT：指定备份操作在用于此备份操作的媒体卷上保留现有的媒体标头和备份集，这是默认行为。
- INIT：指定应覆盖所有备份集，但是保留媒体标头。如果指定了 INIT，将覆盖该设备上所有现有的备份集(如果条件允许)。
- NOINIT：表示备份集将追加到指定的磁盘或磁带设备上，以保留现有的备份集。NOINIT 是默认设置。
- NOSKIP：指示 BACKUP 语句在可以重写媒体上的所有备份集之前先检查它们的过期日期。
- SKIP：禁用备份集过期和名称检查，这些查询一般由 BACKUP 语句执行以防重写备份集。
- NAME：指定备份集的名称，名称最长可达 128 个字符，如果未指定 NAME，它将为空。
- NO_TRUNCATE：指定不截断日志，并使数据库引擎尝试执行备份，而不考虑数据库的状态。因此，使用 NO_TRUNCATE 执行的备份可能具有不完整的元数据。该选项允许在数据库损坏时备份日志。
- NORECOVERY：备份日志的尾部并使数据库处于 RESTORING 状态。当将故障转移到辅助数据库或在执行 RESTORE 操作前保存日志尾部时，NORECOVERY 很有用。
- STANDBY：备份日志的尾部并使数据库处于只读和 STANDBY 状态。

【例 10-12】 使用 BACKUP DATABASE 语句进行数据库 StudentInformation 完整备份，在执行时指定要备份的数据库名称和数据库备份将写入的备份设备。

```
USE StudentInformation
BACKUP DATABASE StudentInformation TO DB_StudentInformation
```

其执行结果如图 10.6 所示。

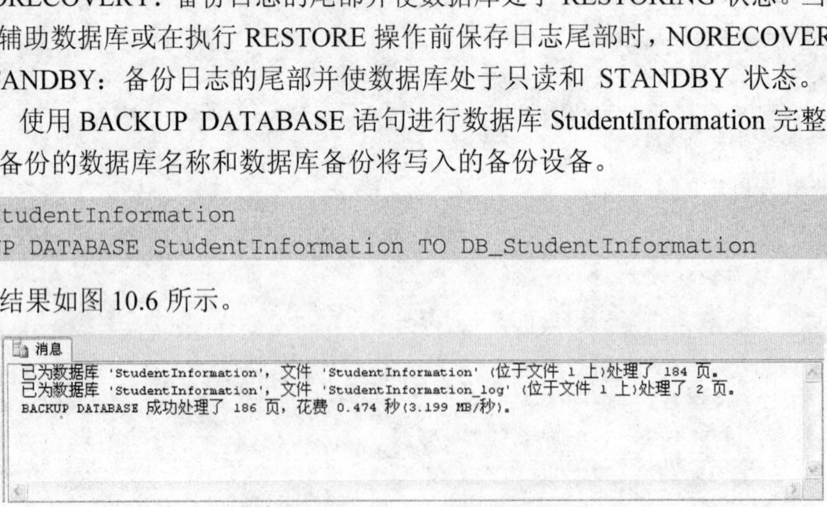

图 10.6　例 10-12 的执行结果

【例 10-13】 使用 BACKUP DATABASE 语句对数据库 StudentInformation 进行差异备份，进行差异数据库备份之前，必须至少进行一次完整数据库备份。需要指定备份数据库的名称、数据库备份将写入的备份设备，同时必须指定 DIFFERENTIAL 子句。

```
BACKUP DATABASE StudentInformation
    TO DISK='C:\dump\difbackup.bak' WITH DIFFERENTIAL,
    NAME='StudentInformation_difbackupbak',
    DESCRIPTION='这是数据库 StudentInformation 差异备份'
```

【例 10-14】 使用 BACKUP LOG 语句对数据库 StudentInformation 进行事务日志备份，必须指定要备份数据库的名称和日志备份将写入的备份设备。

```
BACKUP LOG StudentInformation
    TO DISK='C:\dump\tranbackup.bak'
    WITH NAME='StudentInformation_logbackupbak',
        DESCRIPTION='这是数据库 StudentInformation 事务日志'
```

注意：当系统恢复模式为简单 SIMPLE 模式时，不允许使用 BACKUP LOG 语句。

4. 使用 SQL Server Management Studio 进行备份

实际备份操作中，经常使用 SQL Server Management Studio 来进行数据库备份。下面将说明在 SQL Server Management Studio 中如何进行备份操作的主要步骤。

(1) 在 SQL Server Management Studio 中进行数据库备份的操作步骤。

在对象资源管理器窗口中，展开"数据库"文件夹，在要备份的数据库上右击，在弹出的快捷菜单中选择"任务"|"备份"，打开"备份数据库"窗口，如图 10.7 所示。

图 10.7 "备份数据库"窗口

在"源"区域中，"数据库"文本框内选择要备份的数据库名称。"恢复模式"选择数据库的恢复模式(SIMPLE、FULL 或 BULK-LOGGED 之一，可在"数据库属性"中选择)，在"备份类型"下拉列表中选择要对指定数据库执行的备份类型，这里选择"完整"备份。选择数据库的备份方式，数据库：备份整个数据库；文件和文件组：打开"选择文件和文件组"对话框，可以从中选择要备份的文件组或文件。

注意：如果在"备份类型"列表中选择了"事务日志"，此选项将不可用。

在"备份集"区域中，"名称"文本框中显示的是系统自动创建的一个默认名称，用户可另行指定备份集名称；"说明"文本框中输入备份集的说明；"备份集过期时间"区域，可以指定"晚于"多少天后此备份集才会过期，从而可被覆盖，此值范围为 0～9999 天，0 天表示备份集将永不过期；"在"指定备份集过期从而可被覆盖的具体日期。

在"目标"区域中，选择备份目标。在备份目标中有"磁盘"和"磁带"两种类型媒体作为要备份的目标。磁盘：备份到磁盘，当前所选的磁盘将显示在"备份到"列表中，最多可以为备份操作选择 64 个磁盘设备；磁带：备份到磁带，当前所选的磁带将显示在"备份到"列表中，最多为 64 个。如果服务器没有相连的磁带设备，此选项将停用。单击"添加"按钮可选择文件或者备份设备作为备份目标，最多可以有 64 个设备。如果要删除备份设备，可从列表中删除一个或多个当前所选的设备；如要显示所选设备的媒体内容，单击"内容"按钮。

最后单击"确定"按钮，完成数据库的备份。

(2) 在 SQL Server Management Studio 中进行文件和文件组备份的操作步骤。

在"对象资源管理器"对话框中，展开"数据库"文件夹，在要备份的数据库上右击，在弹出的快捷菜单中选择"任务"|"备份"，打开"备份数据库"对话框：

● "源"区域，"数据库"文本框内选择要备份的数据库名称。选择数据库的恢复模式(SIMPLE、FULL 或 BULK-LOGGED 之一)。在"备份类型"下拉列表中选择要对数据库执行的备份类型，这里选择"完整"备份。选择数据库的备份方式。选择"文件和文件组"单选按钮，系统将弹出如图 10.8 所示的"选择文件和文件组"窗口，选择要备份的文件和文件组，并单击"确定"按钮。

图 10.8 "选择文件和文件组"窗口

- "备份集"区域，在"名称"文本框中指定备份集名称，在"说明"文本框中输入备份集的说明，选择"备份集过期时间"。
- "目标"区域，选择备份目标。单击"添加"按钮可选择文件或备份设备目标。如果要删除备份设备，可从列表中删除一个或多个当前所选的设备；如要显示所选设备的媒体内容，单击"内容"按钮即可。
- 单击"确定"按钮，完成数据库指定文件的备份。

(3) 数据库备份选项的设置。

在如图 10.7 所示"备份数据库"窗口中的"选项"页中，可以对备份选项进行设置，主要有以下内容。

① 选择备份文件媒体集的产生方式：

- 追加到现有备份集：将备份集追加到现有媒体集，并保留以前的所有备份。
- 覆盖所有现有备份集：将现有媒体集上以前的所有备份替换为当前备份。

② 确定是否检查媒体集名称和备份集过期时间。根据需要，可以要求备份操作验证备份集的名称和过期时间。

③ 确定媒体集名称：当选择"检查媒体集名称和备份集过期时间"时，此选项才可用。输入用于检查媒体集名称和备份集过期的媒体名称。

④ 备份到新媒体集并清除所有备份集：使用新媒体集，并清除以前的备份集。单击此选项可以激活以下选项：

- 新建媒体集名称：输入媒体集的名称。
- 新建媒体集说明：输入新媒体集的贴切说明。

⑤ 确定是否需要进行完成后验证备份：验证备份集是否完整以及所有卷是否都可读。

10.6 技能六 掌握数据库恢复

10.6.1 任务一 数据库恢复简介

在数据库系统运行过程中，可能会出现各种各样的故障，如软件(DBMS、操作系统或者应用程序)错误、黑客病毒程序攻击、存储介质等机器硬件故障，都会造成数据库物理数据的毁灭性破坏。但是，由于使用了数据库管理系统所提供的强大数据备份、还原功能，可尽最大努力把数据库从被破坏、不正确的状态恢复到最近一个正确的状态，数据库系统的这种能力被称为数据库的可恢复性(Recovery)。

恢复数据库，就是让数据库根据备份的数据回到备份时的状态，使数据库系统能够正常运行。还原方案可以从一个或多个备份中还原数据，并在还原所有必要的备份后恢复数据库。支持的还原方案取决于恢复模式。通过还原方案，可以在下列级别之一还原数据：数据库、数据文件和数据页。每个级别的影响如下。

- 数据库级别：还原和恢复整个数据库，并且数据库在还原和恢复操作期间处于离线状态。
- 数据文件级别：还原和恢复一个数据文件或一组文件。在文件还原过程中，包含相应文件的文件组在还原过程中自动变为离线状态。访问任何离线文件组的操作都会导致错误。

● 数据页级别：可对任何数据库进行页面还原，而不管文件组数为多少。

SQL Server 2005 支持简单、完整和大容量日志恢复模式。简单恢复模式、完整和大容量日志恢复模式支持的基本还原方案如表 10-5 和表 10-6 所示。

表 10-5　简单恢复模式支持的基本还原方案表

还 原 方 案	说　　　明
数据库完整还原	这是基本的还原策略。在简单恢复模式下，数据库完整还原可能涉及简单还原、恢复完整备份。另外，数据库完整还原可能先要还原完整备份，然后还原、恢复差异备份
文件还原	还原损坏的只读文件，但不还原整个数据库
阶段还原	按文件级别从主文件组、辅助文件组开始，分阶段还原、恢复数据

表 10-6　完整和大容量日志恢复模式支持的基本还原方案表

还 原 方 案	说　　　明
数据库完整还原	这是基本的还原策略。在完整和大容量日志恢复模式下，数据库完整还原涉及还原完整备份和差异备份，然后还原所有后续日志备份。通过还原、恢复上一次日志备份完成数据库完整还原
文件还原	还原一个或多个文件，而不是还原整个数据库。可以在数据库处于离线状态或数据库保持在线状态时执行文件还原。在文件还原过程中，包含正在还原文件的文件组一直处于离线状态。必须具有完整的日志备份链(包含当前日志文件)，并且必须应用所有这些日志备份以使文件与当前日志文件保持一致
页面还原	还原损坏的页面。可以在数据库处于离线状态或数据库保持在线状态时执行页面还原。在页面还原过程中，包含正在还原页面的文件一直处于离线状态。必须具有完整的日志备份链(包含当前日志文件)，并且必须应用所有这些日志备份以使页面与当前日志文件保持一致
阶段还原	按文件级别从主文件组、辅助文件组开始，分阶段还原、恢复数据

10.6.2　任务二　执行数据恢复

从数据库备份中恢复数据，可以使用 T-SQL 语句编程实现，也可以使用 SQL Server Management Studio 工具操作。

1. 使用 T-SQL 语句 RESTORE DATABASE 进行数据库的恢复

(1) 完整还原。完整还原时基于完整备份还原整个数据库，其实现语法格式如下：

```
RESTORE DATABASE database_name
[ FROM<backup_device>[,…n]]
[WITH
   [FILE=file_number]
   [[,]MOVE 'logical_filename' TO 'operating_filename']
   [[,]NORECOVERY |RECOVERY | STANDBY=standby_filename]
   [[,]REPLACE]
]
```

(2) 部分还原。部分还原数据库部分内容的语法格式如下：

```
RESTORE DATABASE database_name
[ FROM<backup_device>[,…n]]
[WITH
    PARTIAL
    [FILE=file_number]
    [[,]MOVE 'logical_filename' TO 'operating_filename']
    [[,]NORECOVERY]
    [[,]REPLACE]
]
```

(3) 文件还原或页面还原。文件还原或页面还原的语法格式如下：

```
RESTORE DATABASE database_name
    <file_or_filegroup>
[ FROM<backup_device>[,…n]]
[WITH
    [FILE=file_number]
    [[,]MOVE 'logical_filename' TO 'operating_filename']
    [[,]NORECOVERY]
    [[,]REPLACE]
]
```

(4) 事务日志还原。事务日志还原的语法格式如下：

```
RESTORE DATABASE database_name
    <file_or_filegroup>
[ FROM<backup_device>[,…n]]
[WITH
    [FILE=file_number]
    [[,]MOVE 'logical_filename' TO 'operating_filename']
    [[,]NORECOVERY|RECOVERY | STANDBY=standby_filename]
    [[,]REPLACE]
]
```

其中各参数的含义如下。

- Database_name：指定了将日志或整个数据库备份还原到的数据库名称。
- <backup-device>：指定包括在数据库还原中的逻辑或物理备份设备。格式为

```
<backup-device>=::{logical_device_name}|{DISK|TYPE='physical_device_name'
```

- <file_or_filegroup>：指定包括在数据库还原中的逻辑文件或文件组的名称。可以指定多个文件或文件组。
- FILE=file_number：标识要还原的备份集。例如，file_number 为 1 表示备份媒体上的第一个备份集，file_number 为 2 表示第二个备份集。
- MOVE 'logical_filename' TO 'operating_filename'：指定将给定的 logical_filename 移动到 operating_filename，默认情况 logical_filename 还原到其原始位置。
- NORECOVERY：指示还原操作不回滚任何提交的事务。如果需要应用另一个事务日志，则必须指定 NORECOBERY 或 STANDBY 选项。如果 NORECOVERY、RECOVERY 和 STANDBY 均未指定，则默认为 RECOVERY。

- RECOVERY：指示还原操作回滚为提交的事务。在恢复进程结束后即可随时使用数据库。
- PARTIAL：指定部分还原操作。
- REPLACE：指定即使存在另一个具有相同名称的数据库，SQL Server 也应该创建指定的数据库及其相关文件。在这种情况下将删除现有数据库。如果省略此项，则会进行检查，以防止意外覆盖其他数据库。

使用 T-SQL 语句 RESTORE DATABASE 恢复整个数据库时，需要指定要还原数据库的名称和保存数据库备份的备份设备。如果要在还原数据库备份后，应用事务日志或差异数据库备份，则需要指定 NORECOVERY 子句。如果备份设备上有多个备份集，可以使用 FILE 子句指定文件号标识需要从哪个备份集中恢复数据库。

【例 10-15】从例 10-12 中进行的完整数据库备份中的设备 DB_StudentInformation 中完整还原整个数据库：

```
USE master
RESTORE DATABASE StudentInformation FROM DB_StudentInformation
WITH REPLACE
```

还原有差异备份的数据库时，恢复顺序为先恢复最近一次的完整数据库备份，然后使用 T-SQL 语句从差异数据库备份中恢复数据时，首先必须执行 RESTORE DATABASE 并指定 NORECOVERY 子句，以恢复差异数据库备份，并同时需要指定数据库名称和要从其中恢复差异数据库备份的备份设备。如果在执行完差异数据库备份恢复以后还要应用事务日志备份，则还必须同时指定 NORECOVERY 子句，否则指定 RECOVERY 子句。

【例 10-16】 在数据库备份的实例中，首先对数据库 StudentInformation 的完整备份进行恢复，在此基础上再对其差异备份进行还原。

```
RESTORE DATABASE StudentInformation FROM DB_StudentInformation
WITH REPLACE,NORECOVERY
RESTORE DATABASE StudentInformation FROM DISK='C:\dump\dif.bak'
    WITH RECOVERY
```

使用 T-SQL 语句还原事务日志备份，一般采用以下步骤从事务日志备份中恢复数据库：

- 还原事务日志备份之前的完整数据库备份或差异数据库备份。
- 按顺序恢复自完整数据库备份或差异数据库以后创建的所有事务日志。
- 撤销所有未完成的事务。

【例 10-17】 在例 10-12、例 10-13 和例 10-14 中对数据库 StudentInformation 进行了完整备份、差异备份和事务日志备份。在此基础之上进行还原以恢复数据库 StudentInformation。

```
RESTORE DATABASE StudentInformation FROM DB_StudentInformation
WITH REPLACE,NORECOVERY
RESTORE DATABASE StudentInformation FROM DISK='C:\dump\dif.bak'
    WITH NORECOVERY
RESTORE LOG StudentInformation FROM DISK='C:\dump\log.bak'
```

以上语句执行后，SQL Server 返回消息，提示首先成功完成了数据库 StudentInformation 完整备份的还原，然后成功完成差异备份的还原，最后成功完成事务日志备份的还原。

2. 使用 SQL Server Management Studio 恢复数据库还原

在 SQL Server Management Studio 中恢复数据库备份，操作步骤如下：

- 在 SQL Server Management Studio 的对象资源管理器窗口中展开"数据库"文件夹，在要还原的数据库名上右击，在弹出的快捷菜单中选择"任务"|"还原"|"数据库"，打开"还原数据库"窗口，如图 10.9 所示。

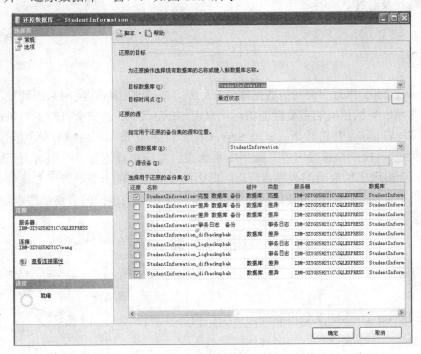

图 10.9 "还原数据库"窗口

- 在"还原的目标"区域，选择"目标数据库"名称。如果要还原的数据库名称与显示的默认数据库名称不同，需单击下拉列表进行选择。该下拉列表包含了服务器上除系统数据库 master 和 tempdb 之外的所有数据库。若要使用新名称还原数据库，输入新的数据库名称。"目标时间点"将数据库还原到备份的最近可用时间，或还原到特定时间点。默认为"最近状态"。若要指定特定的时间点，请单击"…"按钮。
- 在"还原的源"区域"源数据库"对应的下拉列表中，选择要还原的数据库。或单击"源设备"单选按钮选择一个或多个磁带或磁盘作为备份集的源。单击"…"按钮可以选择一个或多个设备。
- 在"选择用于还原的备份集"对应的方框中显示用于还原的备份。
- 单击"确定"按钮，系统开始数据库的还原。

使用"还原数据库"对话框的"选项"页，可指定用于还原数据库的其他选项。还原选项包括以下选项：

- 覆盖现有数据库：指定还原操作应覆盖所有现有数据库及其相关文件，即使已存在同名的其他数据库或文件。选择此选项等效于在 RESTORE 语句中使用 REPLACE 选项。
- 保留复制设置：将已发布的数据库还原到创建该数据库的服务器之外的服务器时，保留复制设置。

- 还原每个备份之前进行提示：在还原每个设置前要求确认。如果对于不同的媒体集，则必须更换磁带，例如在服务器具有一个磁带设备时，此选项非常有用。
- 限制访问还原的数据库：使还原的数据库仅供 dbowner、dbcreator 或 sysadmin 的成员使用。选择此选项等效于在 RESTORE 语句中使用 RESTRCTED USER 选项。
- 将数据库文件还原为：显示数据库的原始文件名。可以更改要还原到的任意目的文件的路径及名称。

小　　结

SQL Server 2005 作为一种网络数据库管理系统，基于其上进行应用系统开发，系统安全性是保证数据库中数据正确的重要性能指标。SQL Server 2005 的安全机制主要包括服务器登录验证模式(即 Windows 身份验证、SQL Server 身份验证)、数据库用户与角色(固定服务器角色、数据库角色)、权限设置等内容。数据库系统在日常应用、运行过程中，由于硬件、软件或人为因素，会出现多种性质的故障或问题，那么需要数据库的开发、管理人员对系统进行科学、合理的维护。数据库系统的备份和还原、恢复就成为系统维护的重要管理事项。

习题与实训

一、填空题

1. SQL Server 2005 的安全机制分为 3 层结构，分别为＿＿＿＿＿＿、＿＿＿＿＿和＿＿＿＿＿。

2. SQL Server 2005 有两种登录身份验证模式：＿＿＿＿＿＿和＿＿＿＿＿＿。

3. Windows 验证模式下，登录用户实际是 Windows 操作系统的用户账户，由＿＿＿＿管理用户账户。

4. 创建新的 SQL Server 登录账户可以使用 T-SQL 语句＿＿＿＿＿＿。

5. 数据库系统的用户通过使用＿＿＿＿＿连接 SQL Server 服务器，然后以其所映射的数据库用户访问指定的数据库。

6. 在 SQL Server 2005 中可以把某些数据库用户设置成某一角色，可以把角色理解为 Windows 操作系统的＿＿＿＿，这些用户称为该角色的成员。

7. SQL Server 2005 使用权限技术来加强系统的安全性，通常权限分为 3 种，即＿＿＿、＿＿＿＿和＿＿＿。

8. SQL Server 2005 支持＿＿＿、＿＿＿和＿＿＿恢复模式。

二、选择题

1. 连接 SQL Server 服务器时，(　　)安全验证模式不用输入密码。
   A．Windows　　　　　　　　B．SQL Server
   C．域用户　　　　　　　　　D．SQL Server 数据库用户

2. 以下关于登录账户的说法错误的是(　　)。
   A．登录账户可以与任何数据库无关

B．数据库用户一定对应一个登录账户

C．一个登录账户可以对应多个数据库用户

D．多个登录账户可以对应一个数据库用户

3．以下关于授权的描述正确的是(　　)。

A．授予一个用户权限需要具有该权限的授予权限用户操作

B．权限的授予只对单个用户进行

C．撤销角色的某一权限，该角色成员的权限不受影响

D．撤销用户的权限时，该用户授予其他用户的权限将一并被撤销

4．DBMS 的数据库数据恢复技术用于把数据库从错误状态恢复到某一(　　)。

A．未知状态　　　　　　　　B．正确状态

C．已知状态　　　　　　　　D．要求状态

5．数据库事务故障意味着事务不是经过预期的终点(　　)语句而非正常终止。

A．END　　　　　　　　　　B．COMMIT 或 ROLLBACK

C．UNDO　　　　　　　　　　D．RETURN

6．为了使 DBMS 能够按规定的周期自动进行(　　)，可以通过设定备份(维护计划)来完成。

A．数据备份　　　　　　　　B．数据恢复

C．数据操作　　　　　　　　D．数据删除

三、实训拓展

1．实训内容

(1) 创建登录名"mylogin"。

(2) 在数据库 StudentInformation 中创建与登录名"mylogin"对应的数据库用户"myuser"。

(3) 在数据库 StudentInformation 中创建用户自定义数据库角色"dbrole_user"。

(4) 将创建的数据库用户"myuser"添加到角色"dbrole_user"。

(5) 授予数据库用户"myuser"对"学生基本信息表"插入和修改记录的权限，并查看授权后"学生基本信息表"的权限属性。

(6) 创建备份设备"mydbdevice1"，将数据库 StudentInformation 完全备份到该设备。

(7) 修改数据库 StudentInformation 中的数据，然后创建备份设备"mydbdevice2"，再对数据库进行差异备份。

2．实训提示

使用 T-SQL 语句编程完成以上任务，并保存在.sql 文件中。

第11章　基于 ASP .NET 与 SQL Server 2005 的应用系统开发案例

【导读】

SQL Server 2005 与以往的 SQL Server 数据库系统相比，性能、可靠性、可用性和可编程性等方面进行了全面扩展和升级，在关系数据库引擎、大规模联机事务处理、数据仓库和电子商务应用等方面进行了全方位整合，成为构建企业数据管理和商务智能解决方案的首选数据平台。特别是与 Microsoft Visual Studio .NET 等开发工具的无缝集成，为数据库开发人员提供了一个高效、灵活和开放式的开发环境。

【内容概览】

- 数据库应用系统开发简介
- 基于 ASP .NET 与 SQL Server 2005 的图书商城电子商务应用系统开发

11.1　技能一　理解数据库应用系统开发

1. 数据库应用系统开发模式

现代数据库应用系统的开发，多是应用如 SQL Server 2005 等数据库管理系统，结合各种程序开发平台，基于网络环境应用、依据软件工程的方法开展实施的。因此，这些数据库应用系统往往也被称为网络数据库应用系统。

网络数据库应用系统的开发通过 C/S 模式、B/S 模式或 C/S 与 B/S 混合模式，实现两层或三层以上的多层体系结构的应用。

C/S 模式是客户/服务器(Client/Server)模式的简称。在这种模式下，根据业务功能的实现，计算机分为两个相互联系的部分：客户(也称为前台或前端)和服务器(也称为后台或后端)。客户端应用程序(Client)主要负责完成用户的输入和处理结果的显示。服务器端应用程序(Server)主要是依据客户端通过网络传送来的数据进行分析、加工以及数据库的操作，将最终处理结果发送回客户端，由其显示给用户。

B/S 模式是浏览器/服务器(Browser/Server)模式的简称，实质是 C/S 模式的一种特殊形式，是 Internet 应用的一种技术模式。B/S 模式由浏览器、Web 服务器、数据库服务器 3 个组件构成。在这种模式下，客户端应用程序使用一个通用的浏览器实现，用户的所有操作都是通过浏览器发送 HTTP 等协议请求进行的。Web 服务器组件负责接受远程(或本地)的 HTTP 等协议的查询请求。然后，根据查询的条件再转到数据库服务器中，通过服务器端应用程序对数据库的操作处理，获取相关数据，再将结果返回给 Web 服务器，由其翻译成 HTML 和各种页面描述语言所需的数据内容，回传至提出查询请求的浏览器客户端。

B/S 与 C/S 混合模式，是将 B/S 和 C/S 两种模式的优势结合起来形成的数据库应用系统模式。在规模较大、功能复杂的数据库应用系统中，对于面向大量用户的功能模块采用三层 B/S 模式：在用户端计算机上安装、运行浏览器软件，基础数据集中放在较高性能的数据库服务器上，中间建立一个 Web 服务器作为数据库服务器与客户机浏览器交互的通道。而对于系统功能模块要求安全性高、交互性强、处理数据量大并且数据查询灵活的特点，则使用 C/S 模式，这样就能充分发挥各自的长处，开发出安全可靠、灵活方便、运行效率高的数据库应用系统。

2. 数据库应用系统的开发方法

数据库应用系统作为一类软件系统，其开发方法和过程也是遵循软件工程的理论、技术开展实施的。软件工程软件开发的方法非常多，主要是应用较为传统而经典的结构化方法和目前主流而逐渐成熟的面向对象的方法。随着软件工程学科的发展，还产生了不同应用背景的软件开发方法。在这里，主要介绍结构化和面向对象方法。

结构化方法也称为面向数据流的软件开发方法。首先使用结构化分析方法，对实际应用领域进行需求分析，然后用结构化设计方法进行概要设计和详细设计，最后使用结构化编程语言编码实现。结构化分析，就是面向数据流自顶向下逐步求精进行分析。结构化设计分为概要设计和详细设计。概要设计是要确定应用系统的具体实现方法和具体结构；详细设计借助程序流程图、PAD 图等详细设计工具，描述实现具体功能的算法。结构化编程，就是采用结构化语言对详细设计所得到的算法进行编码。

面向对象开发方法在应用系统开发过程中主要经历面向对象分析、面向对象设计、面向对象实现和面向对象测试等阶段。面向对象分析的主要任务是识别问题域的对象，分析它们之间的关系，最终建立对象模型、动态模型和功能模型。面向对象设计是将面向对象分析的结果转换成逻辑的系统实现方案，也就是说利用面向对象的观点建立求解域模型的过程。面向对象设计具体的工作是问题域的设计、人机交互设计、任务管理设计和数据管理设计等内容。面向对象实现的主要任务是把面向对象设计结果利用某种面向对象的计算机语言予以实现。面向对象测试是应用面向对象思想实施保证软件质量和可靠性的主要措施。

3. E-R 模型

数据库应用系统的开发一般需要经过认真收集、分析用户需求，根据分析设计数据模型、确定数据库应用功能，创建数据库及其各种对象并开发各个应用程序，应用系统测试，运行维护等步骤。其中数据库系统的设计是数据库应用系统开发过程较为重要的阶段之一。

数据库系统的设计与程序的设计有类似之处，都是首先对需求进行研究和分析。不同的是，数据库着重于数据对象的属性和数据对象之间关系的分析。一般采用 E-R 模型方法来分析数据库对象的属性和数据对象之间的关系。

E-R 模型是实体-关系(Entity Relationship，ER)模型的简称，主要是开发人员利用实体-关系图(E-R 图)来描述现实世界中的实体及其相互间的关系。E-R 图中包含实体、属性和联系 3 个基本成分。在 E-R 图中，实体用矩形表示，属性用椭圆表示，联系用菱形表示。

实体是数据项的集合，可以是具体的事务，也可以是抽象的事物。例如，仓库管理员、入库单、学生等都是实体。每个实体的具体内容是靠属性来表达的。数据字典中每个数据项的定义就是对实体属性的描述。

联系是反映实体间逻辑和数量的关系。例如，学生和教师实体之间存在"教"的联系，学生和课程实体之间存在"学"的联系。联系的内容也是由属性反映的。实体之间的联系可以有

3 类：一对一的联系(1∶1)；一对多的联系(1∶M)；多对多的联系(M∶N)。

例如，学生实体的属性有学号、姓名、性别、系部、班级；教师实体的属性有教师号、姓名、性别、职称、系部；课程实体的属性有课程号、课程名、学时、学分。学生与课程之间存在"学"的联系，一名学生可以选择多门课程，一门课程可由多人选择。联系"学"的属性是学生所选课程的成绩。教师与课程之间的联系是"教"，它的属性是上课时间，一名教师可以讲授多门课程，一门课程也可以由多个教师讲授。这个教学管理的 E-R 图如图 11.1 所示。

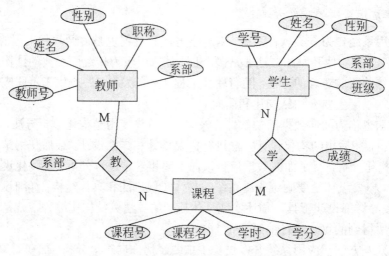

图 11.1　教学管理 E-R 图

11.2　技能二　基于 ASP .NET 与 SQL Server 2005 的图书商城电子商务应用系统开发

11.2.1　任务一　系统概述

图书商城电子商务应用系统是基于 ASP .NET 的 Web 服务、应用程序开发及 SQL Server 2005 数据库开发技术设计、开发的，其主要功能如图 11.2 所示。

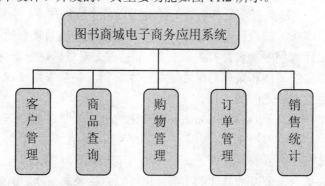

图 11.2　图书商城电子商务应用系统功能模块

图书商城电子商务应用系统的主要功能如下。

● 用户管理：实现新客户注册、注册客户登录和验证、密码修改和恢复等基本的系统用户管理功能。

- 商品查询：可按图示商品的类别和关键字等条件查询所需图书及其详细信息。
- 购物管理：注册客户可在网站系统中挑选所需图书并加入到购物车中。
- 订单管理：实现根据购物车生成订单，对客户所下的订单进行结算及其查询、处理等功能。
- 销售统计：对图书商品的销量进行统计分析，提供畅销图书信息。

图书商城电子商务应用系统采用三层逻辑体系结构，即数据存储在 SQL Server 2005 数据库中，数据访问功能与业务规则由中间层 Web 服务(Web Services)程序提供，用户界面(客户访问系统的界面)由 Web 应用程序提供。中间层和用户界面都是利用 ASP .NET 2.0 技术实现。作为电子商务网站应用系统，由于系统的使用者可能是互联网中成千上万的网络用户，因此系统的性能设计不仅关注数据吞吐量、程序响应速度，而且还解决服务器配置、网络带宽等影响因素。在使用 ASP .NET 技术进行系统开发时，主要考虑了以下开发策略：

- 大多数的数据访问功能以 SQL Server 存储过程的方式进行开发实现，存储过程可运行在 SQL Server 服务器中，实现对各类数据访问操作进行有效的优化。
- ASP .NET 代码中使用存储过程，这样简化代码即只使用存储过程的名称和参数，就可实现冗长的如 SELECT、INSERT、UPDATE 等 T-SQL 语句功能。这样也可以在大量的数据库访问中，有效减少网络数据传输流量。
- 利用服务器控件和会话状态等技术进行数据缓存，提高系统的处理效率。

可见，在系统开发过程中使用到的关键技术是：

- 使用 ASP .NET 2.0 提供的成员资格、登录控件来实现客户身份验证；
- 使用 ASP .NET 母板页、Web 用户控件定制网站页面；
- 在 Web 页中使用 GridView 控件定制数据显示；
- 使用 Session 方式管理 ASP .NET 应用程序状态。

11.2.2 任务二 数据库设计

1. 数据表设计

应用系统使用两个数据库：softmarket(用于存储图书商品和销售订单等信息的业务数据库)；aspnetdb(用于存储网站注册客户信息的成员资格数据库)。数据库 softmarket 中的表及其结构关系如下。

- Category 表：存储图书商品的类别信息，列包括主键"ID"(类别标识号)、"Name"(类别名称)。
- Product 表：存储图书商品的详细信息，列包括主键"ID"(商品标识号)、"CategoryID"(类别标识号)、"Name"(图书名称)、"Description"(图书描述信息)、"Price"(价格)、"Media"(存放介质类型)、"MediaAmount"(介质数量)。其中，外键"CategoryID"指向 Category 表的主键"ID"。
- Order 表：存储客户订单信息，列包括主键"ID"(订单标识号)、"UserName"(注册客户名称)、"SubmitTime"(订单提交时间)、"Sum"(订单金额)、"StatusID"(订单状态标识号)、"ContactPerson"(订单收货联系人)、"ContactAddress "(订单收货联系地址)、"ContactPostcode"(订单收货人邮政编码)、"ContactPhone"(订单收货人联系电话)、"CheckoutTime"(订单结算时间)、"SalesmanID"(处理订单的工作人员标识号)、"SendoutTime"(订单发货时间)。其中，外键"StatusID"指向"OrderStatus"表的主键"ID"；外键"SalesmanID"指向 Salesman 表的主键"SalesID"。

- OrderItem 表：存储订单条目汇总信息，列包括主键"ID"(订单条目标识号)、"OrderID"(订单标识号)、"ProductID"(商品标识号)、"Number"(订单中包含的商品数量)、"Sum"(订单金额)。其中，外键"OrderID"指向 Order 表的主键"ID"；"ProductID"指向 Product 表的主键"ID"。

- OrderStatus 表：存储订单状态的信息，列包括主键"ID"(状态标识号)、"Status"(状态说明)。其中，"Status"订单状态包含三种取值：1(提交)、2(结算)、3(发货)。

- Salesman 表：存储工作人员信息，列包括主键"ID"(工作人员标识号)、"Salesman"(工作人员姓名)。

客户购买图书的基本流程是：注册、登录；选择商品下订单、提交(新创建的订单只包括提交人、提交时间及订单金额信息)；提交人对订单结算，此时需要确定订单的收货人、地址、邮编和联系电话；网站工作人员负责处理已结算的订单，配齐各项商品并进行发货。

2. 数据库存储过程设计

与图书商品数据操作相关的存储过程设计、开发如下。

(1) GetCategories 用于返回所有商品类别信息：

```
CREATE PROCEDURE GetCategories
AS
BEGIN
 SET NOCOUNT ON;
 SELECT [Name] FROM [Category] ORDER BY [ID]
END
```

(2) GetProduct 依据商品 ID 获取其商品信息：

```
CREATE PROCEDURE [dbo].[GetProduct](@ProductID int)
AS
BEGIN
 SET NOCOUNT ON;
 SELECT [Name], [Description], [Price], [Media], [MediaAmount]
 FROM [Product]
 WHERE [ID] = @ProductID
END
```

(3) SearchProductByCategory 依据商品类别标识号检索商品：

```
CREATE PROCEDURE [dbo].[SearchProductByCategory](@CategoryID int)
AS
BEGIN
 SET NOCOUNT ON;
 SELECT [ID], [Name], [Description], [Price]
 FROM [Product]
 WHERE [CategoryID] = @CategoryID
END
```

(4) SearchProductByName 依据商品名称标识号检索商品：

```
CREATE PROCEDURE [dbo].[SearchProductByName](@ProductName nvarchar(256))
```

```
AS
BEGIN
 SET NOCOUNT ON;
 SELECT [ID], [Name], [Description], [Price]
 FROM [Product]
 WHERE [Name] LIKE '%' + @ProductName + '%'
END
```

(5) SearchProduct 依据商品 ID 和名称检索商品信息:

```
CREATE PROCEDURE [dbo].[SearchProduct](@ProductName nvarchar(256), @CategoryID int)
AS
BEGIN
 SET NOCOUNT ON;
 SELECT [ID], [Name], [Description], [Price]
 FROM [Product]
 WHERE [CategoryID] = @CategoryID
 AND [Name] LIKE '%' + @ProductName + '%'
END
```

(6) GetOrder 依据订单 ID 查询订单信息:

```
CREATE PROCEDURE [dbo].[GetOrder](@OrderID int)
AS
BEGIN
 SET NOCOUNT ON;
 SELECT [UserName], [SubmitTime], [Sum], [StatusID], [ContactPerson],
 [ContactAddress], [ContactPostcode], [ContactPhone], [CheckoutTime], [SendoutTime]
 FROM [Order]
 WHERE [ID] = @OrderID
END
```

(7) GetOrderItems 依据订单 ID 查询订单条目信息:

```
CREATE PROCEDURE [dbo].[GetOrderItems](@OrderID int)
AS
BEGIN
 SET NOCOUNT ON;
 SELECT [Product].[ID], [Product].[Name], [Product].[Price], [OrderItem].
[Number], [OrderItem].[Sum]
 FROM [OrderItem], [Product]
 WHERE [OrderItem].[OrderID] = @OrderID
 AND [OrderItem].[ProductID] = [Product].[ID]
END
```

(8) NewOrder 创建新订单记录并返回订单 ID:

```
CREATE PROCEDURE [dbo].[NewOrder](@UserName nvarchar(256), @Time smalldatetime,
@Sum money, @ID int OUTPUT)
AS
BEGIN
 SET NOCOUNT ON;
 INSERT [Order]
 ([UserName], [SubmitTime], [Sum], [StatusID])
 VALUES (@UserName, @Time, @Sum, 1)
```

```
   SET @ID = @@IDENTITY
   END
```

(9) NewOrderItem 创建新条目订单记录:

```
CREATE PROCEDURE NewOrderItem(@OrderID int, @ProductID int, @Number int, @Sum money)
AS
BEGIN
 SET NOCOUNT ON;
 INSERT [OrderItem]
 ([OrderID], [ProductID], [Number], [Sum])
 VALUES (@OrderID, @ProductID, @Number, @Sum)
END
```

(10) CheckoutOrder 实现订单由提交状态转入结算状态:

```
CREATE PROCEDURE [dbo].[CheckoutOrder](@OrderID int, @Person nvarchar(50),
@Address nvarchar(1024), @Postcode nchar(6), @Phone nvarchar(50), @Time
smalldatetime)
AS
BEGIN
 SET NOCOUNT ON;
 UPDATE [Order]
 SET [StatusID] = 2, [ContactPerson] = @Person, [ContactAddress] = @Address,
[ContactPostcode] = @Postcode, [ContactPhone] = @Phone, [CheckoutTime] = @Time
 WHERE [ID] = @OrderID
 END
```

(11) SendoutOrderr 实现订单由结算状态转入发货状态:

```
CREATE PROCEDURE SendoutOrder(@OrderID int, @SalesID int, @Time smalldatetime)
AS
BEGIN
 SET NOCOUNT ON;
 UPDATE [Order]
 SET [StatusID] = 3, [SalesID] = @SalesID, [SendoutTime] = @Time
 WHERE [ID] = @OrderID
 END
```

(12) GetPopularProducts 检索销量前 10 名的商品信息:

```
CREATE PROCEDURE [dbo].[GetPopularProducts]
AS
BEGIN
 SET NOCOUNT ON;
 SELECT TOP 10
  [Product].[ID], [Name], [Description], [Price], SUM([OrderItem].[Number])
AS TotalNumber, SUM([OrderItem].[Sum]) AS TotalSum
 FROM [Product] INNER JOIN [OrderItem]
  ON [Product].[ID] = [OrderItem].[ProductID]
 GROUP BY [Product].[ID], [NAME], [Description], [Price]
 ORDER BY TotalNumber DESC
 END
```

11.2.3　任务三　Web 服务开发

在该应用系统的解决方案中，Web 服务部分定义了 3 个类：基础类 Product、Order 用于实现图书商品与订单信息；服务类 SoftMarketSrv 用于实现与数据库 softmarket 的连接交互。

1.　Product 类的实现

商品类 Product 包含 5 个字段及其属性的设置，这 5 个字段对应数据表 Product 的列"Name"(图书名称)、"Description"(图书描述信息)、"Price"(价格)、"Media"(存放介质类型)、"MediaAmount"(介质数量)。

```csharp
using System;

/// <summary>
/// 商品类
/// </summary>
public class Product
{
    private string _name;
    /// <summary>
    /// 商品名称
    /// </summary>
    public string Name
    {
        get { return _name; }
        set { _name = value; }
    }

    private string _description;
    /// <summary>
    /// 商品说明
    /// </summary>

    public string Description
    {
        get { return _description; }
        set { _description = value; }
    }

    private decimal _price;
    /// <summary>
    /// 商品价格
    /// </summary>
    public decimal Price
    {
        get { return _price; }
        set { _price = value; }
    }

    private string _media;
    /// <summary>
```

```
        /// 商品载体
        /// </summary>
        public string Media
        {
            get { return _media; }
            set { _media = value; }
        }


        private int _mediaAmount;
        /// <summary>
        /// 载体数量
        /// </summary>
        public int MediaAmount
        {
            get { return _mediaAmount; }
            set { _mediaAmount = value; }
        }


        public Product()
        {
        }
    }
```

2. Order 类的实现

Order 订单类定义的字段和属性对应数据表 Order 中的列。

```
using System;

/// <summary>
/// 订单类
/// </summary>
public class Order
{
    private string _userName;
    /// <summary>
    /// 订单客户
    /// </summary>
    public string UserName
    {
        get { return _userName; }
        set { _userName = value; }
    }


    private decimal _sum;
    /// <summary>
```

```
        /// 订单金额
        /// </summary>
        public decimal Sum
        {
            get { return _sum; }
            set { _sum = value; }
        }


        private string _contactPerson;
        /// <summary>
        /// 接收人
        /// </summary>
        public string ContactPerson
        {
            get { return _contactPerson; }
            set { _contactPerson = value; }
        }

set { _contactPhone = value; }
        }


        private int _statusID;
        /// <summary>
        /// 所处状态
        /// </summary>
        public int StatusID
        {
            get { return _statusID; }
            set { _statusID = value; }
        }


        private DateTime _submitTime;
        /// <summary>
        /// 提交时间
        /// </summary>
        public DateTime SubmitTime
        {
            get { return _submitTime; }
            set { _submitTime = value; }
        }


        private DateTime _checkoutTime;
        /// <summary>
```

```
    /// 结算时间
    /// </summary>
    public DateTime CheckoutTime
    {
        get { return _checkoutTime; }
        set { _checkoutTime = value; }
    }

    private DateTime _sendoutTime;
    /// <summary>
    /// 发货时间
    /// </summary>
    public DateTime SendoutTime
    {
        get { return _sendoutTime; }
        set { _sendoutTime = value; }
    }
public Order()
    {
    }
}
```

3. SoftMarketSrv 类的实现

SoftMarketSrv 类作为 Web 服务类，定义了一个与数据库的连接对象和一个数据操作对象，可以实现对数据库中存储过程的调用。与数据库的连接字符串保存在 Web 服务项目的配置文件 "web.config" 中。

```
<connectionStrings>
    <add name="softmarketConnectionString" connectionString="Data Source=
ibm-3zygs5h2y1c\sqlexpress;Initial Catalog=softmarket;Integrated Security=True"
        providerName="System.Data.SqlClient" />
    </connectionStrings>
```

其中，"Data Source=ibm-3zygs5h2y1c\sqlexpress" 是作者编程所用到的 SQL Server 2005 数据库实例，并采用 Windows 身份验证，读者可根据自己的 SQL Server 实例进行设置。

```
using System;
using System.Web;
using System.Collections;
using System.Web.Services;
using System.Web.Services.Protocols;
using System.Data;
using System.Data.SqlClient;
using System.Collections.Generic;
using System.Configuration;

/// <summary>
/// SoftMarketSrv 的摘要说明
```

```csharp
    /// </summary>
    [WebService(Namespace = "http://www.SoftMarket.com.cn/")]
    [WebServiceBinding(ConformsTo = WsiProfiles.BasicProfile1_1)]
    public class SoftMarketSrv : System.Web.Services.WebService
    {
        protected SqlConnection conn;
        protected SqlCommand cmd;

        /// <summary>
        /// 构造服务对象
        /// </summary>
        public SoftMarketSrv()
        {
         conn = new SqlConnection(ConfigurationManager.ConnectionStrings
["softmarketConnectionString"].ConnectionString);
            cmd = conn.CreateCommand();
        }


        /// <summary>
        /// 获取商品类别列表
        /// </summary>
        /// <returns>商品类别列表</returns>
        [WebMethod]
        public List<string> GetGategories()
        {
            List<string> l1 = new List<string>();
            cmd.CommandType = CommandType.StoredProcedure;
            cmd.CommandText = "GetCategories";
            conn.Open();
            SqlDataReader reader1 = cmd.ExecuteReader();
            while (reader1.Read())
                l1.Add(reader1[0].ToString());
            return l1;
        }


        /// <summary>
        /// 查询商品记录
        /// </summary>
        /// <param name="productID">商品 ID 号</param>
        /// <returns>商品对象</returns>
        [WebMethod]
        public Product GetProduct(int productID)
        {
            Product prod1 = null;
            cmd.CommandType = CommandType.StoredProcedure;
            cmd.CommandText = "GetProduct";
            cmd.Parameters.Add(new SqlParameter("@ProductID", productID));
            conn.Open();
            SqlDataReader reader1 = cmd.ExecuteReader();
            if (reader1.Read())
            {
```

```
                prod1 = new Product();
                prod1.Name = (string)reader1["Name"];
                if(reader1["Description"] != DBNull.Value)
                    prod1.Description = (string)reader1["Description"];
                prod1.Price = (decimal)reader1["Price"];
     if(reader1["Media"] != DBNull.Value)
                    prod1.Media = (string)reader1["Media"];
                if(reader1["MediaAmount"] != DBNull.Value)
                    prod1.MediaAmount = (int)reader1["MediaAmount"];
            }
        reader1.Close();
        conn.Close();
        return prod1;
    }
    /// <summary>
    /// 搜索商品记录
    /// </summary>
    /// <param name="productName">商品名称,为空时搜索所有商品</param>
    /// <param name="categoryID">商品类别 ID,小于等于 0 时搜索所有类别</param>
    /// <returns>商品记录集</returns>
    [WebMethod]
    public DataSet SearchProduct(string productName, int categoryID)
    {
        cmd.CommandType = CommandType.StoredProcedure;
        if (productName == null || productName == "")
        {
            cmd.CommandText = "SearchProductByCategory";
            cmd.Parameters.Add(new SqlParameter("@CategoryID", categoryID));
        }
        else if (categoryID <= 0)
        {
            cmd.CommandText = "SearchProductByName";
            cmd.Parameters.Add(new SqlParameter("@ProductName", productName));
        }
        else
        {
            cmd.CommandText = "SearchProduct";
            cmd.Parameters.Add(new SqlParameter("@ProductName", productName));
            cmd.Parameters.Add(new SqlParameter("@CategoryID", categoryID));
        }
        DataTable table1 = new DataTable("Product");
        conn.Open();
        SqlDataReader reader1 = cmd.ExecuteReader();
        table1.Load(reader1);
        DataSet ds1 = new DataSet();
        ds1.Tables.Add(table1);
        conn.Close();
        return ds1;
    }
    /// <summary>
    /// 新建订单
    /// </summary>
```

```
/// <param name="userName">用户名</param>
/// <param name="time">创建时间</param>
/// <param name="sum">订单金额</param>
/// <returns>新插入订单的 ID 号</returns>
[WebMethod]
public int NewOrder(string userName, DateTime time, decimal sum)
{
    cmd.CommandType = CommandType.StoredProcedure;
    cmd.CommandText = "NewOrder";
    cmd.Parameters.Add(new SqlParameter("@UserName", userName));
    cmd.Parameters.Add(new SqlParameter("@Time", time));
    cmd.Parameters.Add(new SqlParameter("@Sum", sum));
    SqlParameter par1 = new SqlParameter("@ID", SqlDbType.Int);
    cmd.Parameters.Add(par1);
    par1.Direction = ParameterDirection.Output;
    conn.Open();
    cmd.ExecuteNonQuery();
    conn.Close();
    return (int)par1.Value;
}
/// <summary>
/// 新建订单明细
/// </summary>
/// <param name="orderID">订单 ID 号</param>
/// <param name="productID">商品 ID 号</param>
/// <param name="number">数量</param>
/// <param name="sum">金额</param>
[WebMethod]
public void NewOrderItem(int orderID, int productID, int number, decimal sum)
{
    cmd.CommandType = CommandType.StoredProcedure;
    cmd.CommandText = "NewOrderItem";
    cmd.Parameters.Add(new SqlParameter("@OrderID", orderID));
    cmd.Parameters.Add(new SqlParameter("@ProductID", productID));
    cmd.Parameters.Add(new SqlParameter("@Number", number));
    cmd.Parameters.Add(new SqlParameter("@Sum", sum));
    conn.Open();
    cmd.ExecuteNonQuery();
    conn.Close();
}
/// <summary>
/// 订单结算
/// </summary>
/// <param name="orderID">订单 ID 号</param>
/// <param name="person">收货人</param>
/// <param name="address">地址</param>
/// <param name="postcode">邮编</param>
/// <param name="phone">电话</param>
/// <param name="time">结算时间</param>
[WebMethod]
public void CheckoutOrder(int orderID, string person, string address,
string postcode, string phone, DateTime time)
```

```
    {
        cmd.CommandType = CommandType.StoredProcedure;
        cmd.CommandText = "CheckoutOrder";
        cmd.Parameters.Add(new SqlParameter("@OrderID", orderID));
        cmd.Parameters.Add(new SqlParameter("@Person", person));
        cmd.Parameters.Add(new SqlParameter("@Address", address));
        cmd.Parameters.Add(new SqlParameter("@Postcode", postcode));
        cmd.Parameters.Add(new SqlParameter("@Phone", phone));
        cmd.Parameters.Add(new SqlParameter("@Time", time));
        conn.Open();
        cmd.ExecuteNonQuery();
        conn.Close();
    }
    /// <summary>
    /// 订单发货
    /// </summary>
    /// <param name="orderID">订单 ID 号</param>
    /// <param name="salesmanID">处理订单的雇员 ID 号</param>
    /// <param name="time">发货时间</param>
    [WebMethod]
    public void SendoutOrder(int orderID, int salesID, DateTime time)
    {
        cmd.CommandType = CommandType.StoredProcedure;
        cmd.CommandText = "CheckoutOrder";
        cmd.Parameters.Add(new SqlParameter("@OrderID", orderID));
        cmd.Parameters.Add(new SqlParameter("@SalesID", salesID));
        cmd.Parameters.Add(new SqlParameter("@Time", time));
        conn.Open();
        cmd.ExecuteNonQuery();
        conn.Close();
    }
    /// <summary>
    /// 查询订单
    /// </summary>
    /// <param name="orderID">订单 ID 号</param>
    /// <returns>订单对象</returns>
    [WebMethod]
    public Order GetOrder(int orderID)
    {
        Order order1 = new Order();
        cmd.CommandType = CommandType.StoredProcedure;
        cmd.CommandText = "GetOrder";
        cmd.Parameters.Add(new SqlParameter("@OrderID", orderID));
        conn.Open();
        SqlDataReader reader1 = cmd.ExecuteReader();
        if (reader1.Read())
        {
            order1.UserName = (string)reader1["UserName"];
            order1.SubmitTime = (DateTime)reader1["SubmitTime"];
            if (reader1["Sum"] != DBNull.Value)
                order1.Sum = (decimal)reader1["Sum"];
            order1.StatusID = (int)reader1["StatusID"];
```

```
            if (reader1["ContactPerson"] != DBNull.Value)
                order1.ContactPerson = (string)reader1["ContactPerson"];
            if (reader1["ContactAddress"] != DBNull.Value)
                order1.ContactAddress = (string)reader1["ContactAddress"];
            if (reader1["ContactPostcode"] != DBNull.Value)
                order1.ContactPostcode = (string)reader1["ContactPostcode"];
            if (reader1["ContactPhone"] != DBNull.Value)
                order1.ContactPhone = (string)reader1["ContactPhone"];
            if (reader1["CheckoutTime"] != DBNull.Value)
                order1.CheckoutTime = (DateTime)reader1["CheckoutTime"];
            if (reader1["SendoutTime"] != DBNull.Value)
                order1.SendoutTime = (DateTime)reader1["SendoutTime"];
        }
        reader1.Close();
        conn.Close();
        return order1;
    }
    /// <summary>
    /// 查询订单明细
    /// </summary>
    /// <param name="orderID">订单 ID 号</param>
    /// <returns>订单明细记录集</returns>
    [WebMethod]
public DataSet GetOrderItems(int orderID)
    {
        cmd.CommandType = CommandType.StoredProcedure;
        cmd.CommandText = "GetOrderItems";
        cmd.Parameters.Add(new SqlParameter("@OrderID", orderID));
        DataTable table1 = new DataTable("OrderItem");
        conn.Open();
        SqlDataReader reader1 = cmd.ExecuteReader();
        table1.Load(reader1);
        DataSet ds1 = new DataSet();
        ds1.Tables.Add(table1);
        conn.Close();
        return ds1;
    }
}
    /// <summary>
    /// 查询畅销商品
    /// </summary>
    /// <returns>畅销商品记录集</returns>
    [WebMethod]
    public DataSet GetPopularProducts()
    {
        List<int> l1 = new List<int>();
        cmd.CommandType = CommandType.StoredProcedure;
        cmd.CommandText = "GetPopularProducts";
        DataTable table1 = new DataTable("ProductSale");
        conn.Open();
        SqlDataReader reader1 = cmd.ExecuteReader();
        table1.Load(reader1);
        DataSet ds1 = new DataSet();
```

```
        ds1.Tables.Add(table1);
        conn.Close();
        return ds1;
    }
}
```

11.2.4　任务四　Web 应用程序开发

1．创建母板页

在 ASP .NET 2.0 中支持母板页技术，即创建的多个网页能够共享同一个母板页面，从而较为方便地实现所开发网站应用系统外观布局和主控功能的一致性。母板页文件的后缀名为.master。在母板页文件中，必须包含 ContentPlaceHolder 控件。而使用母板页的其他 Web页面文件中通过 MasterPageFile 处理指令指定要使用的母板页文件，该页面中所有的内容都包含在一个 asp:Content 控件中，编译生成的页面会自动将 asp:Content 中的内容显示在母板页的 ContentPlaceHolder 控件中。母板页 MasterPage.master 的设计效果如图 11.3 所示。

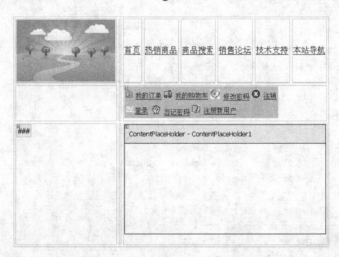

图 11.3　母板页 MasterPage.master 设计效果

从图 11.3 可以看出，该母板页的页面布局主要内容分为 4 部分：页面顶部的一组链接，指向所有用户都能浏览的页面；紧接着顶部的下方是用户控件 LoginUserControl，用于注册用户和非注册用户显示不同的网页链接；左侧的 LeftTable 表格控件，用于显示图书商品的类别列表；右侧显示子页面的 ContentPlaceHolder 控件。

母板页在启动时，会从数据库中读取图书的类别，为每一个类别创建一个链接，并加入页面左侧的 LeftTable 表格中。

```
public partial class MasterPage : System.Web.UI.MasterPage
{   protected localhost.SoftMarketSrv srv;
    protected void Page_Load(object sender, EventArgs e)
    {   srv = new localhost.SoftMarketSrv();
        TableRow row1;
        TableCell cell1;
        HyperLink link1;
        string[] sGategories = srv.GetGategories();
```

```
                    for (int i=0; i<sGategories.Length; i++)
                    {   link1 = new HyperLink();
                        link1.Text = sGategories[i];
                        link1.NavigateUrl = "CategoryProduct.aspx?id=" + (i + 1);
                        cell1 = new TableCell();
                        cell1.Controls.Add(link1);
                        row1 = new TableRow();
                        row1.Cells.Add(cell1);
                        LeftTable.Rows.Add(row1);
                    }
                }
            }
```

在网站项目 Website 创建一个名为 LoginUserControl.ascx 的用户控件，其中包括两个 asp:Table 服务器控件：LoginTable 用于显示用户登录之后所能看到的各个网页链接；UnloginTable 用于显示用户未登录时所看到的网页链接，如图 11.4 所示。

图 11.4　"LoginUserControl.ascx 用户控件"设计效果

在用户控件 LoginUserControl 中，实现用户的登录信息保存在 ASP .NET 程序会话状态中，如果 Session 的 UserName 键值是空，表示用户未登录。这样用户控件就能够根据用户登录状态来选择显示不同表格中的链接。

```
public partial class LoginUserControl : System.Web.UI.UserControl
{   protected void Page_Load(object sender, EventArgs e)
    {   if (!IsPostBack)
        {   if (Session["UserName"] == null)
            {
                LoginTable.Visible = false;
                UnloginTable.Visible = true;
            }
            else
            {   LoginTable.Visible = true;
                UnloginTable.Visible = false;
                string sUserName = Session["UserName"].ToString();
                DateTime dtLast = this.GetLastLoginTime(sUserName).ToLocalTime();
                LbMessage.Text = string.Format("{0}，欢迎光临图书商城。上次访问时
间:{1}", sUserName, dtLast);
            }
        }
    }
    protected DateTime GetLastLoginTime(string userName)
    {
        SqlConnection   conn1  =  new  SqlConnection(ConfigurationManager.
ConnectionStrings["LocalSqlServer"].ConnectionString);
        SqlCommand cmd1 = new SqlCommand("GetLastLoginTime", conn1);
        cmd1.CommandType = CommandType.StoredProcedure;
        cmd1.Parameters.Add(new SqlParameter("@UserName", userName));
        DateTime dt1 = DateTime.Now;
```

```
        conn1.Open();
        DateTime.TryParse(cmd1.ExecuteScalar().ToString(), out dt1);
        conn1.Close();
        return dt1;
    }
}
```

2. 使用 ASP .NET 成员资格

数据库表 Order 中有一个 UserName 列,主要是存储提交订单的用户名。该列数据的操作是由网站注册用户的管理功能,通过 ASP .NET 2.0 内置的成员资格管理特性来实现。并且,ASP .NET 提供的相关登录控件都与 ASP .NET 成员资格进行了集成。只要将这些控件添加到 Web 页面中,ASP .NET 成员资格就会处理有关的登录事件,完成用户的创建、用户信息的存储及密码管理等功能。

默认情况下,Visual Studio 2005 生成的 ASP .NET 网站应用会使用本地的 SQL Server 2005 Express 数据库 aspnetdb.mdf(在网站项目 app_data 目录下)来管理成员资格。

在图书商城电子商务应用系统案例中,相关成员资格的配置信息存放在网站项目的 web.config 文件中。在下面的配置中,membership 元素表示使用默认的 AspNetSqlMembershipProvider 提供程序,登录用户 15min 内无活动就视为脱机,对用户密码值进行 Hash 加密;authentication 元素表示对程序 softmarket 使用 ASP .NET 身份验证,登录页面为 Login.aspx,超时时限为 60s。

```
<membership  defaultProvider="AspNetSqlMembershipProvider"  userIsOnlineTimeWindow
="15" hashAlgorithmType="SHA1">
</membership>
<authentication mode="Forms">
  <forms name="SoftMarket" loginUrl="Login.aspx" timeout="60"/>
</authentication>
```

另外,该应用系统使用 ASP .NET Forms 身份验证来控制访问,为了防止匿名访问(即禁止匿名访问),还在 web.config 文件中为控制访问的每个页面创建了一个 location 项,例如以下内容。

```
<location path="MyOrders.aspx">
    <system.web>
        <authorization>
            <deny users="?"></deny>
        </authorization>
    </system.web>
</location>
<location path="OrderDetail.aspx">
    <system.web>
        <authorization>
            <deny users="?"></deny>
        </authorization>
    </system.web>
</location>
<location path="MyCart.aspx">
    <system.web>
        <authorization>
            <deny users="?"></deny>
```

```
        </authorization>
      </system.web>
  </location>
```

3. 用户管理

　　在网站中与成员资格管理相关的 Web 页面有：Login.aspx(应用系统登录页面)、Registration.aspx(注册新用户页面)、PasswordRecovery.aspx(重置用户密码页面)、ChangePassword.aspx(用户修改密码页面)、Logout.aspx(注销页面)。由于配置了 ASP .NET 成员资格，上述前 4 个页面需要分别使用 Login、CreateUserWizard、PasswordRecovery 和 ChangePassword 相关登录控件(在工具箱的"登录"选项中)，不另外编写代码即可实现所需功能。

　　编译运行 Login.aspx 程序，将打开如图 11.5 所示的登录页面。单击"注册新用户"，执行 Registration.aspx，在其页面中输入各项注册内容，包括用户名、密码、电子邮件、安全提示问题及答案等信息，即可完成新用户注册。

图 11.5　登录页面

　　如果登录时，选择"忘记密码"，那么将打开 PasswordRecovery.aspx 页面，正确输入用户名，并正确回答注册用户时的安全提示问题。如果回答正确，系统会尝试向注册邮箱发送一封包含密码(明文形式)的邮件。这需要事先设置好电子邮件服务器，才能实现邮件的通知功能。

　　用户登录网站，还可以修改密码，其打开的页面是 ChangePassword.aspx，通过使用 ChangePassword 控件实现。注销页面 Logout.aspx 不包含控件，代码执行的是从 Form 身份验证凭据，同时清空会话状态，并将站点重新定向到默认页面 default.aspx。

4. 图书商品信息管理

(1) "热销商品"页面。

　　"首页"页面由 Default.aspx 显示，内容是图书商品分类的一些信息，不包括程序代码。网站商品信息查询是非注册用户(游客)、注册用户都可以执行的功能。"热销商品"页面 Popular.aspx 用于显示销量在前 10 名的商品，如图 11.6 所示。该页面程序代码包含一个 GridView 控件，显示商品图片、名称、说明和价格等内容。

　　其实现的程序代码如下：

```
public partial class PopularProduct : System.Web.UI.Page
{
```

```
    protected localhost.SoftMarketSrv srv;

    protected void Page_Load(object sender, EventArgs e)
    {
        srv = new localhost.SoftMarketSrv();
        DataSet ds1 = srv.GetPopularProducts();
        GvProductSale.DataSource = ds1;
        GvProductSale.DataMember = "ProductSale";
        GvProductSale.DataBind();
    }
}
```

图 11.6 "热销商品"页面

(2) "商品详细信息"页面。

在显示图书商品相关信息的页面中，单击某列图书，将打开"图书详细信息"页面文件 ProductDetail.aspx，即显示其详细信息，如图 11.7 所示。

图 11.7 "商品详细信息"页面

该页面的执行程序是接受一个字符串参数 id，通过该参数从数据库中查询相关信息，具体程序代码如下：

```
public partial class ProductDetail : System.Web.UI.Page
{   protected localhost.SoftMarketSrv srv;
    protected void Page_Load(object sender, EventArgs e)
    {   if (Request.QueryString["id"] == null)
        {   Response.Write("未指定商品 ID 号");
            return;
        }
        int productID = int.Parse(Request.QueryString["id"]);
        if (productID > 0)
        {srv = new localhost.SoftMarketSrv();
            localhost.Product prod1 = srv.GetProduct(productID);
            if (prod1 != null)
            {  LbName.Text = prod1.Name;
               LbDescription.Text = prod1.Description;
               LbPrice.Text = string.Format("{0:C2}", prod1.Price);
               LbMedia.Text = prod1.Media;
               LbMediaAmount.Text = prod1.MediaAmount.ToString();
               string sImageFile = string.Format("ProductImage/{0}.jpg", productID);
               LinkAddToCart.NavigateUrl = "AddToCart.aspx?id=" + productID;
               if (System.IO.File.Exists(Server.MapPath(sImageFile)))
                    Image1.ImageUrl = sImageFile;
               else Image1.ImageUrl = "Resource/NoImage.gif";
            }
        }
    }
}
```

(3)"搜索商品"页面。

"搜索商品"页面 SearchProduct.aspx 的显示如图 11.8 所示。其主要控件包括用于选择图书商品类别的下拉列表、用于输入搜索条件的文本框以及显示搜索结果的网格控件。

图 11.8 "搜索商品"页面

该页面载入时，将商品类型写入下拉列表框中，当用户单击"搜索"按钮时，程序调用 Web 服务中的 SearchProduct 方法执行搜索，程序代码如下：

```csharp
public partial class SearchProduct : System.Web.UI.Page
{   protected localhost.SoftMarketSrv srv;
    protected void Page_Load(object sender, EventArgs e)
    {   srv = new localhost.SoftMarketSrv();
        if (!IsPostBack)
        {   DdlCategory.Items.Add("请选择类型");
            string[] sCategories = srv.GetGategories();
            for (int i = 0; i < sCategories.Length; i++)
                DdlCategory.Items.Add(sCategories[i]);
        }
    }
    protected void IBtnSearch_Click(object sender, ImageClickEventArgs e)
    {
        DataSet ds1 = srv.SearchProduct(TbProduct.Text, DdlCategory.SelectedIndex);
        int iCount = ds1.Tables[0].Rows.Count;
        LbResult.Visible = true;
        LbResult.Text = string.Format("共搜索到{0}条记录", iCount);
        GvProduct.DataSource = ds1;
        GvProduct.DataMember = "Product";
        GvProduct.DataBind();
    }
}
```

(4)"分类浏览"页面。

"分类浏览"页面 CategoryProduct.aspx 主要用于实现不同类别的图书商品信息的检索，由母版页左侧表元素中的一组链接调用。该页面使用 GridView 控件，绑定 SqlDataSource 控件完成数据库中数据的访问、查询，不再编写其他代码，运行效果如图 11.9 所示。

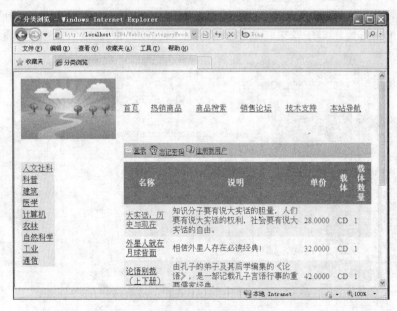

图 11.9 "分类浏览"页面

5. 购物与订单管理

用户在该网站上的基本购物流程是：选择图书商品(执行 ProductDetail.aspx)；单击"添加到购物车"链接(执行 AddToCart.aspx 再定向执行 MyCart.aspx)；提交订单(执行 CheckOut.aspx)；进入结算(执行 Checked.aspx)。

(1) "添加到购物车"页面。

该页面实际上为一个过渡页面，其程序代码实现登录用户的 ASP .NET 会话状态中创建一个 Dictionary 对象，它负责维护购物车信息(Dictionary 中的一对键值：键表示商品 ID，值表示选购该商品的数量)。该页面程序执行时，商品的 ID 作为参数传递进来，如果表示购物车的 Dictionary 对象为空，则程序创建该对象；如果 Dictionary 中没有包含所选的商品，则将商品加入到购物车。程序转而执行"我的购物车"页面。程序代码如下：

```
public partial class AddToCart : System.Web.UI.Page
{
    protected void Page_Load(object sender, EventArgs e)
    {
        if (Request.QueryString["id"] == null)
        {
            Response.Write("未指定商品 ID 号");
            return;
        }
        int iProductID = int.Parse(Request.QueryString["id"]);
        if (iProductID > 0)
        {
            if (Session["Cart"] == null)
Session["Cart"] = new Dictionary<int, int>();
            Dictionary<int, int> dicCart = (Dictionary<int, int>)Session["Cart"];
            if (dicCart.ContainsKey(iProductID))
                Response.Write("<script language=javascript>window.alert('该
商品已经在您的购物车里了');</script>");
            else
                dicCart.Add(iProductID, 1);
            Response.Redirect("MyCart.aspx");
        }
    }
}
```

(2) "我的购物车"页面。

该页面中使用 GridView 控件来显示购物车中的各条商品记录，其中又包含一个模板列，列文本框允许用户修改商品数量，显示如图 11.10 所示。

该页面的程序代码中，成员方法 CartToDataTable 用于读取购物车中各个商品 ID，从数据库中查询商品信息，这样从 Dictionary 对象得到一个数据表格，绑定到网格控件上。程序代码如下：

```
public partial class MyCart : System.Web.UI.Page
{   protected localhost.SoftMarketSrv srv;
    protected decimal dTotal;
```

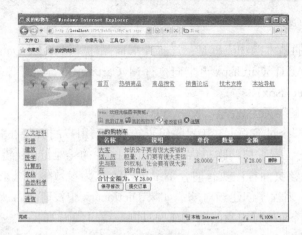

图 11.10 "我的购物车"页面

```
    protected DataTable dtCart;
    protected Dictionary<int, int> dicCart
    {
        get { return (Dictionary<int, int>)Session["Cart"]; }
    }
protected void Page_Load(object sender, EventArgs e)
    {   srv = new localhost.SoftMarketSrv();
        dtCart = this.CartToDataTable();
        if (dtCart.Rows.Count == 0)
        { LbMessage.Text = "您的购物车里还没有任何商品";
        }
        else
        { LbMessage.Text = Session["UserName"].ToString() + "的购物车";
            BtnConfirm.Visible = true;
            BtnSubmit.Visible = true;
            if (!IsPostBack)
            { GvCart.DataSource = dtCart;
                GvCart.DataBind();
            }
        }
    }
    private DataTable CartToDataTable()
    {   DataTable table1 = new DataTable("Cart");
        table1.Columns.Add("ID", typeof(int));
        table1.Columns.Add("Name", typeof(string));
        table1.Columns.Add("Description", typeof(string));
        table1.Columns.Add("Price", typeof(decimal));
        table1.Columns.Add("Number", typeof(int));
        table1.Columns.Add("Sum", typeof(decimal));
        if (dicCart != null)
        {   int iNumber;
            decimal dSum;
            dTotal = 0;
            foreach (int iProductID in dicCart.Keys)
            {   iNumber = dicCart[iProductID];
                localhost.Product prod1 = srv.GetProduct(iProductID);
```

```csharp
            if (prod1 != null)
            {   dSum = prod1.Price * iNumber;
                table1.Rows.Add(iProductID, prod1.Name, prod1.Description,
prod1.Price, iNumber, dSum);
                dTotal += dSum;
            }
        }
        LbTotal.Visible = true;
        LbTotal.Text = string.Format("合计金额为：{0:C2}", dTotal);
    }
    return table1;
}
protected void GvCart_RowDeleting(object sender, GridViewDeleteEventArgs e)
{   int iProductID = (int)dtCart.Rows[e.RowIndex][0];
    dicCart.Remove(iProductID);
    dtCart.Rows.RemoveAt(e.RowIndex);
    GvCart.DataSource = dtCart;
    GvCart.DataBind();
    if (dtCart.Rows.Count == 0)
    {   LbMessage.Text = "您的购物车里没有任何商品";
        BtnConfirm.Visible = false;
        BtnSubmit.Visible = false;          }
}
protected void BtnConfirm_Click(object sender, EventArgs e)
{   DataRow row1;        int iNumber;
    decimal dSum;
    dTotal = 0;
    for (int i = 0; i < dtCart.Rows.Count; i++)
    {   row1 = dtCart.Rows[i];
        iNumber   =   int.Parse(((TextBox)GvCart.Rows[i].Cells[3].FindControl
("TbNumber")).Text);
        if ((int)row1[4] != iNumber)
        {   dtCart.Rows[i][4] = iNumber;
            dicCart[(int)row1[0]] = iNumber;               }
        dSum = (decimal)row1[3] * iNumber;
        dTotal += dSum;
    }
    LbTotal.Text = string.Format("合计金额为：{0:C2}", dTotal);
    GvCart.DataSource = dtCart;
    GvCart.DataBind();
}
protected void BtnSubmit_Click(object sender, EventArgs e)
{   int iOrderID = srv.NewOrder(Session["UserName"].ToString(), DateTime.
Now, dTotal);
    DataRow row1;
    int iProductID, iNumber;
    decimal dSum;
    for (int i = 0; i < dtCart.Rows.Count; i++)
```

```
{   row1 = dtCart.Rows[i];
    iProductID = (int)row1[0];
    iNumber = (int)row1[4];
    dSum = (decimal)row1[5];
    srv.NewOrderItem(iOrderID, iProductID, iNumber, dSum);
}
Response.Redirect("Checkout.aspx?id=" + iOrderID.ToString());
}
}
```

该页面的"保存修改"按钮用于实现将网格中的商品数量保存到 Session 中,"提交订单"按钮则为当前用户创建一条订单记录,并为网格中的每一行创建一条订单明细记录,之后执行"结算"页面。

(3)"结算"页面。

从"我的购物车"页面进入"结算"页面,传递进来的参数就是新创建订单 ID 号。"结算"页面 Checkout 包含一个 GridView 控件、一个 SqlDataSource 控件。SqlDataSource 控件的查询命令属性为存储过程"GetOrderItems",可以通过页面获得参数值,显示订单明细数据信息,其执行结果如图 11.11 所示。

图 11.11 "结算"页面

(4)"我的订单"与"订单明细"页面。

"我的订单"页面 MyOrders.aspx 包含一个 RadioButtonList 控件、一个 MultiView 控件和三个 View 控件。MultiView、View 控件分别类似于 Windows 窗体中的 TabControl 和 TabPage 控件。每个 View 控件中包含一个 GridView 控件,用于显示处于提交状态、结算状态和发货状态的订单记录;每个 GridView 控件绑定一个 SqlDataSource 控件,SqlDataSource 控件通过 UserName 和 StatusID 列队 Order 表进行记录筛选,其中 UserName 的参数值取自 Session 变量。"我的订单"页面执行结果如图 11.12 所示。

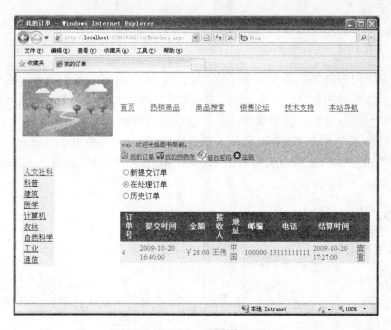

图 11.12 "我的订单"页面

在"我的订单"页面订单记录"查看"列可以打开"订单明细"页面 OrderDetail.aspx，并使用订单 ID 作为其参数。"订单明细"页面是通过 GridView 控件和 SqlDataSource 控件显示订单的详细记录数据，SqlDataSource 控件调用了数据库存储过程 GetOrderItems，其运行如图 11.13 所示。

图 11.13 "订单明细"页面

小　　结

目前数据库应用系统多是基于网络环境，采用 C/S、B/S 或 C/S 与 B/S 混合模式的两层或三层以上的多层体系结构设计、开发。数据库应用系统作为一类软件系统，其开发过程需遵循软件工程理论与方法，这样才能够科学、合理地依照项目计划，成功实施项目开发。

本章主要以"基于 ASP .NET 与 SQL Server 2005 的图书商城电子商务应用系统"的开发为案例，介绍了 SQL Server 后台应用数据库设计、使用 ASP .NET 控件及 C#编程实现前台页面的全过程。

习题与实训

一、填空题

1．C/S 模式是＿＿＿＿＿＿＿＿＿模式的简称。在这种模式下，根据业务功能的实现，计算机分为两个相互联系的部分：＿＿＿＿＿＿和＿＿＿＿＿＿。

2．B/S 模式是＿＿＿＿模式的简称，实质是 C/S 模式的一种特殊形式，是 Internet 应用的一种技术模式，主要由＿＿＿＿、＿＿＿＿、＿＿＿＿3 个组件构成。

3．数据库应用系统作为一类软件系统，其开发方法和过程也是遵循软件工程的理论、技术开展实施的。软件工程软件开发的方法非常多，主要是应用较为传统而经典的＿＿＿＿＿方法和目前主流而逐渐成熟的＿＿＿＿＿的方法。

4．E-R 模型是＿＿＿＿＿＿＿＿＿＿＿＿＿模型的简称。

5．E-R 图中包含实体、属性和联系 3 个基本成分，实体用＿＿＿＿表示，属性用＿＿＿表示，联系用＿＿＿＿表示。

二、实训拓展

1．实训内容

在实际商业应用中，电子商务应用系统不仅包括电子商务网站，即通过互联网为用户提供全面的商品资讯和销售服务，还包括公司内部管理系统，实现维护和更新商品信息、订单配货和发货、各类工作人员办公信息管理等功能。请参考本章案例，尝试完善开发公司内部管理系统。

2．实训提示

内部管理系统既可以使用 Windows 应用程序(即 C/S 模式)，也可以使用内部 Web 程序(即 B/S 模式)。

附录 A   SQL Server 2005 常用内置函数

1. 基本函数

函 数 名	功 能 描 述
AVG	计算相对列值的平均值
COUNT	返回符合 SELECT 命令中条件的列数
MAX	返回某一列的最大值
MIN	返回某一列的最小值
SUM	返回数值表达式中非 NULL 值的总和

2. 数据转换函数

函 数 名	功 能 描 述
CAST(expression AS date_type)	将表达式的值转换为指定的数据类型
CONVERT(data_type [(length)])	将表达式的值转换为指定的数据类型，可以指定长度

3. 字符串函数

函数及语法格式	功 能 描 述
ASCII(char_expression)	返回最左边字符的 ASCII 值
CHAR(integer_expression)	返回 0~255 整型值所对应的字符，超出这个范围则返回 NULL
SOUND(char_expression)	返回字符串一个 4 位代码,用于比较字符的相似性,忽略元音字母
DIFFERENCE(char_expression1,char_expression2)	比较两个字符串的 SOUNDEX 值，返回值为 0~4，4 表示最佳匹配
LOWER(char_expression)	将字符串中所有字符变成小写字母
UPPER(char_expression)	将字符串中所有字符变成大写字母
LTRIM(char_expression)	删除字符串中最左边的空格
RTRIM(char_expression)	删除字符串中最右边的空格
CHARINDEX(expression1,expression2[, start_location])	返回字符串(expression2)中指定表达式(expression1)出现的位置, start_location 为 expression2 中第一次出现的位置，默认值为 0
PATINDEX(%pattern%,expression)	返回在 expression 中 pattern 第一次出现的位置，pattern 中可以使用通配符
REPLICATE(char_expression,integer)	将字符表达式重复指定的次数
REVERSE(char_string)	将字符串反序排列
RIGHT(char_expression,integer_expression)	在字符串中从右向左取指定长度的字串

函 数 名	功 能 描 述
SPACE(integer_expression)	返回指定长度的空格串
STR(float_expression,[length[decimal]])	将数值型数据按指定的长度转换为字符数据
STUFF(char_expression1,start,length,char_expression2)	从 char_expression1 中 start 位置开始删除长度为 length 的子串，并将 char_expression2 插入 char_expression1 中从 start 开始的位置
SUBSTRING(char_expression,start, length)	在字符串中从指定的 start 位置开始截取长度为 length 的子串

4. 算术函数

函数及语法格式	功 能 描 述
ABS(numeric_expression)	求绝对值
ACOS(float_expression)	求反余弦函数
ASIN(float_expression)	求反正弦函数
ATAN(float_expression)	求反正切函数
COS(float_expression)	求弧度值的余弦
SIN(float_expression)	求弧度值的正弦
TAN(float_expression)	求弧度值的正切
DEGREES(numeric_expression)	返回与数值表达式类型相同的角度值
RADIANS(numeric_expression)	返回弧度值，约束条件同 DEGREES
CEILING(numeric_expression)	大于或等于指定数值的最小整数
FLOOR(numeric_expression)	小于或等于指定数值的最大整数
EXP(float_expression)	取浮点表达式的指定值
LOG(float_expression)	取浮点表达式的自然对数
POWER(numeric_expression,y)	数值表达式的 y 次幂,返回值域 numeric_expression 类型相同
RAND(integer_expression)	以整型值为种子，返回 0～1 的随机浮点数
ROUND(numeric_expression)	四舍五入函数，length 为正数时，对小数位进行四舍五入；length 为负数时，对正数部分进行四舍五入。当 function 为非零值时，数据被截断，其默认值为 0
SIGN(numeric_expression)	对给定的数值表达式，返回+1、0、-1、-3
SQRT(float_expression)	取浮点表达式的平方根

5. 日期与时间函数

函数及语法格式	功 能 描 述
DATENAME(datepart,date)	返回日期中指定的部分。Datepart 部分的取值为 year、quarter、month、day of year、day、week、weekday、hour、minute、second、millsecond

续表

函数及语法格式	功能描述
DATEPART(datepart,date)	对日期中指定的部分返会一个整数值。Datepar 的取值与 DATENAME 中相同
GATEDATE( )	返回当前系统时间
DATEADD(datepart,number,date)	对日期/时间中指定部分增加给定的数量,从而返回一个新的日期值
DATEDIFF(datepart,startdate,enddate)	返回两个日期/时间之间指定部分之间的差
DAY(date)	返回指定日期中的天数
MONTH(date)	返回指定日期中的月份
YEAR(date)	返回指定日期中的年份

6. 系统信息函数

函数及语法格式	功能描述
APP_NAME( )	返回当前应用程序的名称
DATABASEPROPERTY(database.property)	返回指定数据库的属性信息
DATALENGTH(expression)	返回表达式的以字节表示的长度
DB_ID(['database_name'])	返回数据库的 ID
DB_NAME(database_ID)	返回 ID 数据库的数据库名称
HOST_ID( )	返回服务器端计算机的 ID
HOST_NAME( )	返回服务器端计算机的名字
ISNULL(check_exprssion,replacement_value)	用指定的值来代替空值
NULLIF(expression1,expression2)	当两个表达式的值相等时返回空值
OBJECT_ID(object_name)	返回数据库对象的 ID
OBJECT_NAME(object_id)	返回数据库对象的名字
TYPEPROPERTY(type,property)	返回数据类型信息
USER_ID(user_name)	返回数据库用户的 ID
USER_NAME(id)	返回数据库用户的名称

附录 B SQL Server 2005 常用系统表

数据库	表名	内容
master	sysaltfiles	在特殊情况下,包含与数据库中的文件相对应的行
	syscacheobjects	包含有关如何使用高速缓存的信息
	sysconfigures	用户设置的每个配置选项在表中各占一行。包括最近启动 SQL Server 前定义的配置选项
	sysdatabase	SQL Server 上的数据库在表中占一行,包括 master、model、msdb、tempdb
	sysdevices	每个磁盘备份文件和数据库文件在表中占一行
	syslanguage	出现在 SQL Server 中的每种语言在表中各占一行
	syslockinfo	包含有关所有已授权、正在转换和正在等待的锁的请求信息
	syslogins	每个登录账户在表中占一行
	sysoledbusers	每个指定的链接服务器的用户和密码映射
	sysopentapes	当前打开的每个磁带设备在表中占一行
	sysprocesses	保存关于运行在 SQL Server 上的进程的信息
msdb	sysalerts	每个警报在表中占一行。警报是为响应事件而发送的消息
	syscategories	包含由 SQL Server 对作业、警报和操作员的分类
	sysdbmaintplan_history	执行的每个维护计划操作在表中占一行
	sysdbmaintplan_jobs	每个维护作业在表中占一行
	sysdbmaintplans	每个数据库维护计划在表中占一行
	sysjobhistory	包含由 SQL Server 代理程序调度作业的执行信息
	sysjobs	存储将由 SQL Server 代理程序执行的每个已调度作业的信息
	sysjobschedules	包含将由 SQL Server 代理程序执行的作业调度信息
	sysjobsteps	包含将由 SQL Server 代理程序执行的作业中的每个步骤的信息
	sysreplicationalerts	包含有关导致复制警报激发的条件的信息
	systaskids	包含一个映射,将早期版本 SQL Server 创建的任务映射到当前版本的 SQL Server 作业
	sysobjects	在数据库内创建的每个对象(约束、默认值、日志、规则、存储过程等)在表中占一行
	syscolumns	每个表和视图中的每列在表中占一行,存储过程中的每个参数在表中占一行
	syscomments	包含每个视图、规则、默认值、触发器、CHECK 约束、DEFAULT 约束和存储过程的项

续表

数 据 库	表 名	内 容
msdb	sysconstraints	包含约束映射，映射到拥有该约束的对象
	sysdepends	包含对象(视图、存储过程和触发器)与对象定义中依赖对象之间的相关信息
	sysforeighkeys	包含关于表定义中 FOREIGH KEY 约束的信息
	sysindexes	数据库中的每个索引在表中占一行
	sysmembers	每个数据库角色成员在表中占一行
	syspermission	包含有关对数据库内的用户、组和角色授予或拒绝的权限的信息
	sysprotects	包含有关已由 GRANT 和 DENY 语句应用于安全账户的权限信息
	sysreferences	包含 FOREIGN KEY 约束定义到所引用列的映射
	systypes	对应每种系统提供数据类型和用户定义数据类型，均包含一行信息

附录 C SQL Server 2005 的常用系统存储过程

过程类型	过程名称	描 述
系统过程	sp_add_data_file_recover_suspect_db	当由于文件组上的空间不足而导致一个数据库上的恢复不能完成时，要为文件组添加一个数据文件
	sp_helpconstraint	返回一个列表，其内容包括所有约束类型、约束类型定义的用户定义或系统提供的名称、定义约束类型时用到的列以及定义约束的表达式
	sp_helpdb	报告有关指定数据库或所有数据库的信息
	sp_addextendedproc	将新扩展存储过程的名称注册到 SQL Server 上
	sp_addtype	创建用户定义的数据类型
	sp_helpfile	返回与当前数据库关联的文件的物理名称及特性
	sp_attach_db	将数据库附加到服务器
	sp_helpfilegroup	返回与当前数据库相关的文件组名称及特性
	sp_helpindex	报告有关表或视图上的索引的信息
	sp_helpserver	报告某个特定远程或复制服务器的信息或所有服务器的信息
	sp_helpsort	显示 SQL Server 排序次序和字符集
	sp_helpstats	返回指定表中列和索引的统计信息
	sp_helptext	显示存储过程、用户定义函数、触发器或视图的定义语句
	sp_configure	显示或更改当前服务器的全局配置设置
	sp_lock	报告有关锁的信息
	sp_create_removale	创建可移动介质数据库
	sp_createstats	为当前数据库中全部用户表的所有合格列创建单列统计
	sp_rename	更改当前数据库中用户创建对象的名称
	sp_resetstatus	重置数据库的状态
	sp_depends	显示有关数据库对象相关性的信息
	sp_dropdevices	从 SQL Server 中删除数据库设备或备份设备
	sp_droptype	从 systypesS 删除用户定义的数据类型
	sp_executesql	执行可以多次重用或动态生成的 T-SQL 语句或批处理
	sp_updatestats	对当前数据库中所有用户定义的表运行 UPDATE STATISTICS
	sp_help	报告有关数据库对象、用户定义类型或 SQL Server 系统类型的信息
	sp_who	提供关于当前 SQL Server 用户和进程的信息
Active Directory 过程	sp_activedirectory_obj	用于在 Windows Server 操作系统 Active Directory 中注册 SQL Server 实例和 SQL Server 数据库

续表

过程类型	过程名称	描述
目录过程	sp_column_privileges	返回当前环境中单个表的列特权信息
	sp_columns	返回当前环境中可查询的指定表或视图的列信息
	sp_databases	列出驻留在 SQL Server 实例中的数据库或可以通过数据库网关访问的数据库
	sp_statistics	返回指定的表或索引视图上的所有索引以及统计的列表
	sp_special_columns	返回唯一标识表中某行的优化列表。当事务更新行中的全部值时，还返回自动更新列
	sp_stored_procedures	返回当前环境中的存储过程列表
	sp_tables	返回当前环境下可查询的对象的列表
	sp_tables_privileges	为指定表返回表权限
游标过程	sp_cursor_list	报告当前为连接打开的服务器游标的特性
	sp_describe_cursor_columns	报告服务器游标结果集中的列特性
	sp_describe_cursor	报告服务器游标的特性
	sp_describe_cursor_tables	报告服务器游标所引用的基表
数据库维护计划过程	sp_add_maintenance_plan	添加维护计划并返回该计划 ID
	sp_add_maintenance_plan_db	将数据库与维护计划相关联
	sp_delete_maitenance_plan	删除指定的维护计划
	sp_help_maintenance_plan	返回有关指定的维护计划的信息。如果没有指定计划，那么该存储过程将返回有关所有维护计划信息
分布式查询过程	sp_addlinkedserver	创建一个链接的服务器使其允许对分布式的、针对 OLEDB 数据源的异类查询进行访问
	sp_indexs	返回指定远程表的索引信息
	sp_addlinkedsrvlogin	创建或更新本地 SQL Server 实例上的登录与链接服务器上远程登录之间的映射
	sp_catalogs	返回指定链接服务器中的目录列表，此目录列表相当于 SQL Server 中的数据库
	sp_linkedservers	返回当地服务器中定义的链接服务器列表
	sp_column_privileges_ex	返回指定链接服务器上的指定表的列特权
	sp_table_privileges_ex	返回来自指定链接服务器中表的特权信息
	sp_table_ex	返回有关指定链接服务器中表的表信息
全文检索过程	sp_fulltext_catalog	为数据库创建全文目录
	sp_fulltext_database	初始化全文索引，或者从当前数据库中删除所有的全文目录
	sp_fulltext_table	为全文索引多表进行标记
	sp_help_fulltext_catalogs_cursor	使用游标返回指定的全文目录的 ID 名称、根目录、状态和全文索引表的数量
日志传送过程	sp_add_log_shipping_database	指定要日志传送主服务器上的数据库
	sp_add_log_shipping_plan	创建新的日志传送计划，在 log_shipping_plan 中插入一行
	sp_add_log_shipping_plan_database	将数据库添加到现有的日志传送计划
	sp_delete_log_shipping_database	将新数据库添加到现有的日志传送计划
	sp_delete_log_shipping_plan	删除日志传送计划
	sp_delete_log_shipping_plan_database	从日志传送计划中删除数据库

参 考 文 献

[1] 岳国英. 数据库技术与 SQL Server 2005 实用教程[M]. 北京：中国电力出版社，2008.

[2] 朱如龙. SQL Server 2005 数据库应用系统开发技术[M]. 北京：机械工业出版社，2008.

[3] 郭江峰. SQL Server 2005 数据库技术与应用[M]. 北京：人民邮电出版社，2007.

[4] 刘志成. SQL Server 2005 实例教程[M]. 北京：电子工业出版社，2008.

[5] 郑宇军，杜家兴. SQL Server 2005+Visual C#专业开发精解[M]. 北京：清华大学出版社，2007.

[6] 蒋秀英. SQL Server 2000 数据库与应用[M]. 北京：清华大学出版社，北京交通大学出版社，2006.

[7] 麦中凡. 计算机软件技术基础[M]. 2 版. 北京：高等教育出版社，2003.

[8] 微软公司. SQL Server 联机丛书.

全国高职高专计算机、电子商务系列教材

序号	标准书号	书　名	主　编	定价(元)	出版日期
1	978-7-301-11522-0	ASP.NET 程序设计教程与实训(C#语言版)	方明清等	29.00	2009 年重印
2	978-7-301-10226-8	ASP 程序设计教程与实训	吴鹏，丁利群	27.00	2009 年第 6 次印刷
3	7-301-10265-8	C++程序设计教程与实训	严仲兴	22.00	2008 年重印
4	978-7-301-15476-2	C 语言程序设计(第 2 版)	刘迎春，王磊	32.00	2009 年出版
5	978-7-301-09770-0	C 语言程序设计教程	季昌武，苗专生	21.00	2008 年第 3 次印刷
6	978-7-301-16878-3	C 语言程序设计上机指导与同步训练(第 2 版)	刘迎春，陈静	30.00	2010 年出版
7	7-5038-4507-4	C 语言程序设计实用教程与实训	陈翠松	22.00	2008 年重印
8	978-7-301-10167-4	Delphi 程序设计教程与实训	穆红涛，黄晓敏	27.00	2007 年重印
9	978-7-301-10441-5	Flash MX 设计与开发教程与实训	刘力，朱红祥	22.00	2007 年重印
10	978-7-301-09645-1	Flash MX 设计与开发实训教程	栾蓉	18.00	2007 年重印
11	7-301-10165-1	Internet/Intranet 技术与应用操作教程与实训	闻红军，孙连军	24.00	2007 年重印
12	978-7-301-09598-0	Java 程序设计教程与实训	许文宪，董子建	23.00	2008 年第 4 次印刷
13	978-7-301-10200-8	PowerBuilder 实用教程与实训	张文学	29.00	2007 年重印
14	978-7-301-15533-2	SQL Server 数据库管理与开发教程与实训(第 2 版)	杜兆将	32.00	2010 年重印
15	7-301-10758-7	Visual Basic .NET 数据库开发	吴小松	24.00	2006 年出版
16	978-7-301-10445-9	Visual Basic .NET 程序设计教程与实训	王秀红，刘造新	28.00	2006 年重印
17	978-7-301-10440-8	Visual Basic 程序设计教程与实训	康丽军，武洪萍	28.00	2010 年第 4 次印刷
18	7-301-10879-6	Visual Basic 程序设计实用教程与实训	陈翠松，徐宝林	24.00	2009 年重印
19	978-7-301-09698-7	Visual C++ 6.0 程序设计教程与实训(第 2 版)	王丰，高光金	23.00	2009 年出版
20	978-7-301-10288-6	Web 程序设计与应用教程与实训(SQL Server 版)	温志雄	22.00	2007 年重印
21	978-7-301-09567-6	Windows 服务器维护与管理教程与实训	鞠光明，刘勇	30.00	2006 年重印
22	978-7-301-10414-9	办公自动化基础教程与实训	靳广斌	36.00	2010 年第 4 次印刷
23	978-7-301-09640-6	单片机实训教程	张迎辉，贡雪梅	25.00	2006 年重印
24	978-7-301-09713-7	单片机原理与应用教程	赵润林，张迎辉	24.00	2007 年重印
25	978-7-301-09496-9	电子商务概论	石道元，王海，蔡玥	22.00	2007 年第 3 次印刷
26	978-7-301-11632-6	电子商务实务	胡华江，余诗建	27.00	2008 年重印
27	978-7-301-10880-2	电子商务网站设计与管理	沈凤池	22.00	2008 年重印
28	978-7-301-10444-6	多媒体技术与应用教程与实训	周承芳，李华艳	32.00	2009 年第 5 次印刷
29	7-301-10168-6	汇编语言程序设计教程与实训	赵润林，范国渠	22.00	2005 年出版
30	7-301-10175-9	计算机操作系统原理教程与实训	周峰，周俊	22.00	2006 年重印
31	978-7-301-14671-2	计算机常用工具软件教程与实训(第 2 版)	范国渠，周敏	30.00	2010 年重印
32	7-301-10881-8	计算机电路基础教程与实训	刘辉珞，张秀国	20.00	2007 年重印
33	978-7-301-10225-1	计算机辅助设计教程与实训(AutoCAD 版)	袁太生，姚桂玲	28.00	2007 年重印
34	978-7-301-10887-1	计算机网络安全技术	王其良，高敬瑜	28.00	2008 年第 3 次印刷
35	978-7-301-10888-8	计算机网络基础与应用	阚晓初	29.00	2007 年重印
36	978-7-301-09587-4	计算机网络技术基础	杨瑞良	28.00	2007 年第 4 次印刷
37	978-7-301-10290-9	计算机网络技术基础教程与实训	桂海进，武俊生	28.00	2010 年第 6 次印刷
38	978-7-301-10291-6	计算机文化基础教程与实训(非计算机)	刘德仁，赵寅生	35.00	2007 年第 3 次印刷
39	978-7-301-09639-0	计算机应用基础教程(计算机专业)	梁旭庆，吴焱	27.00	2009 年第 3 次印刷
40	7-301-10889-3	计算机应用基础实训教程	梁旭庆，吴焱	24.00	2007 年重印刷
41	978-7-301-09505-8	计算机专业英语教程	樊晋宁，李莉	20.00	2009 年第 5 次印刷
42	978-7-301-15432-8	计算机组装与维护(第 2 版)	肖玉朝	26.00	2009 年出版
43	978-7-301-09535-5	计算机组装与维修教程与实训	周佩锋，王春红	25.00	2007 年第 3 次印刷
44	978-7-301-10458-3	交互式网页编程技术(ASP .NET)	牛立成	22.00	2007 年重印
45	978-7-301-09691-8	软件工程基础教程	刘文，朱飞雪	24.00	2007 年重印
46	978-7-301-10460-6	商业网页设计与制作	丁荣涛	35.00	2007 年重印
47	7-301-09527-9	数据库原理与应用(Visual FoxPro)	石道元，邵亮	22.00	2005 年出版
48	978-7-301-10289-3	数据库原理与应用教程(Visual FoxPro 版)	罗毅，邹存者	30.00	2010 年第 3 次印刷
49	978-7-301-09697-0	数据库原理与应用教程与实训(Access 版)	徐红，陈玉国	24.00	2006 年重印
50	978-7-301-10174-2	数据库原理与应用实训教程(Visual FoxPro 版)	罗毅，邹存者	23.00	2010 年第 3 次印刷
51	7-301-09495-7	数据通信原理及应用教程与实训	陈光军，陈增吉	25.00	2005 年出版
52	978-7-301-09592-8	图像处理技术教程与实训(Photoshop 版)	夏燕，姚志刚	28.00	2008 年第 4 次印刷
53	978-7-301-10461-3	图形图像处理技术	张枝军	30.00	2007 年重印
54	978-7-301-16877-6	网络安全基础教程与实训(第 2 版)	尹少平	30.00	2010 年出版
55	978-7-301-15086-3	网页设计与制作教程与实训(第 2 版)	于巧娥	30.00	2010 年重印
56	978-7-301-10413-2	网站规划建设与管理维护教程与实训	王春红，徐洪祥	28.00	2008 年第 4 次印刷

序号	标准书号	书　名	主　编	定价(元)	出版日期
57	7-301-09597-X	微机原理与接口技术	龚荣武	25.00	2007 年重印
58	978-7-301-10439-2	微机原理与接口技术教程与实训	吕勇，徐雅娜	32.00	2010 年第 3 次印刷
59	978-7-301-15466-3	综合布线技术教程与实训(第 2 版)	刘省贤	36.00	2009 年出版
60	7-301-10412-X	组合数学	刘勇，刘祥生	16.00	2006 年出版
61	7-301-10176-7	Office 应用与职业办公技能训练教程(1CD)	马力	42.00	2006 年出版
62	978-7-301-12409-3	数据结构(C 语言版)	夏燕，张兴科	28.00	2007 年出版
63	978-7-301-12322-5	电子商务概论	于巧娥，王震	26.00	2010 年第 3 次印刷
64	978-7-301-12324-9	算法与数据结构(C++版)	徐超，康丽军	20.00	2007 年出版
65	978-7-301-12345-4	微型计算机组成原理教程与实训	刘辉珞	22.00	2007 年出版
66	978-7-301-12347-8	计算机应用基础案例教程	姜丹，万春旭，张飏	26.00	2007 年出版
67	978-7-301-12589-2	Flash 8.0 动画设计案例教程	伍福军，张珈瑞	29.00	2009 年重印
68	978-7-301-12346-1	电子商务案例教程	龚民	24.00	2010 年第 2 次印刷
69	978-7-301-09635-2	网络互联及路由器技术教程与实训(第 2 版)	宁芳露，杨旭东	27.00	2009 年出版
70	978-7-301-13119-0	Flash CS3 平面动画制作案例教程与实训	田启明	36.00	2008 年出版
71	978-7-301-12319-5	Linux 操作系统教程与实训	易著梁，邓志龙	32.00	2008 年出版
72	978-7-301-12474-1	电子商务原理	王震	34.00	2008 年出版
73	978-7-301-12325-6	网络维护与安全技术教程与实训	韩最蛟，李伟	32.00	2010 年重印
74	978-7-301-12344-7	电子商务物流基础与实务	邓之宏	38.00	2008 年出版
75	978-7-301-13315-6	SQL Server 2005 数据库基础及应用技术教程与实训	周奇	34.00	2010 年第 3 次印刷
76	978-7-301-13320-0	计算机硬件组装和评测及数码产品评测教程	周奇	36.00	2008 年出版
77	978-7-301-12320-1	网络营销基础与应用	张冠凤，李磊	28.00	2008 年出版
78	978-7-301-13321-7	数据库原理及应用(SQL Server 版)	武洪萍，马桂婷	30.00	2010 年出版
79	978-7-301-13319-4	C#程序设计基础教程与实训(1CD)	陈广	36.00	2010 年第 4 次印刷
80	978-7-301-13632-4	单片机 C 语言程序设计教程与实训	张秀国	25.00	2009 年重印
81	978-7-301-13641-6	计算机网络技术案例教程	赵艳玲	28.00	2008 年出版
82	978-7-301-13570-9	Java 程序设计案例教程	徐翠霞	33.00	2008 年出版
83	978-7-301-13997-4	Java 程序设计与应用开发案例教程	汪志达，刘新航	28.00	2008 年出版
84	978-7-301-13679-9	ASP .NET 动态网页设计案例教程(C#版)	冯涛，梅成才	30.00	2010 年重印
85	978-7-301-13663-8	数据库原理及应用案例教程(SQL Server 版)	胡锦丽	40.00	2008 年出版
86	978-7-301-13571-6	网站色彩与构图案例教程	唐一鹏	40.00	2008 年出版
87	978-7-301-13569-3	新编计算机应用基础案例教程	郭丽春，胡明霞	30.00	2009 年重印
88	978-7-301-14084-0	计算机网络安全案例教程	陈昶，杨艳春	30.00	2008 年出版
89	978-7-301-14423-7	C 语言程序设计案例教程	徐翠霞	30.00	2008 年出版
90	978-7-301-13743-7	Java 实用案例教程	张兴科	30.00	2010 年重印
91	978-7-301-14183-0	Java 程序设计基础	苏传芳	29.00	2008 年出版
92	978-7-301-14670-5	Photoshop CS3 图形图像处理案例教程	洪光，赵倬	32.00	2009 年出版
93	978-7-301-13675-1	Photoshop CS3 案例教程	张喜生，赵冬晚，伍福军	35.00	2009 年重印
94	978-7-301-14473-2	CorelDRAW X4 实用教程与实训	张祝强，赵冬晚，伍福军	35.00	2009 年出版
95	978-7-301-13568-6	Flash CS3 动画制作案例教程	俞欣，洪光	25.00	2009 年出版
96	978-7-301-14672-9	C#面向对象程序设计案例教程	陈向东	28.00	2009 年重印
97	978-7-301-14476-3	Windows Server 2003 维护与管理技能教程	王伟	29.00	2009 年出版
98	978-7-301-13472-0	网页设计案例教程	张兴科	30.00	2009 年出版
99	978-7-301-14463-3	数据结构案例教程(C 语言版)	徐翠霞	28.00	2009 年出版
100	978-7-301-14673-6	计算机组装与维护案例教程	谭宁	33.00	2009 年出版
101	978-7-301-14475-6	数据结构(C＃语言描述)	陈广	38.00（含 1CD）	2009 年出版
102	978-7-301-15368-0	3ds max 三维动画设计技能教程	王艳芳，张景虹	28.00	2009 年出版
103	978-7-301-15462-5	SQL Server 数据库应用技能教程	俞立梅，吕树红	30.00	2009 年出版
104	978-7-301-15519-6	软件工程与项目管理案例教程	刘新航	28.00	2009 年出版
105	978-7-301-15588-2	SQL Server 2005 数据库原理与应用案例教程	李军	27.00	2009 年出版
106	978-7-301-15618-6	Visual Basic 2005 程序设计案例教程	靳广斌	33.00	2009 年出版
107	978-7-301-15626-1	办公自动化技能教程	连卫民，杨娜	28.00	2009 年出版
108	978-7-301-15669-8	Visual C++程序设计技能教程与实训：OOP、GUI 与 Web 开发	聂明	36.00	2009 年出版
109	978-7-301-15725-1	网页设计与制作案例教程	杨森香，聂志勇	34.00	2009 年出版
110	978-7-301-15617-9	PIC 系列单片机原理和开发应用技术	俞光昀，吴一锋	30.00	2009 年出版
111	978-7-301-16901-8	SQL Server 2005 数据库系统应用开发技能教程	王伟	28.00	2010 年出版

电子书(PDF 版)、电子课件和相关教学资源下载地址：http://www.pup6.com/ebook.htm，欢迎下载。
欢迎访问立体教材建设网站：http://blog.pup6.com。
欢迎免费索取样书，请填写并通过 E-mail 提交教师调查表，下载地址：http://www.pup6.com/down/教师信息调查表 excel 版.xls，
欢迎订购，欢迎投稿。
联系方式：010-62750667，liyanhong1999@126.com，linzhangbo@126.com，欢迎来电来信。